U0231356

氢能利用关键技术系列

氢安全

Hydrogen Safety

毛宗强　等 编著

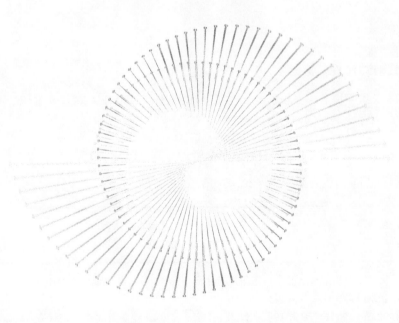

化学工业出版社

·北京·

内 容 简 介

　　《氢安全》介绍氢气利用过程中的安全原理、策略，为目前国内外日益高涨的氢能健康利用提供安全理论保障。按照氢能利用的全流程从氢制取、储运、应用和氢能基础设施等环节阐述全氢产业链的安全问题及其对策。

　　本书还介绍了有关氢安全的基础知识，涉及氢泄漏扩散、氢火灾爆炸、氢与材料相容性、氢风险评估、氢安全仪器设备和标准规范等，以及氢安全的国际国内现状与发展方向。

　　全书内容丰富，系统性和科学性强，适合从事或准备进入氢能行业的企业家、投资家，政策决策者，工程技术人员阅读，也适合高校和研究院所的教师、研究人员和学生参考，还可供从事能源领域的工程管理人员参考。

图书在版编目（CIP）数据

氢安全/毛宗强等编著 . —北京：化学工业出版社，2020.11（2022.5重印）
（氢能利用关键技术系列）
ISBN 978-7-122-37465-3

Ⅰ.①氢…　Ⅱ.①毛…　Ⅲ.①氢能-安全管理　Ⅳ.①TK911

中国版本图书馆 CIP 数据核字（2020）第 139657 号

责任编辑：袁海燕　　　　　　　　　　　文字编辑：丁海蓉
责任校对：张雨彤　　　　　　　　　　　装帧设计：王晓宇

出版发行：化学工业出版社（北京市东城区青年湖南街 13 号　邮政编码 100011）
印　　装：北京虎彩文化传播有限公司
787mm×1092mm　1/16　印张 18　字数 431 千字　　2022 年 5 月北京第 1 版第 4 次印刷

购书咨询：010-64518888　　　　　　　　售后服务：010-64518899
网　　址：http://www.cip.com.cn
凡购买本书，如有缺损质量问题，本社销售中心负责调换。

定　价：128.00 元

本书由"清华大学-张家港氢能与先进锂电技术联合研究中心"

资助出版

《氢安全》编著人员名单

毛宗强

王昌建	李　权	於　星	魏　蔚	严　岩
王学圣	花争立	刘自亮	潘　牧	李　赏
张剑波	（日）小野圭		李　红	马天才
范　晶	朱　东	毛志明	潘相敏	梁　阳
李冬梅	高帷韬	王　诚	雷一杰	常华键
李　涛	陈　炼			

序 一

当前世界范围内，以煤炭和石油为主的化石能源仍然占据能源主体地位。巨量的化石能源在使用过程中源源不断地向大气释放二氧化碳等温室气体，造成了人类赖以生存的地球的温室效应不断加剧。2019 年初，北美洲遭遇了极寒天气的攻击；2019 年 7 月，欧洲遭遇极端高温天气，多地气温高达 40℃；2020 年 3 月，非洲遭遇了 40 年不遇的"非洲台风"侵袭……极端天气频繁出现导致了人类的灾难，而这些化石能源释放的温室气体就是灾难的帮凶。2016 年世界 170 多个国家和地区共同签署《巴黎协定》，制定了 2020 年后全球平均气温较前工业化时期上升幅度控制在 2℃以内，并努力将温度上升幅度限制在 1.5℃以内的目标。

为了一个更好的明天，人类一直在寻找一种低碳排放或无碳排放的能源去替代化石能源。氢能很可能成为这个最优解，氢能是以氢气或含氢物质为中间物质的二次能源，氢能可以作为化石能源的替代，氢能的利用可以有效降低二氧化碳等温室气体的排放，未来氢能成为社会支柱能源时，二氧化碳的排放量将逐年降低。我国一直是《巴黎协定》的坚定支持国和践行国，习近平总书记在巴黎气候变化大会提出如下目标：中国将于 2030 年左右使二氧化碳排放达到峰值并争取尽早实现，2030 年单位国内生产总值二氧化碳排放比 2005 年下降60%～65%，非化石能源占一次能源消费比重达到 20% 左右。我认为，氢能将在这个宏伟目标实现过程中充当重要角色和发挥积极作用。同时氢能还可以作为承载可再生的不稳定的风能、太阳能的桥梁，为全社会的节能增效做出贡献，氢能可以给我们带来一个更清洁、更美好的生存环境。

然而，氢能虽好，也存在着诸多问题需要人们不断去攻克。其中氢能的安全性恐怕要排在第一位，氢气分子小、分子量小、密度小的性质造成了易燃烧、难储存、易泄漏、爆炸极限范围宽的特点。在利用氢气的过程中，发生了安全事故是得不偿失的，氢能安全必须要保障！

本书内容主要涉及在"制氢、储氢、运氢、用氢"等氢能全产业链的安全要求和安全标准等。读者可以通过阅读本书获取对氢能安全的全方位认知和了解，本书从氢能安全角度为广大关注氢能的读者打开了一扇门。

本书的编纂工作由国际氢能协会副主席、清华大学毛宗强教授牵头，国内众多氢能领域专家、学者联合编写。众位专家为本书编写付出了巨大的努力。其中，毛宗强教授多次去一线考察，并与各领域专家广泛沟通，为本书编写付出了大量的时间精力，这对于一位年逾古稀的学者来说十分难得，也是非常值得敬佩的。

希望在读的你通过阅读本书能更多地了解氢能安全知识，并且希望通过阅读本书能够提升你的氢能安全意识，为氢能的利用和普及做出贡献。

中国工程院院士　钟志华

2020 年 8 月 16 日

门捷列夫可能没有想到，他的元素周期表中的第一号元素——氢在今天走红世界。为了控制全球大气温升不超过 2℃、减缓世界气候变化，用无碳能源太阳氢来取代煤炭、石油和天然气这类化石能源已经成为大多数人的共识，越来越多的国家制定并颁布了国家氢能发展战略。今天，全世界数万辆氢燃料电池轿车、卡车、大客车、船、轻轨车由氢气驱动；数十万台套氢燃料电池热电冷联供装置在家庭、企业运行；氢气已经代替焦炭在钢铁行业开始显身手；上万台"氢氧气雾化机"用于湖北抗击疫情的临床治疗。氢开始进入产业化初期。

作为能源载体的氢的安全始终是工程界不敢掉以轻心的大事。空气中氢气燃烧、爆炸浓度范围特别宽，高达 4%～75%（体积比），远远超过天然气；氢点火能量特别低，仅为 0.02mJ，为汽油的十分之一。这些不利的安全本征特性，为氢安全使用增加了难度。2019 年，全世界范围发生多起氢能事故，造成多名人员伤亡和财产损失。氢安全是氢能利用的主要拦路虎，必须重视、重视、再重视。

最近，中国的氢能发展迅速，已经形成以佛山、广州为中心的珠三角氢能圈，以上海、苏州为中心的长三角氢能圈，京津冀及山东氢能圈。另外，山西、湖北、四川和重庆的氢能也发展很快。越来越多的加氢站在建设和运营，氢燃料电池大巴和氢燃料电池卡车在路上行驶，氢气掺混天然气的示范，可再生能源制氢项目在多地展开，氢开始走进大众生活，氢的安全愈发重要和紧迫。

毛宗强教授在氢能领域耕耘已有二十七年之多，出版不少专著，宣传、普及氢能。其在 2005 年编著的《氢能——21 世纪的绿色能源》一书中，就专门列出"第 17 章 氢的安全"介绍氢安全知识。随着我国氢能的快速产业化，毛宗强教授深知氢安全重要性。针对国内氢安全资料不足、零散，主动牵手国内氢能领域专家、学者联合编写、出版《氢安全》一书，比较系统地介绍了氢能全产业链的安全问题，将对我国安全用氢起很好的促进作用。

《氢安全》全面系统地介绍了氢的安全特性，制氢、储存、液化、运输，氢燃料电池车船的安全注意事项，还介绍了氢氧混合气、氢锅炉和氢燃气轮机的氢安全特点。《氢安全》还梳理了国内外氢安全标准、氢安全管理机构和国际氢安全组织、会议和数据库，这对开阔读者视野、拓宽思路大有裨益。

包括氢安全在内的安全领域，健全的规章制度很重要，但是人却是更重要的因素！　人受思想支配，做好人的思想工作，对安全就是最大的贡献。作者勇敢地在伦理领域思考氢，在国内外首次提出"氢伦理"、"氢能伦理"和"氢安全伦理"的概念。在本书较为系统地阐明"氢安全伦理"，是十分有益的尝试。

　　我衷心地推荐《氢安全》，希望读者你通过阅读本书了解氢能安全，并且希望本书能够提升你的氢能安全意识，为氢能的利用做出贡献。

中国工程院院士、清华大学公共安全研究院院长　范维澄

2020 年 7 月 30 日

前言

1. 氢能安全的重要性

目前，氢能在中国和全球的能源革命中显露头角，日本、韩国、美国、德国、澳大利亚等不少国家和国际团体、机构颁布了氢能规划。全世界氢燃料电池车保有量已经超过万辆，加氢站数百座。如世界氢能委员会就预测 2050 年氢能将贡献世界能源的 18%，减排 60 亿吨二氧化碳，创造 2.5 万亿美元的产值，提供 3000 万就业岗位。

我国是氢能的积极倡导者、执行者。我国制氢规模已居世界首位，20 余座城市开通氢燃料电池汽车示范，总运行氢燃料电池卡车和大巴车辆超过 3000 辆，加氢站数量排名世界第四。30 多个城市发布省市级氢能发展规划。氢能利用正处于上升阶段。

然而，近期氢能的安全却频频亮起红灯。过去一年中发生多起氢能安全事故，造成人员伤亡和财产损失。

2019 年 5 月 23 日傍晚，位于韩国江原道江陵市大田洞科技园区工厂的氢气罐在试验过程中突然发生爆炸，造成 2 人死亡、6 人受伤。2019 年 6 月 1 日下午，位于美国加州圣克拉拉诺曼大道 1515 号的一个加氢站发生爆炸，距离爆炸现场几英里（1 英里 = 1609.344 米）外的目击者感受到了爆炸的冲击波，所幸本次事故并未造成人员伤亡。2019 年 6 月 10 日下午，在挪威首都奥斯陆附近的桑维卡地区，由 Uno-X 公司运营的一家毗邻大型购物中心的加氢站发生了爆炸事件，爆炸造成两人受伤。挪威加氢站发生爆炸的根本原因已查明，是高压储存装置中氢罐的一个特殊插头的装配错误所导致的。安全咨询公司 Gexcon 的初步调查显示，事故的起因是高压储存装置的一个储罐的插头发生了氢气泄漏，这次泄漏产生了氢气和空气的混合物，并被点燃爆炸。2019 年 12 月 12 日下午，美国威斯康星州沃克斯沙市（Waukesha）埃尔加斯（Airgas）公司的氢气存储区域发生了爆炸事件，并明显起火。

2020 年 4 月 7 日 8 时 36 分，美国北卡罗莱纳州朗维尤镇一家氢燃料工厂（One H_2 工厂）发生爆炸事故，造成周边多处住宅受损，但幸运的是未造成人员伤亡。事故原因在调查中。

这些氢安全事故给正在发展的氢能利用敲响了警钟。关于安全的著名法则——"海恩法则"指出：每一起严重事故的背后，必然有 29 次轻微事故和 300 起未遂先兆以及 1000 起事故隐患。"海恩法则"说明：任何一个事故都是有原因的，有先兆的。任何一个事故都是次级事故隐患不断积累的结果，因此"防微杜渐"，将安全隐患消灭在萌芽之中，则安全是可以保证的。氢安全也不例外，只要制定科学的规章制度，严格遵循，是能够保证氢安全的。

用于安全管理的另一定律是"墨菲定律"。该定律指出：做任何一件事情，如果客观上存在着一种错误的做法，或者存在着发生某种事故的可能性，不管发生的可能性有多小，当重复去做这件事时，事故总会在某一时刻发生。也就是说，只要发生事故的可能性存在，不管可能性多么小，这个事故迟早会发生。简言之，"墨菲定律"指出事故不可避免。墨菲定律是一种客观存在。要在氢安全领域防范墨菲定律指出的可能导致的恶性后果，人的行为是重要因素。

2. 氢能发展需要氢能安全

凡是能源材料，如木材、煤炭、天然气、原油和电力等都有能源安全问题。能源安全来源于能源原料本身的物理、化学性质和人为的管理方式方法。氢气用作化工原料已经有上百年历史，专业人士已熟练掌握氢的习性和管理方法。但是氢气作为二次能源或能源载体出现在能源领域是近几十年的新事物，氢气用于氢燃料电池车的运行、加氢站的运行都有别于先前在化学工业中的应用，有必要扩大宣传氢在不同领域的安全知识。另外，与先前只有专业人士接触氢的化工应用不同，新的能源应用领域，氢气作为能源走向千家万户，万千大众使用氢能交通工具，普通民众对氢能则比较陌生，急需普及氢安全知识。

自笔者1993年从事氢能研究开始，一直关注氢的安全。也有机会看到国外大量的氢安全的文献和著作，而我国氢安全资料则十分缺失。2015年担任"全国氢能标准化技术委员会（SAC/TC 309）"主任委员和"国际标准化组织氢能标准技术委员会（ISO/TC197）"副主席之后，便萌生编著中文"氢安全"书，让更多的人们了解氢安全，安全使用氢能。受化学工业出版社委托，笔者邀请了一批我国产业界和学术界的氢能专家，从各自熟悉的层面撰写氢安全知识，呈现给我国公众，以期帮助读者更多地了解氢安全。

本书从氢能基本性能入手，对氢的基本性质以及氢气的生产、储存、运输和使用各环节的安全都加以介绍。首先介绍了氢安全的普遍性知识、氢气测量原理。在制氢部分介绍了水电解制氢、化石能源重整制氢的安全问题；在氢储存部分介绍了高压气体储存、金属储氢体系和具有近期愿景的液氢安全。没有提及有机液体加氢脱氢过程，没有提及绿氢制甲醇和绿氢制氨气过程，因为这一操作犹如石油化工加氢脱氢单元操作，已经广为工程技术人员所熟知。在氢能的储运部分，介绍了高压氢气输运、含氢合金储运和液氢运输的安全问题。在氢能应用部分，重点介绍了燃料电池的氢安全，特别是氢燃料电池车辆的安全。氢燃料电池船舶也将是氢在交通领域的重要应用，故特别列出，单独成章。加氢站是发展氢能交通的关键，特别列出专门一章，予以相应介绍。氢的非燃料电池应用也是氢的另一重要应用方面，本书设章讨论了氢锅炉、氢燃气轮机和氢氧混合气发生器的氢安全问题。氢管理与法规、标准是保障氢能安全的重要方面，特别撰写了国内外氢能管理机构和标准，希望给读者一个完整的氢安全图画。

正如墨菲定律所强调的人是保障安全的重要因素，人受思想、道德、伦理支配，为此本书最后列出"氢安全伦理"供读者参考。"氢安全伦理"是作者在国内外首次提出，并作较为系统的阐述。"氢安全伦理"是氢伦理的重要组成部分，氢伦理是应用伦理学新芽，是指氢在其全产业链氢制备、储运和使用过程中应该遵循的道理和准则，以及氢与人、氢与社会、氢与环境之间应该遵循的道理和准则。诚挚欢迎读者思考与批评本书第十二章"氢安全伦理"，共同助力氢伦理发展、成长。

本书结构与作者如下：

第 1 章　氢安全基础（合肥工业大学　王昌建 李权 於星）

第 2 章　氢气生产安全（张家港氢云新能源研究院有限公司　魏蔚 严岩 王学圣）

第 3 章　氢储运安全（浙江大学　花争立 刘自亮）

第 4 章　氢燃料电池及系统安全（武汉理工大学　潘牧 李赏）

第 5 章　氢燃料电池车安全（清华大学　张剑波 小野圭 李红）

第 6 章　氢燃料电池船舶安全（同济大学　马天才 范晶 朱东）

第 7 章　氢其他应用安全（毛宗强 毛志明）

第 8 章　加氢站安全（潘相敏 梁阳 李冬梅）

第 9 章　氢安全监测与设备（清华大学　高帷韬 王诚 雷一杰）

第 10 章　国际氢安全标准法规概况及发展（国家电力投资集团有限公司　常华键 李涛 陈炼）

第 11 章　我国氢安全管理机构与国家标准（北京华氢科技有限公司　毛志明）

第 12 章　氢安全伦理（清华大学　毛宗强）

应该指出，一些有前景的氢能技术，如氢气地下储气井、太阳液体燃料（绿氢与二氧化碳制造绿色甲醇）、太阳气体燃料（绿氢与氮气制造合成氨气）、氢能飞机等由于篇幅限制，这次编写未能列入，留待以后补充。

3. 如何使用本书？

本书定位于氢安全，是宣传氢安全、介绍氢安全的入门书，对于读者有很好的参考价值。对于氢能工程人员，在具体承接氢能项目和工程时，则可依据本书指引，对有关项目的氢安全有初步了解之后，再进一步查阅、参考相应的国家标准和规范，严格执行。氢能标准和法规会不断修正、更新，读者得到本书的提示后，还需查阅最新资料，以确保所承担的项目符合最新的国家法规和标准。

4. 致谢

本书编写过程中得到许多专业人士的帮助，特别感谢积极支持氢能的中国工程院副院长、车辆工程专家钟志华院士，知名火灾安全科学与工程专家范维澄院士热心为本书作序。

本书编著者衷心感谢氢能产业的广大拓荒者和参与者，你们辛勤的劳动、得到的实践经验和总结为各位作者提供了基本信息。特别是上海华西化工科技有限公司纪志愿、吴芳和燕巍提供了有关氢安全监测与设备的资料，感谢雪人股份有限公司、浙江大学郑津洋教授和"中日氢能系统共性问题合作研究（编号 2018YFE0202000）"的专家支持。

本书编写期间，适逢新型冠状病毒疫情肆虐全国。感谢清华大学图书馆、核研院和家人的支持，使我跨界完成"氢安全伦理"的初稿。

本书编著者感谢化学工业出版社责任编辑和她同事们的辛勤劳动，使本书高质量与读者见面。

本书编著者还借此机会致谢"清华大学-张家港氢能与先进锂电技术联合研究中心"的资助，使本书顺利出版。

氢安全是内容广博而不断更新的重要课题，在本书编写过程中，编者尽量收集国内外最新资料，力求叙述准确明了。由于编者水平有限，书中难免存在不妥和疏漏之处，恳请读者批评指正。

2020 年 3 月 2 日
清华大学荷清苑

目 录

第1章
氢安全基础

1.1 氢气性质

氢是一种化学元素，在元素周期表中位于第一位。氢通常的单质形态是氢气。它是无色无味，极易燃烧的由双原子分子组成的气体，氢气是最轻的气体。

在地球上和地球大气中只存在极稀少游离状态的氢。在地壳里，如果按质量计算，氢元素只占所有元素总质量的 1%，而如果按原子分数计算，则占 17%。然而氢在自然界中分布很广，水便是氢的"仓库"——氢在水中的质量分数为 11%；泥土中约为 1.5%；石油、天然气、动植物体也含氢。在空气中，氢气不多，约占总体积的一千万分之五。在整个宇宙中，按原子分数计算，氢却是最多的元素。据研究，在太阳系的大气中，按原子分数计算，氢占 81.75%。在宇宙空间中，氢原子的数目比其他所有元素原子数的总和约大 100 倍[1]。

1.1.1 氢安全基本特性

泄漏：随着氢作为能量载体的大规模引入，氢在容器和管道内的泄漏量约为甲烷气体泄漏量的 1.3～2.8 倍，约为空气泄漏量的 4 倍。此外，任何泄漏的氢气通过质量扩散、湍流对流和浮力的作用迅速在大气中弥散，从而大大减少了氢危险区的存在。

飘浮：氢气的密度约为空气的 1/14，即氢泄漏后迅速向上扩散，从而减少了点火危险。然而，饱和氢蒸气比空气重，它会一直靠近地面扩散。一旦温度上升，密度减小，就会增加向上扩散的可能性。氢气在常态空气中的飘浮速度范围约为 1.2～9m/s，具体速度大小取决于空气和氢蒸气密度的差异。因此，液氢泄漏产生冷的高密度蒸气，最初在地面附近扩散，其上升速度比标态燃料气体慢。

火焰可见性：氢-空气火焰主要辐射光谱在红外线和紫外线区域，在白天几乎看不见。任何白天能看到的氢火焰都是由空气中的杂质（如水分或颗粒）引起的。在黑暗中容易看到氢火焰，但在白天，可以感知到氢火焰对皮肤的热辐射。低压下氢火焰为淡蓝色或紫色。暴露在泄漏的氢火焰中的人员可能会受到严重烧伤，十分危险。

火焰温度：可燃气体在氧化剂（如空气、氧气等）中燃烧时所产生的火焰的温度，如空气中 19.6% 氢的火焰温度测量值为 2318K。如果发生爆燃或爆轰，其火焰温度可能会更高。

燃烧速度：这里指可燃气体-空气混合物的层流燃烧速度。氢的层流燃烧速度范围为 2.65～3.46m/s，具体取决于压力、温度和混合气体当量比。氢的层流燃烧速度比甲烷高一个数量级（甲烷在空气中的最大层流燃烧速度约为 0.45m/s）。

火焰热辐射：暴露在氢火焰热辐射中会导致严重损伤，火焰热辐射很大程度上取决于大气中的水蒸气量。事实上，大气中的湿空气吸收了从火灾中辐射出来的热能，并能大大降低热量。

极限氧指数：极限氧指数是能维持燃料蒸气和空气混合物中火焰传播的最低氧浓度。对于氢，如果混合物中的氧气体积分数小于5%，则标态下不能观察到火焰传播。

焦耳-汤姆孙效应（J-T效应）：当气体通过多孔物质、小孔或喷嘴从高压到低压膨胀时，通常温度会降低。然而，有些真实气体在超过焦耳-汤姆孙不可逆膨胀曲线定义的临界温度和压力下膨胀时，它们的温度会升高。绝对压力为零时氢的最高转化温度为202K。因此，当温度和压力大于它时，氢的温度会随着膨胀而升高。就安全性而言，焦耳-汤姆孙效应导致的温度升高通常不足以点燃氢-空气混合物。例如，当氢从100MPa的压力膨胀到0.1MPa时，氢的温度从300K上升到346K。温度的升高不足以点燃氢，因为氢的自燃温度在1atm（1atm＝101325Pa）时为858K，在低压下为620K。

表1-1给出了氢、甲烷和汽油的特性参数对比。

表1-1　氢、甲烷和汽油特性参数对比[2]

特性	H_2	CH_4	汽油
分子量	2.016	16.043	约107.0
熔点/K	14.1	90.68	213
沸点/K	20.268	111.632	310～478
临界温度/K	32.97～33.1	190	—
临界压力/atm	1.8	4.6	—
沸点时蒸气密度/(kg/m³)	1.338	73.4	
沸点时液体密度/(kg/m³)	70.78	423.8	745(标态)
沸点时气体密度/(g/m³)	82(300K) 83.764	717 651.19	5110 约4400
标态时气体密度/(g/m³)	84 89.87	650 657(298.2K)	4400
14.1K时的熔化热/(kJ/kg)	58	0.94(kJ/mol)	—
汽化热/(kJ/kg)	445.6 447	509.9	250～400
燃烧热(低)/(kJ/g)	119.93 119.7	50.02 46.72	44.5 44.79
燃烧热(高)/(kJ/g)	141.86 141.8 141.7	55.53 55.3 52.68	48 48.29 —
常态下空气中燃烧极限(体积分数)/%	4.0～75.0 —	5.3～15 —	1.0～7.6 1.2～6.0 1.4～7.6
常态下氧气中燃烧极限(体积分数)/%	4.1～94.0	—	—

特性	H₂	CH₄	汽油
常态下空气中爆轰极限(体积分数)/%	18.3～59.0 13.5～70	6.3～13.5 —	1.1～3.3 —
常态下氧气中爆轰极限(体积分数)/%	15～90	—	—
空气中化学计量成分(体积分数)/%	29.53	9.48	1.76
空气中最小点火能/mJ	0.017 0.02 0.14	0.29 0.28 —	0.24 0.25 0.024
自点火温度/K	858	813	501～744 500～750
空气中绝热火焰温度/K	2318 —	2148 2190	约2470
火焰辐射分数/%	17～25	23～33	30～42
在常态空气中燃烧速度/(cm/s)	265～325	37～45	37～43
在标态空气中燃烧速度/(cm/s)	346	45	176
在常态空气中爆炸速度/(cm/s)	1.48～2.15	1.39～1.64	1.4～1.7
在标态空气中爆炸速度/(cm/s)	1.48～2.15	1.4～1.64	1.4～1.7
在常态空气中化学计量混合物的能量/(MJ/m³)	3.58	3.58	3.91
蒸气的当地声速/(m/s)	305	—	—
液态的当地声速/(m/s)	1273	—	—
在常态空气中的扩散系数/(cm²/s)	0.61	0.16	0.05
在标态空气中的扩散系数/(cm²/s)	0.61	0.16	0.05
在常态空气中的浮升速度/(m/s)	1.2～9	0.8～6	无浮力
极限氧指数(体积分数)/%	5.0	12.1	11.6
在常态空气中的最大实验安全距离/cm	0.008	0.12	0.07
在常态空气中的灭火距离/cm	0.064	0.203	0.2
在常态空气中的引导起爆距离	L（长度）/ D（直径）～100	—	—

注：标态即温度273.15K（0℃）、压强101.3kPa（1atm）；常态即温度293.15K（20℃），压强101.3kPa；沸点为101.3kPa下的沸点。

1.1.2　点火源

在含氢系统的建筑物或特殊房间内，所有的点火源，如明火、电气设备或加热设备，应消除氢或安全隔离。氢系统的潜在点火源见表1-2。

表1-2　氢系统的潜在点火源[3]

电源	机械源	热源	化学源
静电放电	机械冲击	明火	催化剂
静电弧	拉伸断裂	热表面	反应物
闪电	摩擦和磨损	烟头	
电荷积累	机械振动	焊接	
设备运行产生的电荷	金属断裂	内燃机排气	
电气短路		谐振点火	
电火花		炸药	
衣物静电		高速喷射加热	
		油罐破裂产生的冲击波	
		破舱碎片	

注：此列表不应视为完整列表，可能存在其他的点火源。

（1）火花

电火花可能是不同电势的物体之间放电导致的结果，如电路断开或静电放电。

静电火花可以点燃氢气或氢氧混合物。静电可由许多常见物品产生，例如梳理或抚摸头发或毛皮，或操作传送带。当人们在合成纤维地毯或干燥的地面上行走，穿着合成纤维衣服运动，在汽车座椅上滑动或梳理头发时，人体可以自行产生高压静电。与任何其他非导电液体或气体一样，容器中的 GH_2（气态氢）或 LH_2（液态氢）流，或容器中的湍流会产生静电电荷。此外，在电风暴中可能也会产生静电。

剪切接触的硬物体会产生摩擦火花，如金属撞击金属、金属撞击石头或石头撞击石头等情况。摩擦火花是燃烧材料的颗粒，最初由摩擦和碰撞的机械能加热，这些机械能由于接触而减小。手动工具产生的火花通常能量较低，而钻头和气动凿子等机械工具可产生高能量火花。

最小点火能定义为能够引起氢气-空气或氢气-氧气燃烧的最小火花能量。如：氢-空气在101.3kPa（1atm）时最小点火能为 0.019mJ；5.1kPa（0.05atm）时为 0.09mJ；在2.03kPa（0.02atm）时为 0.56mJ。氢气在空气中最小点火能比甲烷（0.2mJ）或汽油（0.24mJ）要小得多。即：只要存在任何弱点火源（例如火花、火柴、热表面、明火等），甚至是由人体静电释放引起的微弱火花都会点燃氢气。

（2）热物体和火焰

773～854K（500～581℃）的物体可在一个大气压下点燃氢气-空气或氢气-氧气混合物。低于大气压时，基本上较低温的物体［约590K（317℃）］，在长时间接触后，也可以点燃这些混合物。明火很容易点燃氢气混合物。

1.1.3　氢燃烧极限

氢与空气、氧气或其他氧化剂混合的可燃极限取决于点火能量、温度、压力、是否存在稀释剂以及设备、设施或装置的尺寸和配置。这种混合物可以用其任何一种成分稀释，直到其浓度低于燃烧极限下限（LFL）或高于燃烧极限上限（UFL）。氢-空气或氢-氧气混合物的燃烧极限随着火焰向上传播而增大，随着火焰向下传播而减小。

液氢（ LH_2 ）和作为氧化剂的液氧（LOX）或固体氧的混合物是不会自燃的。由于这些混合物点火能量非常小，易发生火灾。如果激波点火，LH_2 和液态或固态氧的混合物可能会爆炸。

在 101.3kPa（1atm）和环境温度下，氢在干燥空气管道中向上传播的燃烧极限为 4.1％～74.8％。在 101.3kPa（1atm）和环境温度下，氢在氧气中向上传播的燃烧极限为 4.1％～94％。当压力在 101.3kPa 以下时，可燃极限的范围将会减小，如表 1-3 和表 1-4 所示。

表1-3　氢-空气混合物和氢氧混合物的燃烧极限[3]　　　　　单位：%

条件		氢含量					
		上传播		下传播		水平传播	
		LFL	UFL	LFL	UFL	LFL	UFL
101.3kPa 下空气和氧气中氢含量							
空气中	管道	4.1	74.8	8.9	74.5	6.2	71.3
	球形容器	4.6	75.5				
氧气中		4.1	94	4.1	92		
101.3kPa 下的氢气和惰性气体混合物							
氢气 + He+ 21%(体积分数)O_2		7.7	75.7	8.7	75.7		
氢气 + CO_2+ 21%(体积分数)O_2		5.3	69.8	13.1	69.8		
氢气 + N_2+ 21%(体积分数)O_2		4.2	74.6	9.0	74.6		

表1-4　低压空气中采用 45mJ 点火源的氢燃烧极限[3]

压力/kPa	25cm 管道		2L 球	
	LFL/%	UFL/%	LFL/%	UFL/%
20	约 4	约 56	约 5	约 52
10	约 10	约 42	约 11	约 35
7	约 15	约 33	约 16	约 27
6	20～30		20～25(6.5kPa)	

（1）氢-空气混合物

在 311K（38℃）环境温度，压力范围为 34.5～101.3kPa（0.34～1atm）下，由 45mJ 电火花点火源点燃的氢气-空气混合物的 LFL 等于 4.5％（体积分数）。当燃烧压力低于 34.5kPa（0.34atm）时，氢气-空气混合物的 LFL 将会升高。氢气-空气混合物的体积分数在 20％～30％之间[4]，低能量点火源点燃混合物的最低压力为 6.2kPa（0.06atm）。然而，使用强点火源时，发生点火的最低压力为 0.117kPa（0.0012atm）。

对于向下传播，在 101.3kPa（1atm）下，当温度从 290K 升高到 673K（17～400℃）时，氢-空气混合物的 LFL 从 9.0％降低到 6.3％，UFL 从 75％的氢体积分数增加到 81.5％。

与甲烷-空气混合物相比，由于更宽的燃烧极限和更低的点火能量，氢-空气混合物更具危险性，如图 1-1 所示。

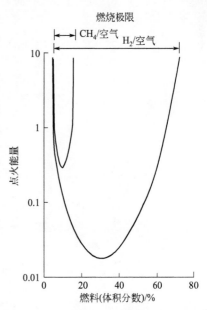

图 1-1　101.3kPa、298K 时氢-空气和甲烷-空气混合物的最小点火能量[5]

（2）氢气-氧气混合物

101.3kPa（1atm）下，氢气-氧气混合物在管道中的火焰向上传播的燃烧极限为4%～94%。降低压力会增加LFL[3]。当使用高能点火源时，在50%（体积分数）氢下，观察到的最低点火压力为57kPa（0.56atm）。在压力超过12.4MPa（122atm）的条件下，LFL不会随压力的变化而变化，而在1.52MPa（15atm）时，UFL的氢体积分数为95.7%[3]。当温度从288K上升到573K时（15～300℃），LFL从9.6%的氢体积分数下降到9.1%，UFL从90%上升到94%。

（3）稀释剂的影响

氢-氧-氮混合物的燃烧极限如图1-2所示。表1-3给出了气态氢和气态氧的燃烧极限［使用相同浓度的惰性气体（氦气、二氧化碳和氮气）进行均匀燃烧］。表1-5给出了在不同管道尺寸下氦、二氧化碳、氮和氩等作为稀释剂时对氢气-空气燃烧极限的影响[3]。在降低空气中氢的燃烧极限方面，氩是效果最差的稀释剂。

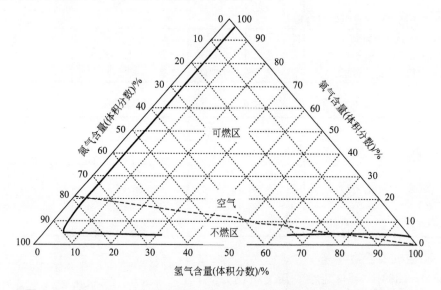

图1-2　101.3kPa（1atm）、298K（25℃）下氢-氧-氮混合物的燃烧极限[3]

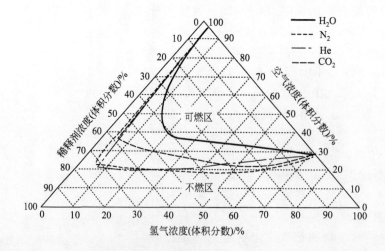

图1-3　氮气、氦气、二氧化碳和H₂O等稀释剂对101.3kPa（1atm）氢气-空气燃烧极限的影响
［氮气、氦气和二氧化碳的温度为298K（25℃），水的温度为422K（149℃）］[3]

表1-5　等浓度稀释剂对氢气-空气燃烧极限的影响[3]

管道直径/cm	降低可燃范围时的稀释剂额定值
宽管	$CO_2 < N_2 < He < Ar$
2.2	$CO_2 < He < N_2 < Ar$
1.6	$He < CO_2 < N_2 < Ar$

氦气、二氧化碳、氮气和水蒸气对空气中氢气可燃极限的影响如图1-3所示。

1.2　氢安全通则

（1）氢环境安全通则

a. 消除火源，严禁吸烟和明火。

b. 必须使用防爆工具。

c. 不要穿合成纤维（尼龙等）衣服，应穿防静电的衣服。

d. 避免氢气在天花板处聚集，封闭区域需顶部通风。

e. 将所有仪器、拖车和气瓶组等接地。

f. 所有电气设备必须防爆。

g. 安装雷电保护设备。

（2）氢气泄漏或积聚时安全通则

a. 应及时切断气源，并迅速撤离泄漏污染区人员至上风处。

b. 对泄漏污染区进行通风，对已泄漏的氢气进行稀释，若不能及时切断时，应采用惰性气体进行稀释，防止氢气积聚形成爆炸性气体混合物。

c. 若泄漏发生在室内，宜使用吸风系统或将泄漏的气瓶移至室外，以避免泄漏的氢气四处扩散。

d. 高浓度氢气会使人窒息，应及时将窒息人员移至良好通风处，进行人工呼吸，并迅速就医。

e. 氢气瓶、存罐和管状拖车等的储氢压力为十几兆帕至上百兆帕，不要靠近压力释放装置的排气出口。

f. 液氢温度约为20K，应防止液氢引起的冻伤或其他严重伤害。

（3）氢气发生泄漏并着火时安全通则

a. 应及时切断气源。若不能立即切断气源，不得熄灭正在燃烧的气体，并用水强制冷却着火设备。此外，氢气系统应保持正压状态，防止氢气系统回火发生。

b. 采取措施，防止火灾扩大，如采用大量消防水雾喷射其他引燃物质和相邻设备。如有可能，可将燃烧设备从火场移至空旷处。

c. 氢火焰肉眼不易察觉，消防人员应佩戴自给式呼吸器，穿防静电服进入现场，注意防止外露皮肤烧伤。

1.3　氢事故种类

氢典型事故种类包括泄漏、火灾、爆炸等。

1.3.1 氢泄漏扩散

1.3.1.1 小孔泄漏

当泄漏孔口的压比高于临界比（氢气的压比约为 1.9）时，流动拥塞，即孔口声速流动，且保持较高的压力。可用等熵膨胀关系式来计算通过孔口的流速和喉部的热力学状态。假设孔是圆形的，可用直径 d 和阻尼系数 C_d（无量纲）表征。通过拥塞孔口的流量 $\dot{m}$（kg/s）计算公式为：

$$\dot{m} = \frac{\pi}{4} d^2 \rho v C_d \tag{1-1}$$

式中，ρ 为密度；v 为速度，m/s。

1.3.1.2 名义泄漏口

通常使用名义泄漏口来计算亚膨胀射流复杂激波结构后的当量直径、速度和热力学状态。名义泄漏口计算均满足质量守恒，一些情况还满足动量守恒。另外，当射流压力降为环境压力时，其他属性也可用于确定激波后的参数。

Birch 等[6]提出计算名义泄漏口参数时满足质量守恒：

$$\rho_{eff} v_{eff} A_{eff} = \rho_{throat} v_{throat} A_{throat} C_D \tag{1-2}$$

动量守恒：

$$\rho_{eff} v_{eff}^2 A_{eff} = \rho_{throat} v_{throat}^2 A_{throat} C_D + A_{throat}(p_{throat} - p_{ambient}), \tag{1-3}$$

则当量速度：

$$v_{eff} = v_{throat} C_D + \frac{p_{throat} - p_{ambient}}{\rho_{throat} v_{throat} C_D}, \tag{1-4}$$

当量面积：

$$A_{eff} = \frac{\rho_{throat} v_{throat}^2 A_{throat} C_D^2}{\rho_{eff}(p_{throat} - p_{ambient} + \rho_{throat} v_{throat}^2 C_D^2)} \tag{1-5}$$

式中，ρ 为密度；v 为速度；A 为横截面面积，m^2；C_D 为阻尼系数；p 为压力，Pa；下标 throat 表示泄漏口；下标 ambient 表示环境；下标 eff 表示当量。

这些方程在以下几个模型中使用。

Birch 1984 模型[7]的假设和计算步骤：

① 名义温度是滞止（驻室）温度；

② 名义速度为声速（马赫数 $Ma=1$）；

③ 从泄漏口至激波后通过质量守恒计算名义直径。

Ewan Moodie& Moodie 模型[8]的假设和计算步骤：

① 名义温度是泄漏口温度；

② 名义速度为声速（$Ma=1$）；

③ 从泄漏口至激波后通过质量守恒计算名义直径。

Birch 1987 模型[6]的假设和计算步骤：

① 名义温度是滞止（驻室）温度；

② 名义速度根据泄漏口条件通过质量和动量方程来计算；

③ 从泄漏口至激波后通过质量守恒计算名义直径。

Molkov 模型[9]的假设和计算步骤：

① 名义速度为当地声速（$Ma = 1$）；

② 经声速泄漏口等熵膨胀至激波后的名义温度满足：

$$h(T_{AS}, p_{AS}) + \frac{1}{2} v_{AS}^2 = h(T_{throat}, p_{throat}) + \frac{1}{2} v_{throat}^2 \tag{1-6}$$

式中，h 为单位质量的焓，m^2/s^2；T 为温度，K。

③ 从泄漏口至激波后通过质量守恒计算名义直径。

1.3.1.3 气体射流/羽流

对于氢射流或羽流气，可采用 Houf 和 Schefer[10] 提出的一维模型来计算。该模型仅考虑沿流线一维，且考虑浮力等对射流/羽流的影响。一维模型假设氢的速度（v）、密度（ρ）和质量分数（Y）满足高斯分布，如：

$$v = v_{cl} \exp\left(-\frac{r^2}{B^2}\right) \tag{1-7}$$

$$\rho = (\rho_{cl} - \rho_{amb}) \exp\left(-\frac{r^2}{\lambda^2 B^2}\right) + \rho_{amb} \tag{1-8}$$

$$\rho Y = \rho_{cl} Y_{cl} \exp\left(-\frac{r^2}{\lambda^2 B^2}\right) \tag{1-9}$$

式中，B 为特征半宽度，m；λ 为常数；下标 cl 表示中心线；下标 amb 表示环境；r 为垂直于流线方向的半径。重力作用在负 y 方向，羽流角 θ 是流线与 x 轴的夹角（如图 1-4）。

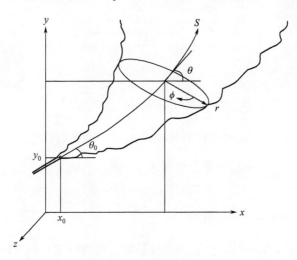

图 1-4 羽流模型图

因此，空间坐标的导数（微分）为：

$$\frac{dx}{dS} = \cos\theta \tag{1-10}$$

$$\frac{dy}{dS} = \sin\theta \tag{1-11}$$

守恒方程可以写为如下式子。

连续性方程：

$$\frac{\mathrm{d}}{\mathrm{d}S}\int_0^{2\pi}\int_0^\infty \rho v r \,\mathrm{d}r\,\mathrm{d}\phi = \rho_{\mathrm{amb}}E \tag{1-12}$$

x 方向动量方程：

$$\frac{\mathrm{d}}{\mathrm{d}S}\int_0^{2\pi}\int_0^\infty \rho v^2 \cos\theta r \,\mathrm{d}r\,\mathrm{d}\phi = 0 \tag{1-13}$$

y 方向动量方程：

$$\frac{\mathrm{d}}{\mathrm{d}S}\int_0^{2\pi}\int_0^\infty \rho v^2 \sin\theta r \,\mathrm{d}r\,\mathrm{d}\phi = \int_0^{2\pi}\int_0^\infty (\rho_{\mathrm{amb}}-\rho)gr\,\mathrm{d}r\,\mathrm{d}\phi \tag{1-14}$$

组分（氢）方程：

$$\frac{\mathrm{d}}{\mathrm{d}S}\int_0^{2\pi}\int_0^\infty \rho v Y r \,\mathrm{d}r\,\mathrm{d}\phi = 0 \tag{1-15}$$

把式(1-7)～式(1-9) 的高斯分布代入，可以导出一阶微分方程组，其中自变量为 S，因变量为 v_{cl}、B、ρ_{cl}、Y_{cl}、x 和 y 可以通过起点到指定距离的积分来计算。卷吸模式也遵循 Houf 和 Schefer 模型[10]，重点考虑动量和浮力驱动卷吸的组合影响。

$$E = E_{\mathrm{mom}} + E_{\mathrm{buoy}} \tag{1-16}$$

$$E_{\mathrm{mom}} = 0.282\left(\frac{\pi D^2}{4}\frac{\rho_{\mathrm{exit}}v_{\mathrm{exit}}^2}{\rho_\infty}\right)^{1/2} \tag{1-17}$$

$$E_{\mathrm{buoy}} = \frac{a}{Fr_1}(2\pi v_{\mathrm{cl}}B)\sin\theta \tag{1-18}$$

弗劳德数：

$$Fr_1 = \frac{v_{\mathrm{cl}}^2}{\dfrac{gD(\rho_\infty - \rho_{\mathrm{cl}})}{\rho_{\mathrm{exit}}}} \tag{1-19}$$

这些方程中 a 可根据经验公式计算：

$$\begin{cases} a = 17.313 - 0.116665 Fr_{\mathrm{den}} + 2.0771\times10^{-4}Fr_{\mathrm{den}}^2, & Fr_{\mathrm{den}} < 268 \\ a = 0.97, & Fr_{\mathrm{den}} \geqslant 268 \end{cases} \tag{1-20}$$

当射流/羽流明显是浮力驱动（而不是动量驱动）时，无量纲数 $\alpha = \dfrac{E}{2\pi B v_{\mathrm{cl}}}$ 将增加。当 α 增加到极限值 $\alpha = 0.082$ 时，α 保持恒定，卷吸量 $E(\mathrm{m^2/s})$ 则为：

$$E = 2\pi\alpha B v_{\mathrm{cl}} = 0.164\pi B v_{\mathrm{cl}} \tag{1-21}$$

1.3.1.4 受限区域或封闭空间内的积聚

当在封闭空间发生氢泄漏时，由于浮力的影响，在顶棚附近会出现氢气和空气分层不均匀的现象。

射流/羽流按 1.3.1.3 节进行计算，当泄漏发生在室内时，羽流会撞到墙壁。如果发生这种情况，射流/羽流的轨迹将会改变，导致氢将以相同的特征参数（例如半宽度、中心线速度）沿着壁面垂直向上而不是沿水平方向。满足 Lowesmith 等提出的模型[11]，在顶棚附近形成气体积聚层。满足质量守恒：

$$\frac{\mathrm{d}V_1}{\mathrm{d}t} = Q_{\mathrm{in}} - Q_{\mathrm{out}} \tag{1-22}$$

式中，V_1 为积聚层中气体的体积，m^3；Q_{in} 为积聚层高度处卷吸进射流区的氢气和空气体积流率，m^3/s；Q_{out} 为流出通风口的氢气和空气体积流率，m^3/s。

组分守恒满足：

$$\frac{d(\chi V_1)}{dt} = Q_{leak} - \chi Q_{out} \qquad (1\text{-}23)$$

式中，χ 为积聚层中氢的摩尔数或体积分数；Q_{leak} 是氢的泄漏率，m^3/s。

展开导数（微分）项并代入式（1-22）中得到：

$$V_1 \frac{d\chi}{dt} = Q_{leak} - \chi Q_{in} \qquad (1\text{-}24)$$

通过封闭空间的射流/羽流模型获得的喷射半宽（B）和中心线速度（v_{cl}）来计算 $Q_{in} = \pi B^2 v_{cl}$。由于浮力、风或风扇驱动气体从封闭空间流出，浮力驱动流率 $Q_B = C_d A_v \sqrt{g' H_1}$，其中 C_d 为阻尼系数，A_v 为通风口面积，H_1 为层高（积聚层底部与出口孔的中心点之间的高度）及 $g' = g(\rho_{air} - \rho_1)/\rho_{air}$。积聚层的密度由空气密度和氢气密度来计算：$\rho_1 = \chi \rho_{H_2} + (1-\chi)\rho_{air}$。当风以 $Q_w = C_d A_v U_w/\sqrt{2}$ 的速率驱动流动时，总流量为 $Q_{out} = \sqrt{Q_b^2 + Q_w^2} + Q_{leak}$。

1.3.2 氢火灾

储氢的方式主要包括高压储罐储氢、液态储氢、金属氧化物储氢、碳基材料储氢以及化学储氢等。不管以何种方式储氢，由于结构疲劳、连接处老化或其他原因，可能会发生意外氢泄漏。在外界点火源的作用下，易发生火灾、爆炸事故。其中氢喷射火灾是较典型的一类，如图 1-5。由于储氢压力高，一旦发生喷射火，影响范围可能会达到数十米。如何准确评估氢喷射火是当前氢安全应重点研究的一大课题。

氢气喷射火，绝大部分属于超声速射流燃烧。在喷口附近具有复杂的流场结构，包括一系列膨胀波、激波和压缩波等，通常会形成马赫盘。一般在喷射火参数计算中，采用名义当量直径代替喷口直径。

1.3.2.1 氢喷射火焰长度

氢喷射火焰长度的理论预测采用 Delichatsios[15] 提出的基于无量纲 Froude 数的火焰长度计算公式。具体如下：

$$Fr_f = \frac{u_e f_s^{3/2}}{\left(\dfrac{\rho_e}{\rho_\infty}\right)^{1/4} \left[\left(\dfrac{\Delta T_f}{T_\infty}\right) g d_j\right]^{1/2}} \qquad (1\text{-}25)$$

式中，u_e 为喷射口速度，m/s；f_s 为当量比下燃料的质量分数；（ρ_e/ρ_∞）为喷射气体的密度和周围环境气体密度的比值；d_j 为喷射口直径，m；ΔT_f 为火焰最高温度与环境温度的差值，K；g 为重力加速度，m/s^2；T_∞ 为环境温度，K。当火焰是浮力驱动时，Fr_f 较小；当火焰是动量驱动时，Fr_f 值较大。

无量纲的火焰长度 L' 可表示为：

$$L' = \frac{L_f f_s}{d_j \left(\dfrac{\rho_e}{\rho_\infty}\right)^{1/2}} = \frac{L_f f_s}{d'} \qquad (1\text{-}26)$$

式中，L_f 为可见火焰长度，m；d' 为喷射动力直径 $\left[d' = d_j\left(\dfrac{\rho_e}{\rho_\infty}\right)^{1/2}\right]$。

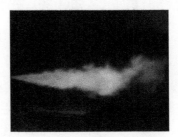

(a) 竖直喷射火[12]　　　　　　　　(b) 水平喷射火[13]

(c) 喷射火与竖直壁相互作用[14]

图 1-5　氢喷射火形态

在浮力驱动的情况下（$Fr_f < 5$），L'的表达式为：

$$L' = \frac{13.5 Fr_f^{2/5}}{(1 + 0.07 Fr_f^2)^{1/5}} \tag{1-27}$$

在动量驱动的情况下（$Fr_f > 5$），L'的表达式为：

$$L' = 23 \tag{1-28}$$

1.3.2.2　氢喷射火辐射分数

Turns 和 Myhr[16] 认为氢喷射火辐射分数与火焰驻留时间有关。

火焰驻留时间：

$$\tau_f = \frac{\rho_f W_f^2 L_{vis} f_s}{3 \rho_{sd} d_{sd}^2 u_{sd}} \tag{1-29}$$

式中，W_f 为火焰宽度，近似等于 $0.17 L_{vis}$，m；ρ_f 为火焰密度，等于 $\dfrac{p_{amb} M_f}{Ru T_{ad}}$，$p_{amb}$、$M_f$(kg/mol)、$Ru$[J/(mol·K)]、$T_{ad}$(K) 分别为环境压力、化学计量比下氢/空气分子质

量、普适气体常数和绝热火焰温度；L_{vis} 为可见火焰长度，m；f_s 为计量比条件下燃料的质量分数；d_{sd} 为名义直径，m；ρ_{sd}、u_{sd} 为名义直径处的密度（kg/m³）和速度（m/s）。

Molina 等[17]研究表明，氢喷射火辐射分数正比于火焰驻留时间与 $a_p T_{ad}^4$（a_p 为吸收系数，T_{ad} 为绝热火焰温度）的乘积。

Ekoto 等[13]提出的氢喷射火辐射分数计算公式如下：

$$R_r = 0.08916 \lg(\tau_f a_p T_{ad}^4) - 1.2172 \tag{1-30}$$

Studer 等[18]提出的氢-甲烷喷射火辐射分数计算公式如下：

$$R_r = 0.08 \lg(\tau_f a_p T_{ad}^4) - 1.14 \tag{1-31}$$

1.3.2.3　氢喷射火辐射热

（1）表面辐射发射功率

氢喷射火焰表面辐射发射功率可表示为：

$$E = \varepsilon E_b = \varepsilon \sigma T^4 \tag{1-32}$$

其中，发射率 ε 定义为表面所发射的辐射能与同温度的黑体所发射的辐射能之比。

$$\varepsilon = \frac{E}{E_b} \tag{1-33}$$

$$E_b = \sigma T^4 \tag{1-34}$$

式中，σ 为斯蒂芬-玻尔兹曼常数，与常数 C_1 和 C_2 有关，其值为 $\sigma = 5.67 \times 10^{-8}$ W/(m² · K⁴)。

（2）单点源模型

单点源模型认为，受热物体接收辐射热时，火焰的形状可以忽略不计。这个假设在近场不成立，主要用于远场辐射计算。因此，如图 1-6 所示，将氢喷射火焰中心作为辐射发射点，则距离为 S 处的辐射热可用下式计算：

$$q^{SPS} = \frac{R_r m H \tau}{4\pi S^2} \tag{1-35}$$

式中　q^{SPS}——正对点源、距离为 S 的入射辐射热，kW/m²；

$\quad\quad m$——氢喷射火质量流率，kg/s；

$\quad\quad \tau$——大气透射率；

$\quad\quad R_r$——辐射分数；

$\quad\quad H$——燃烧热，kJ/kg。

如果接收面不正对点源中心，而与其成角度 φ，则：

$$q^{SPS} = \frac{R_r m H \tau}{4\pi S^2} \cos\varphi \tag{1-36}$$

也可变换式（1-36），通过实验测量 q^{SPS}，进而根据下式计算辐射分数。

$$R_r = \frac{q^{SPS} \times 4\pi S^2}{m H \tau} \tag{1-37}$$

（3）多点源模型[19]

相对于单点源模型，多点源模型将火焰轴等距离分成段，每小段采用一个点源来描述。那么接收面获得的入射辐射热为接收每个单点源辐射热的矢量和，如图 1-7 所示。值得注意的是：火焰高度的准确计算十分重要，建议至少采用 20 个点，这样计算的辐射热基本不依赖于点源数。

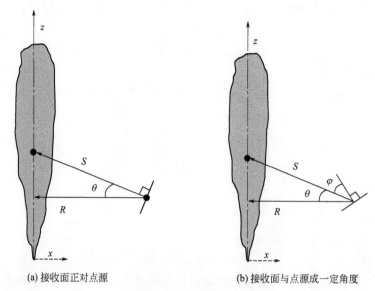

(a) 接收面正对点源　　　　　(b) 接收面与点源成一定角度

图 1-6　单点源模型

同时，多点源被赋予的权重如下：

$$\left.\begin{aligned}
w_j &= jw_1 & j&=1,\cdots,n \\
w_j &= \left[n-\frac{(n-1)}{(N-(n+1))}\left[j-(n+1)\right]\right]w_1 & j&=n+1,\cdots,N \\
\sum_{j=1}^{N} w_j &= 1 &
\end{aligned}\right\} \tag{1-38}$$

其中，$1\leqslant n\leqslant N$，为点源数。

在权重方程中，权重从 w_1 线性增长至 nw_1，然后从 $n+1$ 点的权重 nw_1 线性减少。在很大程度上，这种处理方法来源于 Cook 等采用窄角度辐射热流计对大尺度喷射火测量。实验表明，辐射在火焰高度的 0.75 倍处达到最大值，也就是说 n 可取 $0.75N$。

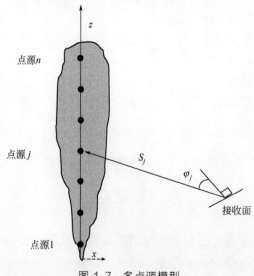

图 1-7　多点源模型

火焰外某处的入射辐射为：

$$q^{\text{WMP}} = \sum_{j=1}^{N} \vec{q}_j = \sum_{j=1}^{N} \frac{w_j F m H \tau_j}{4\pi \vec{S}_j^2} \cos\varphi_j \qquad (1\text{-}39)$$

式中　w_j——点源 j 的权重；

　　　τ_j——从点源 j 到接收面距离为 S_j 的大气透射率；

　　　φ_j——接收面与点源 j 的视线和受辐射点法线之间的夹角；

　　　F——辐射分数；

　　　m——质量，kg；

　　　H——燃烧热，kJ/kg；

　　　S_j——从点源 j 到接收面的距离。

1.3.2.4　热烧伤

　　热烧伤是由氢火焰发出并被人吸收的辐射热引起的。与烃类火焰相比，氢火灾的辐射热要小得多。辐射热吸收量与许多因素成正比，包括暴露时间、燃烧速率、燃烧热、燃烧表面的大小和大气条件（主要是风和湿度）。氢火焰在白天几乎看不见，这也是受害者接近喷射火导致致命热烧伤的原因。相同量的氢燃烧的持续时间只有烃类燃烧时间的1/10～1/5，原因是：

　　① 快速混合和火焰蔓延速度快导致高燃烧速率；

　　② 浮升速度大；

　　③ 液氢的蒸气产生率高。

　　虽然氢的最高火焰温度与其他燃料的最高火焰温度相差不大，但火焰辐射热比天然气火焰小得多。

　　烧伤可能造成的损害程度取决于其位置、深度以及涉及的体表面积。烧伤根据受害者身体的受害程度进行分类：

　　① 一级烧伤是表面烧伤，引起皮肤局部炎症，表现为疼痛、发红和轻度肿胀。

　　② 二度烧伤较深，除了疼痛、发红和发炎之外，皮肤也会起水泡。

　　③ 三度烧伤更深，包括所有的深层皮肤，实际上烧伤区域的皮肤完全坏死。由于神经和血管受损，三度烧伤呈白色和皮革状，且相对来说疼痛少些。

　　烧伤不是不变的，可能会发展。在几个小时内，一级烧伤可能涉及更深皮肤组织，并成为二度，如晒伤第二天会起水泡。同样，二度烧伤也可能演变为三度烧伤。

　　一般而言，热辐射通量暴露水平的结果如表 1-6 所示。辐射热对人体的影响是热通量强度和暴露时间的函数。因此，人们普遍认为辐射热的危害必须用热剂量单位来表示，如方程所示：

$$\text{热剂量单位} = I^{4/3} t$$

式中，I 为辐射热通量，kW/m²；t 为暴露时间，s。

表 1-6　热辐射通量对人体的危害标准[2]

热辐射强度/(kW/m²)	对人的影响
1.6	长时间暴露不会造成伤害
4～5	20s 有疼痛感；30s 一级烧伤
9.5	即时皮肤反应；20s 后二度烧伤
12.5～15	10s 后一度烧伤；1min 内 1% 致死率
25	10s 内严重受伤；1min 内 100% 致死率
35～37.5	10s 内 1% 致死率

表 1-7 给出了导致一级、二级和三级烧伤的紫外线或红外线辐射的热剂量。可以看出，红外辐射比紫外光谱中的红外辐射更危险。

表1-7 紫外或红外辐射引起的辐射烧伤数据[20]

烧伤程度	阈量/(kW/m²)⁴/³	
	紫外线	红外线
一级	260～440	80～130
二级	670～1100	240～730
三级	1220～3100	870～2640

1.3.3 氢爆炸

1.3.3.1 基本概念

爆炸是指物质或系统的一种极为迅速的**能量转化**（或称能量释放）过程，在此过程中，一种形式的能量以剧烈的方式转化为包括机械功以及光和热辐射等另一种或几种形式的能量。由于这种能量转换过程发生在极短的时间间隔内（微秒量级）和极小的空间范围里（相对爆炸作用影响区域而言），所以其功率和功率密度极高。爆炸必定伴随着猛烈的机械效应（做功），做功的原因是包含在爆源中的高压气体急剧膨胀，或是在爆炸瞬间产生了高温高压气体或蒸气（气态爆炸产物）。爆炸最明显和最重要的特征是爆炸瞬间产生的陡峭的压力跳跃（激波）及其向周围介质的传播扩散。这种压力跳跃是产生破坏和人员伤亡的直接原因。

爆燃是火焰前锋相对于未反应物以亚声速传播的燃烧。爆轰是化学反应区与诱导激波耦合，并在未反应介质中以超声速传播的过程。诱导激波加热、压缩并引发化学反应。化学反应释放的能量支持诱导激波并推动其在反应气体中传播，如图 1-8 所示。

对于开放空间或露天的混合气体爆炸，可称为无约束蒸气云爆炸（UVCE）；在受限空间中时，可称为受限蒸气云爆炸（CVCE）。在开放空间或受限空间是否发生爆燃或爆轰取决于很多因素，如当量比、点火源、受限空间结构等。在非常稀薄或富燃料的混合物中，火焰前锋在蒸气云中以低速传播，压力增长不明显，这种现象称为闪燃或闪火。

另外，在高压液化氢储存时遇到的爆炸现象是沸腾液体膨胀蒸气爆炸（BLEVE）。典型的诱导原因是外部火焰烧烤液氢容器壳体，导致容器壳体失效而突然破裂。高压液氢释放到大气中，迅速汽化并被点燃形成近乎球形的燃烧云，即所谓的火球（图 1-9）。

1.3.3.2 爆炸

（1）氢火焰加速与爆燃转爆轰

氢气容易发生火焰加速与爆燃转爆轰（DDT）的现象。DDT 能在不同环境中发生，例如管道、封闭空间等。

实验发现，在当量比的氢-空气中，燃烧转爆轰的加速距离一般是管径的 100 倍。DDT 是目前燃烧科学中未解决的难题。火焰从初始加速到未燃气体声速存在多种机制，包括未燃流场中的湍流，火焰本身的湍流和各种不稳定性例如水力学不稳定性、Rayleigh-Taylor 不稳定性、Richtmyer-Meshkov 不稳定性、Kelvin-Helmholtz 不稳定性等。从未燃气体声速到爆轰速度存在一个跳跃，一般爆轰速度是声速的两倍。爆轰波由复杂的前导激波和火焰面组成。典型的火焰加速和 DDT 如图 1-10。

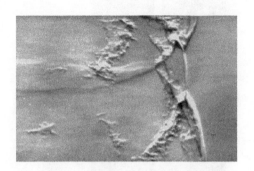

图 1-8　纹影显示的爆轰波结构

图 1-9　沸腾液体膨胀蒸气爆炸（BLEVE）火球

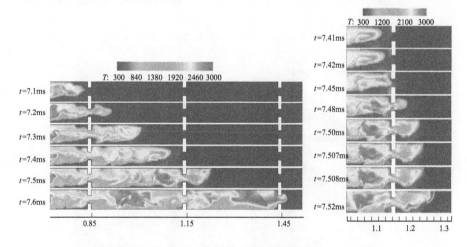

图 1-10　典型的火焰加速和 DDT

　　在管道内放置障碍物可有效降低 DDT 的加速距离。这是因为在形成 DDT 之前障碍物极大地促进了 Rychtmyer-Meshkov 不稳定性。当激波经过火焰面时，Rychtmyer-Meshkov 不稳定性可在两个方向上促进火焰面积的增加，而 Rayleigh-Taylor 不稳定性只能沿着压力梯度在一个方向上增加火焰面积。在 DDT 过程中爆轰是由热点导致的，而热点既可以在湍流火焰中形成也可以在它之前形成，如激波积聚。DDT 的特有特征并不会影响其后的稳态爆轰波。

　　DDT 也可在封闭空间爆炸泄压时观察到。Dorofeev 等[21]利用一个类似房间的封闭空间研究 30% 氢-空气爆炸泄压时，发现 DDT 发生时压力达到了 3.5MPa。DDT 在泄爆板被破坏后几微秒发生，照片显示在靠近泄爆板的封闭空间内有个局部爆炸。随后的射流点火并不影响爆轰发生，但是它的发生一定与突然爆炸泄压有关，如图 1-11 所示。Tsuruda 和 Hirano[22]实验观察到在泄爆过程中火焰面变成了针状，如图 1-12 所示。火焰面不稳定性，尤其是 Rayleigh-Taylor 不稳定性，和由于泄爆板打开后产生的稀疏波传播到封闭空间内导致未燃气体和燃烧产物的混合会促进热点的形成。尤其是反应的气体可能创造诱导时间梯度，这正好达到了 DDT 形成的条件，这被称为 SWACER（shock wave amplification by coherent energy release）。但是导致 DDT 发生的可能性中，依然不能排除是由激波反射导致的。

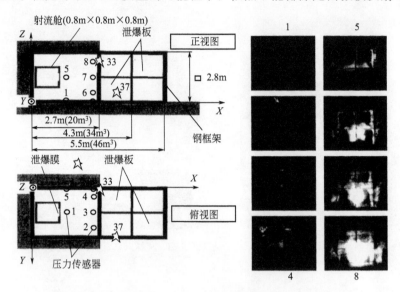

图 1-11　Dorofeev 1995 实验装置及实验结果图

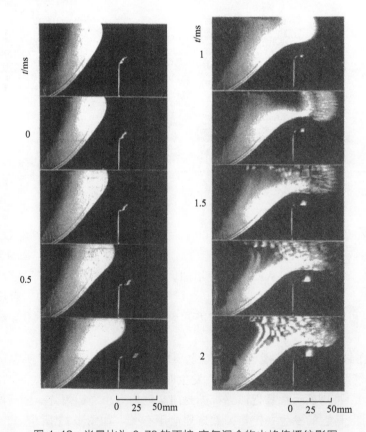

图 1-12　当量比为 0.78 的丙烷-空气混合物火焰传播纹影图

Ferrara 等[23]在实验室内研究了 17%氢-空气的爆轰。实验装置是一个圆柱状容器，体积为 0.2m³（$L \times D = 1.0m \times 0.5m$），一端与一个体积为 50m³ 的泄放容器通过一个直径 16.2cm 的阀门和一个泄放管道（$L=1m$，$D=16.2cm$）连接。在一个预混罐内通过分压定理配置预混气体。在打开阀门的那一刻通过设置在尾部的一个 16J 的火花塞点火。在火焰锋面已经离开圆柱状容器后，压力曲线上突然出现一个 1.5MPa 的爆轰压力。这应该是由于泄放管道内的燃烧产物回流到容器内引起湍流燃烧造成的。正如 Lee 和 Guirao 等[24] 所述高速高温气体导致未燃气体的回流可以形成剧烈的点火，甚至形成爆轰。对于 17% 的氢-空气，当初始压力为 0.1MPa、温度为 300K 时，胞格尺寸为 15～16cm；当温度升高到 400K 时，胞格尺寸减小为 4cm。这可能是由于在 16.2cm 管径的管道内没有发生爆轰而在 50cm 的管道内形成爆轰，要说明的是在 50cm 管道内氢气被加热到 400K。在类似的泄爆结构中，采用高反应活性的高初压气体，Medvedev 等[25] 发现，即使泄爆结构更小依然能观察到爆轰。

（2）氢爆炸超压及泄压面积计算[26]

① 点火后球形火焰传播　不同氢气浓度下火焰传播速度随半径的变化规律差异很大。火焰传播速度随半径 R 的变化可由如下公式计算：

$$\frac{U}{U_0} = \left(\frac{R}{R_0}\right)^{\beta} \tag{1-40}$$

式中　U——半径为 R 时火焰传播速度，m/s；

U_0——半径为 R_0 时火焰传播速度，m/s；

R_0——火焰胞格结构不稳定开始时的临界半径，m；

β——变形指数，对于所有氢浓度下实验测量值为 0.243。

U_0 和 R_0 的值可以使用实验数据的拟合曲线来计算：

$$\begin{cases} U_0 = 0.0537x^2 - 1.008x + 5.5716 \\ R_0 = \dfrac{1.4293x - 0.1942}{1000} \end{cases} \tag{1-41}$$

式中　x——氢浓度体积分数。

火焰到达半径为 R 时的时间 τ 可由下式计算：

$$\frac{R^{1-\beta}}{1-\beta} = \frac{U_0}{R_0^{\beta}}\tau \tag{1-42}$$

长度为 L 的容器，从点火位置到开口的距离为 R。对于后壁点火，$R=L$；对于中心点火，$R=\dfrac{L}{2}$。因此，对于已知的 L，火焰到达开口所用时间可以由式(1-42) 计算，同时，该位置的火焰前端速度可由式(1-41) 计算。

② 未燃混合物泄放和外部气云的形成　对火焰形状的一些简化假设如下：对于后壁点火，火球被认为是半椭球体；对于中心点火，火球被认为是球体。火焰形状如图 1-13 所示。

对于中心点火，火球体积 V_b 可由下式计算：

$$V_b = \frac{4}{3}\pi R_{eq}^3 \tag{1-43}$$

式中，R_{eq} 为火球的等效半径，$R_{eq} = \dfrac{B+H}{4}$，m。

对于后壁点火，火球体积 V_b 可以通过计算半椭球体的体积来估计：

$$V_b = \frac{\pi}{6}LBH \tag{1-44}$$

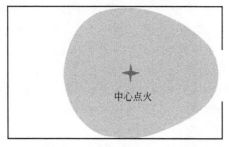 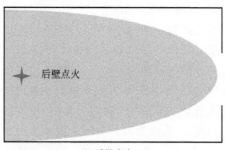

(a) 中心点火   (b) 后壁点火

图 1-13 不同点火位置的火焰形状示意图

气云体积 V_c 可由下式计算：

$$V_c = V_b \left(1 - \frac{1}{\sigma} \right) \tag{1-45}$$

式中　V_b——火球体积，m^3；

　　　　σ——气体膨胀率。

涡核半径可由下式计算：

$$a = \sqrt{4\nu\tau} \tag{1-46}$$

式中，ν 为运动黏滞性系数，m^2/s。

外部气云半径 R_b：

$$R_b = \sqrt[3]{\frac{9\pi R_0^2 L_p}{4a^2 \Lambda (1+k)}} \tag{1-47}$$

式中　k——等于 0.65；

　　　R_0——活塞的等效半径，$R_0 = \sqrt{\dfrac{A_v}{\pi}}$，m；

　　　L_p——活塞的行程长度，$L_p = \dfrac{V_c}{A_v}$，m；

　　　α——等于 1。

Λ 可由下式计算：

$$\Lambda = \ln \left(\frac{8 R_{Ring}}{a} \right) - 0.558 \tag{1-48}$$

其中，$\alpha = \sqrt{4\nu\tau}$。

$$R_{Ring} = \sqrt{\frac{3 R_0^2 L}{4\alpha}} \tag{1-49}$$

对于外部气云燃烧，气云半径为 R_b 时的火焰传播速度可以由式(1-41) 计算得到。

气云半径为 R_b 时的马赫数 M_p 可由式(1-50) 计算：

$$M_p = \frac{U_{cloud}}{a_0} \tag{1-50}$$

式中　U_{cloud}——气云边界处的火焰速度，可用式(1-41) 和气云半径 R_b 来计算；

　　　a_0——未燃烧混合气体的声速，m/s。

外部气云燃烧产生的外部压力可由式(1-51) 来估算：

$$p_{ex} = 2\gamma_u \left(1 - \frac{1}{\sigma} \right) \sigma^2 M_p^2 \tag{1-51}$$

式中　γ_u——未燃烧气体的比热容比（定义为定压比热容C_p与定容比热容C_V之比）；

σ——气体膨胀率。

③ 内部燃烧产生的超压　在容器内部产生的火球可以近似为标准的几何形状。这些形状的火焰面积计算如下。

对于中心点火，火焰形状近似为球体，其火焰面积可由式(1-52)计算：

$$A(\text{sphere}) = 4\pi R_{eq}^2 \tag{1-52}$$

对于后壁点火，火球形状近似为椭球体，其火焰面积：

$$A(\text{semi-ellipsoid}) = 2\pi \left[\frac{(ab)^{1.6} + (bc)^{1.6} + (ca)^{1.6}}{3}\right]^{1/1.6} \tag{1-53}$$

其中，$a = L$，$b = \dfrac{B}{2}$，$c = \dfrac{H}{2}$。

燃烧产生的气体体积$\dot{V}_b$：

$$\dot{V}_b = A_f U_f \tag{1-54}$$

泄放气体的体积：$\dot{V}_v$：

$$\dot{V}_v = u_{cd} A_v \sqrt{\frac{p_{red} - p_{ex}}{p_{cr} - p_{ex}}} \tag{1-55}$$

式中　p_{red}——内部火焰产生的超压，bar；

u_{cd}可由下式计算：

$$u_{cd} = C_d \sqrt{\frac{RT_v}{M_v} \gamma \times \frac{\gamma+1}{2}} \tag{1-56}$$

式中　C_d——恒定流量下的流量系数，取值为0.6；

R——普适气体常数；

T_v，M_v——泄放气体的温度和分子量。

临界压力p_{cr}为：

$$p_{cr} = p_{ex}\left(\frac{\gamma+1}{\gamma}\right)^{\gamma/(\gamma-1)} \tag{1-57}$$

联合式(1-55)和式(1-57)，可得式(1-58)，进而求解得到内部燃烧产生的超压p_{red}。

$$A_f U_f = u_{cd} A_{v0} \sqrt{\frac{p_{red} - p_{ex}}{p_{cr} - p_{ex}}} \tag{1-58}$$

④ 泄压面积计算　首先确定容器或厂房等可承受的临界压力，根据前述计算公式，叠代求解开口面积，即为设计所需的泄压面积。

1.3.3.3　爆轰

(1) 爆轰波结构

实验观察是研究爆轰波结构的重要手段。特别是1958年Denisov和Troshin首次将烟迹技术应用于研究爆轰结构以后大大推动了这个领域的研究工作。后续出现了高速摄像、纹影、平面激光诱导荧光等技术。

图1-14为采用烟迹技术得到的普通爆轰波的胞格结构。可以看到其由一系列规则排列的菱形图案组成，常把这些菱形称为"胞格"（cell），而把L称为胞格的长度，Z称为胞格的宽度或横波间隔。

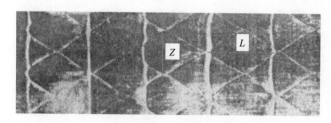

图 1-14 普通爆轰波的胞格结构

图 1-15 为螺旋爆轰胞格结构。螺旋爆轰实际上是一种临界爆轰。临界爆轰是指爆轰波在可燃气体中以临界状态传播。所谓临界状态为，如果初压再低一点或管径再小一点，爆轰将熄灭。临界爆轰的模数为 1，即在波阵面上只有一个三波点和一个横波。当三波点与管道壁面刚好相碰后，其横波结构首先是弱型的，但很快会转为强型。强型横波结构的一部分在经入射激波压缩后的未燃气体中传播，诱导了波后剧烈的化学反应，则该部分横波可称为横向爆轰波。

爆轰波阵面的这种菱形结构或蜂窝状结构称为"胞格结构"。对胞格结构的定性解释为：爆轰波中诱导激波包含若干个沿波阵面横向运动的横波，它相当于形成马赫反射时的反射波。如图 1-16 所示，在 O 点有入射激波、反射激波和马赫杆，还有一条滑移线。一般把 O 点叫作三波点，若干个三波点在管道中运动的轨迹构成了胞格。

图 1-15 螺旋爆轰胞格结构

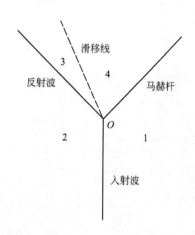

图 1-16 三波结构示意图

为解释爆轰波的形成，采用若干电阻丝的高压放电作为微元爆轰波。当微元爆轰波开始作用时，两相邻波碰撞首先发生规则反射。当碰撞角增加时就形成了马赫反射，马赫杆、入射波和横波交叉于三波点，三波点的迹线为菱形图案，即爆轰波胞格结构，如图 1-17 和图 1-18 为三波阵面形成的立体三维结构。

胞格尺寸在预测爆轰时是有价值的，并且与危险情况下的关键参数有关[27,28]。在 101.3kPa（1atm）下化学当量比的氢-空气混合物和氢-氧混合物的胞格长度分别为 15.9mm 和 0.6mm。当氢-空气混合物的压力增加时，胞格尺寸减小。氢-空气爆轰的胞格宽度随稀释剂（例如二氧化碳和水）的浓度增大而显著增加[3]。

爆轰波胞格的长度（λ）与反应区宽度（δ）之比取决于混合物的组成和初始条件，且大约在 100 的范围内变化（图 1-19）。

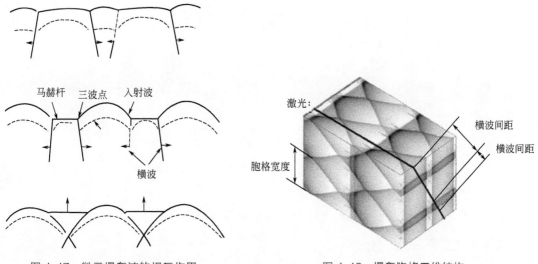

图 1-17　微元爆轰波的相互作用　　　　　图 1-18　爆轰胞格三维结构

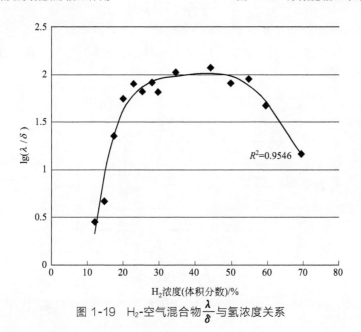

图 1-19　H_2-空气混合物 $\frac{\lambda}{\delta}$ 与氢浓度关系

（2）CJ 爆轰参数计算

由于爆轰波自身存在三维结构，理论计算爆轰参数十分困难。Chapman（1899）和 Jouguet（1905）首先提出了爆轰简化理论，即 CJ 理论。CJ 理论最显著的特点是把诱导激波与化学反应区处理为一维间断面，反应在瞬间完成，即反应的初态与终态重合。另外一种简化模型是 ZND 模型，由 Zeldovich（1940）、von Neumann（1942）和 Doering（1943）各自分别独立地对 CJ 理论的假设和论证作了改进而提出的。主要的一点是引进了化学反应速率，该模型也基于欧拉方程。与 CJ 理论不同的是：诱导激波为无反应间断面。诱导激波冲击压缩反应介质，急剧上升的 von Neumann 压力和温度诱导化学反应，且化学反应是以有限速率进行的。通常，反应区被分为诱导区和能量释放区。在诱导区内，热力学状态近似不变；在能量释放区内，化学反应急剧进行并伴随有大量能量释放。本书仅介绍 CJ 爆轰参数的计算。

爆轰压力：

$$p_m - p_0 = \frac{\rho_0 D^2}{\kappa+1}\left(1-\frac{C_0^2}{D^2}\right) \tag{1-59}$$

式中 p_m——爆炸压力，Pa；

ρ_0——未燃气体密度，kg/m^3；

p_0——初始压力；

κ——等熵指数；

C_0——声速。

爆轰波传播速度 D：

$$D = \left(\frac{\kappa^2-1}{2}E_0 + C_0^2\right)^{\frac{1}{2}} + \left(\frac{\kappa^2-1}{2}E_0\right)^{\frac{1}{2}} \tag{1-60}$$

式中，$E_0 = \dfrac{10^6 Q\varphi}{W}$，$J/kg$，$\varphi$ 为混合气体中氢气的摩尔分数。

爆轰波后温度：

$$T = \frac{(\gamma D^2 + C_0^2)^2}{\gamma(\gamma+1)^2 R}D^2 \tag{1-61}$$

典型的爆轰温度和压力与氢浓度关系分别如图 1-20 和图 1-21 所示。对于化学当量的氢-空气混合物，最大温度和压力约为 3000K 和 1.6MPa，而对于化学当量的氢-氧混合物，其升至约 3800K 和 20MPa。

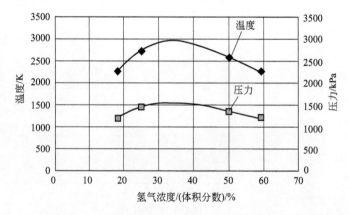

图 1-20   101.3kPa（1atm）和 298K（25℃）的氢-空气混合物爆轰压力和温度

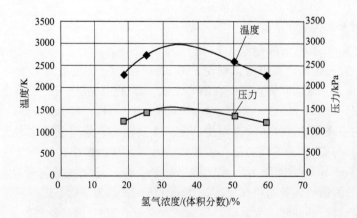

图 1-21   101.3kPa（1atm）和 298K（25℃）的氢-氧混合物爆轰压力和温度

1.3.3.4 冲击波传播超压计算

目前对氢气爆炸冲击波传播超压计算的方法主要有 TNT 当量法和 TNO 方法。TNT 当量法把可燃气云爆炸当作点源，计算偏差相对较大。针对氢气爆炸冲击波传播超压计算推荐使用 TNO 方法。

（1）TNT 当量法

根据爆炸理论与试验，冲击波波阵面上的超压与产生冲击波的能量有关，同时也与距爆炸中心的距离有关。冲击波的超压与爆炸中心距离的关系为：

$$\Delta p = f\left(\frac{\sqrt[3]{q_{TNT}}}{R}\right) \tag{1-62}$$

式中，Δp 为冲击波波阵面上的超压，MPa；R 为距爆炸中心的距离，m；q_{TNT} 为爆炸时产生冲击波所消耗的当量 TNT 质量，kg。

$$q_{TNT} = q\frac{Q_E}{Q_{TNT}} \tag{1-63}$$

式中，q_{TNT} 为当量 TNT 质量，kg；q 为可燃气体质量，kg；Q_E 为可燃气体爆热，J/kg；Q_{TNT} 为 TNT 爆热，J/kg。

TNT 在无限空气介质中爆炸时，空气冲击波峰值超压计算式为：

$$\Delta p = 14.0717\frac{\sqrt[3]{q}}{R} + 5.5397\left(\frac{\sqrt[3]{q}}{R}\right)^2 - 0.3572\left(\frac{\sqrt[3]{q}}{R}\right)^3 + 0.00625\left(\frac{\sqrt[3]{q}}{R}\right)^4$$

$$\left(0.05 \leqslant \frac{R}{\sqrt[3]{q}} < 0.3\right) \tag{1-64}$$

$$\Delta p = 6.1938\frac{\sqrt[3]{q}}{R} - 0.326\left(\frac{\sqrt[3]{q}}{R}\right)^2 + 2.1324\left(\frac{\sqrt[3]{q}}{R}\right)^3$$

$$\left(0.3 \leqslant \frac{R}{\sqrt[3]{q}} < 1\right) \tag{1-65}$$

$$\Delta p = 0.662\frac{\sqrt[3]{q}}{R} + 4.05\left(\frac{\sqrt[3]{q}}{R}\right)^2 + 3.288\left(\frac{\sqrt[3]{q}}{R}\right)^3$$

$$\left(1 \leqslant \frac{R}{\sqrt[3]{q}} < 10\right) \tag{1-66}$$

$$\Delta p = 0.67\frac{\sqrt[3]{q}}{R} + 3.01\left(\frac{\sqrt[3]{q}}{R}\right)^2 + 4.31\left(\frac{\sqrt[3]{q}}{R}\right)^3$$

$$\left(10 \leqslant \frac{R}{\sqrt[3]{q}} < 70.9\right) \tag{1-67}$$

（2）TNO 方法

爆炸冲击波影响距离：

$$R_d = \overline{R} \times \left(\frac{10^6 E}{22.4 p_0}\right)^{1/3} \tag{1-68}$$

式中，R_d 为距爆源中心的距离，m；$\overline{R}$ 为相对距离；p_0 为环境气体压力，Pa；E 为爆炸释放的化学能。

根据爆源超压和冲击波超压 $\overline{p}_s$，查图 1-22 确定相对距离 $\overline{R}$，进而根据式（1-69）计算 R_d。

$$\overline{p}_s = p_s - p_0 \qquad (1\text{-}69)$$

式中，p_s 为距离爆源中心 R_d 的超压；$\overline{p}_s$ 为相对超压。

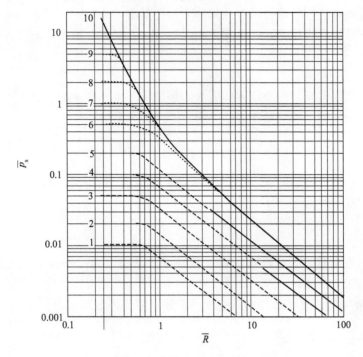

图 1-22   相对超压 $\overline{p}_s$ 随相对距离 $\overline{R}$ 的变化

多数情况下，冲击波的破坏伤害作用是由超压引起的。冲击波超压对构建筑物和人员的伤害准则如表 1-8、表 1-9 所示。

表1-8   冲击波对建筑物的破坏

超压/kPa	破坏形式
0.5~2	玻璃部分破碎
2~12	玻璃全部破碎
12~30	门窗坏，砖墙小裂纹(0.5mm)
30~50	砖墙裂纹(0.5~5mm)，钢混屋面起裂
50~76	墙裂纹(50mm)，钢混屋面严重开裂
76~100	砖墙倒塌，钢混屋面塌下
100~200	防震钢混结构破坏
200~300	钢架桥破坏

表1-9   冲击波对人员的伤害

超压/kPa	程度（等级）	损伤程度
20~30	轻微	中耳、肺挫伤
30~50	中等	中度耳伤、肺伤
50~100	严重	心肌撕裂、脱臼
>100	死亡	体腔、肝、脾破裂

1.4　氢脆

氢脆是指溶于钢中的氢，聚合为氢分子，造成应力集中，超过钢的强度极限，在钢内部形成细小的裂纹，又称白点。氢脆只可防，不可治。氢脆一经产生，就消除不了。在材料的冶炼过程和零件的制造与装配过程（如电镀、焊接）中进入钢材内部的微量氢（10^{-6}量级）在内部残余的或外加的应力作用下导致材料脆化甚至开裂。在尚未出现开裂的情况下可以通过脱氢处理（例如加热到200℃以上数小时，可使材料内部的氢减少）恢复钢材的性能。

1.4.1　氢脆机理

由于零件内部的氢向应力集中的部位扩散聚集，应力集中部位的金属缺陷多（原子点阵错位、空穴等）。氢扩散到这些缺陷处，氢原子变成氢分子，产生巨大的压力，这个压力与材料内部的残留应力及材料受的外加应力组成一个合力。当这个合力超过材料的屈服强度时，就会导致断裂发生（如图1-23）。氢脆既然与氢原子的扩散有关，扩散是需要时间的，扩散的速度与浓度梯度、温度和材料种类有关，因此，氢脆通常表现为延迟断裂。

氢脆的机理尚不完全清楚，但很多因素会影响氢脆速度，如压力和环境温度，氢的纯度、浓度和暴露时间，以及材料的应力状态、物理和机械性能、微观结构、表面条件和裂纹前端的性质等。

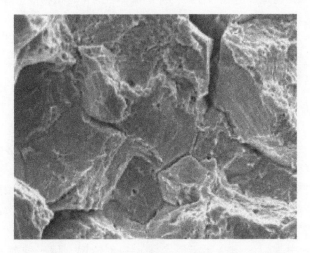

图1-23　氢脆导致材料断裂的扫描电子显微镜图像

1.4.2　氢脆类型

氢脆类型包括：

① 环境氢脆　金属或合金可能在气态氢的环境中发生塑性变形，导致表面裂纹增加、延展性损失和断裂应力下降。

② 内部氢脆　由氢吸收引起的内部氢脆，导致某些金属过早失效，内部开始出现裂缝。

③ 反应氢脆　由吸收的氢与一种或多种金属成分的化学反应引起的反应氢脆，例如与钢中的碳形成脆性金属氢化物或甲烷。高温有利于这种现象的发生。

1.4.3　氢脆导致力学性能劣化

在临氢环境中，许多金属和合金的力学性能有相当大的劣化。研究表明：

① 由氢引起的金属（或合金）的敏感性随着金属强度增大而增加。

② 内部和环境氢脆率在 200～300K（—73～27℃）的温度范围内最大，而反应氢脆在高于室温的温度下发生。

③ 钢对氢脆的敏感性随氢气纯度的增加而增加。

④ 脆化的敏感性通常随拉应力的增大而增加。

⑤ 脆化通常会由裂纹扩展导致金属疲劳。

1.4.4　氢脆的主要影响因素

（1）表面和表面薄膜的影响

亚稳态奥氏体不锈钢（如 SS 型 304）的氢相容性在很大程度上取决于金属表面光洁度。通过去除机械加工层，可以最小化表面开裂和延展性损失。在金属表面上天然形成的氧化物限制了氢的吸收是由于它们的渗透性低于金属而影响氢脆程度。用于降低氢吸收的合成表面膜应在其工作温度下进行。铜和金仍然在较宽的温度范围内保持延展性，通常推荐使用[13]。

（2）电火花加工的影响

临氢设备或零部件通常采用电火花加工孔、异形孔、深槽、窄缝和切割薄片等，可能增加氢脆。在这种方式中，氢是通过放电电离使用的介电流体（通常是植物油或煤油）分解产生的。

（3）氢捕获点的影响

氢可能被捕获在金属结构内的各种位置，包括位错处、晶粒和相界、间隙或空位群、空隙或气泡、氧或氧化物夹杂物、碳化物颗粒和其他材料缺陷。捕获在低温下最明显，不同环境温度中氢脆程度也是不同的。

1.4.5　氢脆的防控

一般来说，不锈钢比普通钢更耐氢脆，如果空气干燥，纯铝和许多铝合金都比不锈钢更耐用。氢系统的所有零部件必须采用与氢相容的材料。

防止氢脆的主要措施有采用氧化物涂层、消除应力集中、使用氢添加剂、保持适当的晶粒尺寸和添加合金。此外，下列措施也可用于有效地消除金属中的氢脆：

① 铝因对氢的敏感性低，可被用作结构材料。

② 加工零部件的中等强度钢（用于气态氢）和不锈钢（用于液氢）应增加厚度、表面光洁度和采用适当的焊接工艺。

③ 在没有测试数据支撑的情况下，金属零部件的抗疲劳性设计需要大幅提高（可提高到五倍）。

④ 不使用铸铁、氢化物成形金属和合金作为储氢设备的材料。

1.5　氢风险评估

风险评估（risk assessment）[29]是指，在风险事件发生之前或之后（但还没有结束），对该事件给人们的生活、生命、财产等各个方面造成的影响和损失的可能性进行量化评估的工作。即，风险评估就是量化测评某一事件或事物带来的影响或损失的危害程度。

风险评估的方法有很多，如风险因素分析法、模糊综合评价法、内部控制评价法、分析性复核法、定性风险评价法、风险率风险评价法等。本章主要介绍氢的定量风险评价方法。

1.5.1　定量风险评价方法概述

在定量风险评价中，使用多个集成模型，根据这些模型中的背景信息，为决策方式提供合理理由。

风险可以通过灾害场景（i）、每个场景的后果（c_i）以及这些后果发生的概率（P_i）来表征。一种常用的计算表达式如下：

$$Risk = \sum_i (P_i c_i) \tag{1-70}$$

式中　i——灾害场景 i；

c_i——第 i 个灾害场景的后果；

P_i——第 i 个后果发生的概率。

在定量风险评价中，后果以可观察的数量来表示，例如在特定时期内的死亡人数或修复费用。概率项表示分析者对预测结果的不确定性（其中包括不同场景的频率和每个场景可能后果的范围）。

1.5.2　风险矩阵计算

致命事故率（fatal accident rate，FAR）和平均个人风险（average individual risk，AIR）是常用的表示评估对象死亡风险的指标。致命事故率和平均个人风险是潜在生命损失值（potential loss of life，PLL）的函数。潜在生命损失值表示每年死亡人数的期望值，可表达如下：

$$PLL = \sum_n (f_n c_n) \tag{1-71}$$

式中　n——可能场景数；

f_n——事故场景 n 发生的频率；

c_n——事故场景 n 的死亡人数期望值。

致命事故率（FAR）是每 1 亿小时暴露时间对应死亡人数的期望值，则事故发生率（FAR）为：

$$FAR = \frac{PLL \times 10^8}{暴露时间} = \frac{PLL \times 10^8}{N_{pop} \times 8760} \tag{1-72}$$

式中，N_{pop} 为评估对象中人员的平均数，然后除以 8760（将年换算成小时，等于 365×24）。

平均个人风险表示每个暴露个体的平均死亡人数，可表达为：

$$AIR = H \times FAR \times 10^{-8} \tag{1-73}$$

式中，H 为评估对象中人员所花费的年平均时间（如全职工作者年平均时间为 2000h）。

1.5.3　场景模型

氢泄漏扩散会导致几种不同的后果及相应的灾害。对于气态氢连续泄漏扩散，后果可能是未点燃氢气的泄漏扩散、喷射火（热效应）、闪火（积聚气体爆燃，以热效应为主）及爆炸（积聚气体的爆燃或爆轰，以超压影响为主）。表1-10描述了每个后果相关的关键因素和燃烧情况。

表1-10　氢泄漏扩散场景

后果	关键因素	燃烧描述	风险
喷射火	连续泄漏扩散(即直到氢气完全泄漏)；泄漏马上点火	动量驱动的非预混湍流火焰。燃烧速度大致等于气体泄漏速度	热效应
闪火	积聚气体爆燃，延迟点火(即在气体积聚并和空气混合后才点火)	相当于预混火焰燃烧，其速度快于氢气泄漏到混合气中的速度	热效应
爆炸	积聚气体的爆燃或爆轰，延迟点火	受限空间火焰快速传播，爆燃或爆轰均产生冲击波	超压效应

对于氢气泄漏扩散可以用事件序列图来描述，如图1-24所示。具体计算如下：

$$f_{不点火} = f_{GH_2泄漏扩散} \times P(隔离) + f_{GH_2泄漏扩散} \times P(隔离) \times P(立即点火) \times P(延时点火)$$

$$(1-74)$$

$$f_{喷射火} = f_{GH_2泄漏扩散} \times P(隔离) \times P(立刻点火) \tag{1-75}$$

$$f_{闪火} = f_{GH_2泄漏扩散} \times P(隔离) \times P(立刻点火) \times P(延时点火) \times P(Tvsp) \tag{1-76}$$

$$f_{爆炸} = f_{GH_2泄漏扩散} \times P(隔离) \times P(立刻点火) \times P(延时点火) \times P(Tvsp) \tag{1-77}$$

式中　$f_{GH_2泄漏扩散}$——气态氢泄漏扩散的年频率；

$\quad\quad P$（隔离）——点火前泄漏探测和隔离的概率；

P（立刻点火）——立即点火的概率；

P（延时点火）——延时点火的概率；

$\quad P$（$Tvsp$）——由积聚气体点火造成的主控效应是热效应（而不是超压效应）的概率。

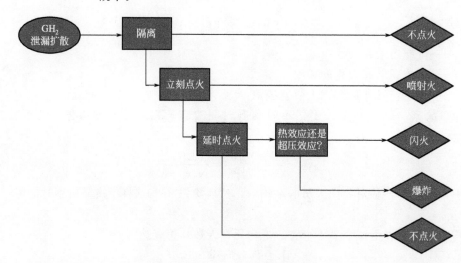

图1-24　GH$_2$泄漏事件后果图

1.5.4　气态氢泄漏扩散的频率

$f_{GH_2泄漏扩散}$是气态氢泄漏扩散的年频率矢量（管流面积$\frac{\pi}{4}d^2$下的频率值0.01%、

0.1％、1％、10％、100％，其中 d 是该管的内径）。

对应 0.01％、0.1％、1％、10％〔用公式(1-78)〕、100％〔用公式(1-79)〕下气态氢泄漏扩散的年频率：

$$f_{\text{GH}_2\text{泄漏扩散}}=f_{\text{随机泄漏扩散}} \tag{1-78}$$

$$f_{\text{GH}_2\text{泄漏扩散}}=f_{\text{随机泄漏扩散}}+f_{\text{别的泄漏扩散}}（仅适用 100％泄漏扩散） \tag{1-79}$$

$f_{\text{随机泄漏扩散}}$ 由下式计算可得：

$$f_{\text{泄漏扩散}k}=\sum_i（N_{\text{部件}_i}\times f_{\text{泄漏}_{i,k}}） \tag{1-80}$$

式中　$N_{\text{部件}_i}$ ——每类部件数〔压缩机、汽缸、阀门、仪表、接头、软管、管道（m）、过滤器、法兰〕；

$f_{\text{泄漏}_{i,k}}$ ——组件 i 的泄漏尺寸 k 的平均泄漏频率。

$f_{\text{别的泄漏扩散}}$ 可采用下式计算：

$$f_{\text{别的泄漏扩散}}=5.5\times10^{-9}\times n_{\text{每日工作次数}}\times n_{\text{工作日}}$$

1.5.5　后果模型

喷射火和爆炸超压的后果模型可以采用理论模型和 CFD 模拟。理论模型参见 1.3 节，CFD 模拟在此不做细述。

1.5.6　伤害和损失模型

概率模型用于确定某一暴露的伤害或死亡概率。该概率模型是一种预测因子的线性组合，这种预测因子建立了与正常分布相关的逆累积分布函数模型。死亡的概率计算由公式(1-81) 给出，它是在概率模型（Y）建立的值的基础上评估正态累积分布函数 ϕ。下面讨论热和超压效应的不同概率模型。

$$P(\text{fatality})=F(Y|\mu,\sigma)=\phi(Y-5) \tag{1-81}$$

① 热伤害　热辐射引起的伤害水平是热通量强度和暴露持续时间的函数。辐射热通量的危害通常用热剂量单位来表示，根据公式(1-82)，热剂量单位综合体现了热通量强度和暴露时间。

$$\text{热剂量单位}=V=I^{4/3}\times t \tag{1-82}$$

式中　I——热辐射通量，W/m^2；

t——暴露时间，s。

表 1-11 列出了典型的死亡率模型。将表 1-11 的死亡率模型代入方程(1-81) 可求得死亡概率。在氢风险评估中，LaChance 等[30] 推荐使用 Eisenberg 和 Tsao & Perry 模型。

表1-11　死亡率模型

参考公式	死亡率模型	说明
Eisenberg	Y= − 38.48+2.56ln(V)	基于广岛和长崎核爆炸紫外辐射数据获得
Tsao & Perry	Y= − 36.38+2.56ln(V)	考虑红外辐射，修正 Eisenberg 模型
TNO	Y= − 37.23+2.56ln(V)	考虑衣服的影响修正 Tsao & Perry 模型
Lees	Y= − 29.02+1.99ln(0.5V)	考虑衣服的影响，用紫外源确定皮肤伤害的办法测量的猪的皮肤实验数据

　　结构和设备也会因为暴露于辐射热通量下而损坏。一些对结构和部件损伤的典型的热流值与曝光时间是由 LaChance 等[30] 提供的。然而，结构和部件损伤所需要的曝光时间长（＞30min），既然人员能够在重要结构损伤发生前撤离，氢火灾对结构和部件的热辐射影响通常显得不重要。

　　② 超压伤害　　目前国际上有几个概率模型可以预测爆炸超压的伤害。这些模型一般区分压力的直接效应和间接效应。压力的显著增加会导致敏感器官损伤，如肺、耳朵等。间接效应包括由超压产生的碎片、结构的坍塌和热辐射（蒸气云爆炸产生的火球热辐射）。大的爆炸也会冲击人与结构碰撞或使人剧烈运动而造成伤害。表 1-12 提供了超压影响的概率模型。

表1-12　超压导致死亡的概率模型

参考	死亡模型
Eisenberg-肺损伤	$Y = -77.1 + 6.91\ln(p_s)$
HSE-肺损伤	$Y = 1.47 + 1.371\ln(p_s)$
TNO-头部撞击	$Y = 5 - 8.49\ln\left(\dfrac{2430}{p_s}\right) + 4.0 \times \dfrac{10^8}{p_s i}$
TNO-结构坍塌	$Y = 5 - 0.22\ln(V)$ $V = \left(\dfrac{40000}{p_s}\right)^{7.4} + \left(\dfrac{460}{i}\right)^{11.3}$

　　注：p_s 是超压峰值，Pa；i 是冲击波比冲，Pa·s。

　　LaChance 等[30] 推荐使用 TNO 概率模型，并建议超压的间接影响代表了人们最为关注的问题。引起致命肺损伤需要的超压值明显高于把人扔向障碍物或使用子弹穿透皮肤的值。此外，在结构中的人比起肺损伤更可能死于设施坍塌。为此，通常采用 TNO 概率模型分析结构倒塌。

1.5.7　事故频率和概率数据

　　（1）泄漏探测和隔离概率
　　成功探测并隔离概率，**P**（隔离），可取 0.9。
　　（2）点火概率
　　氢气点火概率通常是氢泄漏速率的函数，这些概率值（如表 1-13）来自文献 [31]。

表1-13　氢气点火概率

氢泄漏速率/(kg/s)	P(立即点火)	P(延迟点火)
＜0.125	0.008	0.004
0.125～6.25	0.053	0.027
＞6.25	0.230	0.120

　　（3）闪火与爆炸概率
　　闪火与爆炸概率可取 0.6。
　　（4）部件泄漏频率
　　通过对数正态分布（μ，σ）的参数计算随机泄漏的频率。文献 [32] 给出的常用氢系统泄漏频率值详见表 1-14。

表1-14 各部件随机泄漏频率值

组件	释放尺寸	μ	σ	平均值(计算)	方差(计算)
压缩机	0.01%	−1.72	0.21	1.83×10^{-1}	1.58×10^{-3}
	0.1%	−3.92	0.48	2.23×10^{-2}	1.32×10^{-4}
	1%	−5.14	0.79	8.01×10^{-3}	5.55×10^{-5}
	10%	−8.84	0.84	2.06×10^{-4}	4.31×10^{-8}
	100%	−11.34	1.37	3.04×10^{-5}	5.11×10^{-9}
气瓶	0.01%	−13.84	0.62	1.18×10^{-6}	6.46×10^{-13}
	0.1%	−14.00	0.61	9.98×10^{-7}	4.43×10^{-13}
	1%	−14.40	0.62	6.80×10^{-7}	2.19×10^{-13}
	10%	−14.96	0.63	3.90×10^{-7}	7.36×10^{-14}
	100%	−15.60	0.67	2.09×10^{-7}	2.47×10^{-14}
过滤器	0.01%	−5.25	1.98	3.77×10^{-2}	7.18×10^{-2}
	0.1%	−5.29	1.52	1.60×10^{-2}	2.30×10^{-3}
	1%	−5.34	1.48	1.44×10^{-2}	1.64×10^{-3}
	10%	−5.38	0.89	6.87×10^{-3}	5.67×10^{-5}
	100%	−5.43	0.95	6.94×10^{-3}	7.16×10^{-5}
法兰	0.01%	−3.92	1.66	7.86×10^{-2}	9.13×10^{-2}
	0.1%	−6.12	1.25	4.82×10^{-3}	8.84×10^{-5}
	1%	−8.33	2.20	2.72×10^{-3}	9.41×10^{-4}
	10%	−10.54	0.83	3.74×10^{-5}	1.41×10^{-9}
	100%	−12.75	1.83	1.55×10^{-5}	6.53×10^{-9}
软管	0.01%	−6.81	0.27	1.15×10^{-3}	9.82×10^{-8}
	0.1%	−8.64	0.55	2.06×10^{-4}	1.51×10^{-8}
	1%	−8.77	0.54	1.79×10^{-4}	1.11×10^{-8}
	10%	−8.89	0.55	1.60×10^{-4}	8.92×10^{-9}
	100%	−9.86	0.85	7.47×10^{-5}	5.82×10^{-9}
接头	0.01%	−9.57	0.16	7.05×10^{-5}	1.35×10^{-10}
	0.1%	−12.83	0.76	3.56×10^{-6}	9.84×10^{-12}
	1%	−11.87	0.48	7.80×10^{-6}	1.54×10^{-11}
	10%	−12.02	0.53	6.96×10^{-6}	1.57×10^{-11}
	100%	−12.15	0.57	6.21×10^{-6}	1.45×10^{-11}
管道	0.01%	−11.86	0.66	8.78×10^{-6}	4.16×10^{-11}
	0.1%	−12.53	0.69	4.57×10^{-6}	1.26×10^{-11}
	1%	−13.87	1.13	1.80×10^{-6}	8.27×10^{-12}

续表

组件	释放尺寸	μ	σ	平均值(计算)	方差(计算)
管道	10%	−14.58	1.16	9.12×10^{-7}	2.33×10^{-12}
	100%	−15.73	1.71	6.43×10^{-7}	7.39×10^{-12}
阀门	0.01%	−5.18	0.17	5.71×10^{-3}	9.90×10^{-7}
	0.1%	−7.27	0.40	7.50×10^{-4}	9.67×10^{-8}
	1%	−9.68	0.96	9.92×10^{-5}	1.49×10^{-8}
	10%	−10.32	0.68	4.13×10^{-5}	9.86×10^{-10}
	100%	−12.00	1.33	1.49×10^{-5}	1.09×10^{-9}
仪器	0.01%	−7.32	0.68	8.31×10^{-4}	4.00×10^{-7}
	0.1%	−8.50	0.79	2.78×10^{-4}	6.80×10^{-8}
	1%	−9.06	0.90	1.73×10^{-4}	3.68×10^{-8}
	10%	−9.17	1.07	1.84×10^{-4}	7.18×10^{-8}
	100%	−10.20	1.48	1.11×10^{-4}	9.85×10^{-8}

参 考 文 献

[1] 孙学军. 氢分子生物学. 上海：第二军医大学出版社，2013.

[2] Rigas F，Amyotte P. Hydrogen Safety. CRC Press，2013.

[3] ANSI. Guide to safety of hydrogen and hydrogen systems. American Institute of Aeronautics and Astronautics，American National Standard ANSI/AIAAG-09502004，2004，Chap 2.

[4] Thompson J D，Enloe J D. Flammability limits of hydrogen-oxygen-nitrogen mixtures at low pressures. Combustion and Flame，1996，10（4）：393-394.

[5] Fisher M. Safety aspects of hydrogen combustion in hydrogen energy systems. International Journal of Hydrogen Energy，1986，11（9）：593-601.

[6] Birch A D，Hughes D J，Swaffield F. Velocity decay of high pressure jets. Combustion Science and Technology，1987，52（1-3）：161-171.

[7] Birch A D，Brown D R，Dodson M G，Swaffield F. The structure and concentration decay of high pressure jets of natural gas. Combustion Science and Technology，1984，36（5-6）：249-261.

[8] Ewan B C R，Moodie K. Structure and velocity measurements in underexpanded jets. Combustion Science and Technology，1986，45（5-6）：275-288.

[9] Molkov V，Makarov D，Bragin M. Physics and modelling of under-expanded jets and hydrogen dispersion in atmosphere. Proceedings of the 24th international conference on interaction of intense energy fluxes with matter，2009：1-6.

[10] Houf W，Schefer R. Analytical and experimental investigation of small-scale unintended releases of hydrogen. International Journal of Hydrogen Energy，2008，33（4）：1435-1444.

[11] Lowesmith B，Hankinson G，Spataru C，Stobbart M. Gas build-up in a domestic property following releases of methane/hydrogen mixtures. International Journal of Hydrogen Energy，2009，34（14）：5932-5939.

[12] Schefer R W，Houf W G，Williams T C，Bourne B，Colton J. Characterization of high-pressure，underexpanded hydrogen-jet flames. Int J Hydrogen Energy，2007，32：2081-2093.

[13] Ekoto I W，Houf W G，Ruggles A J，Creitz L W，Li J X. Large-scale hydrogen jet flame radiant fraction measurements and modelling. In：Proceedings of the 2012 9th the international pipeline conference，Calgary，Alberta，Canada，2012，Paper IPC2012-90535：2012.

[14] HYPER，FP6 STREP project "Install permitting guidance for Hydrogen and Fuel Cells Stationary Application" De-

liverable 4. 3 Releases，Fire and Explosions. WP4 Final Report，2008.

[15]　Delichatsios M A. Transition from momentum to buoyancy-controlled turbulent jet diffusion flames and flame height relationships. Combust and Flame，1993，92：349-364.

[16]　Turns S R，Myhr F H. Oxides of nitrogen emissions from turbulent jet flames：Part I—fuel effects and flame radiation. Combust Flame，1991，87：319-335.

[17]　Molina A，Schefer R W，Houf W G. Radiative fraction and optical thickness in large-scale hydrogen-jet fires. Proc Combust Instute，2006，31：2565-2573.

[18]　Studer E，Jamois D，Jallais S，Leroy G，Hebrard J，Blanchetie're V. Properties of large-scale methane/hydrogen jet fires. Int J Hydrogen Energy，2009，34：9611-9619.

[19]　Hankinson G，Lowesmith B J. A consideration of methods of determining the radiative characteristics of jet fires. Combustion and Flame，2012，159：1165-1177.

[20]　LaChance J，Tchouvelev A，Engebo A. Development of uniform harm criteria for use in quantitative risk analysis of the hydrogen infrastructure. International Journal of Hydrogen Energy，2011，36：2381.

[21]　Dorofeev S B，Bezmelnitsin A V，Sidorov. Transition to detonation in vented hydrogen-air explosions. Combustion and Flame，1995，103：243-246.

[22]　Tsuruda T，Hirano T. Growth of flame front turbulence during flame propagation across an obstacle. Comb Sci Techn，1987，51：323-328.

[23]　Ferrara G，Willacy S K，Phylaktou H N，Andrews G E，Di Benedetto A，Salzano R. Venting of premixed gas explosions with a relief pipe of the same area as the vent. Proceedings of the European Combustion Meeting，2005.

[24]　Lee I D，Smith O I，Karogozian A R. Hydrogen and helium leak rates from micromachined orifices. AIAA Journal，41：457-463.

[25]　Medvedev S P，Polenov A N，Khomik S V，Gelfand B E. Initiation of upstream-directed detonation induced by the venting of gaseous explosion. 25th Symp. (Int.) on Combustion，The Combustion Institute，1994 (73-78).

[26]　Sinha，Anubhav，Vendra，Madhav Rao C，Wen，Jennifer X. Modular phenomenological model for vented explosions and its validation with experimental and computational results. Journal of Loss Prevention in the Process Industries，2019，61：8-23.

[27]　Lee J H，et al. Hydrogen-air detonations, in Proc. 2nd International Workshop on the Impact of Hydrogen on Water Reactor Safety，M Berman，Ed，SAND82-2456，Sandia National Laboratories，Albuquerque，NM，1982.

[28]　Bull D C，Ellworth J E，Shiff P J. Detonation cell structures in fuel/air mixtures. Combustion and Flame，1982，45：7.

[29]　Groth K M，Hecht E S，Reynolds J T，Blaylock M L，Carrier E E. Methodology for assessing the safety of Hydrogen Systems：HyRAM 1. 1 technical reference manual. Sandia National Laboratories，Albuquerque，NM，SAND2017-2998，2017.

[30]　LaChance J，Tchouvelev A，Engebø A. Development of uniform harm criteria for use in quantitative risk analysis of the hydrogen infrastructure. International Journal of Hydrogen Energy，2011，36 (3)：2381-2388.

[31]　Tchouvelev A V. Risk assessment studies of hydrogen and hydrocarbon fuels，fuelling stations：Description and review. International Energy Agency Hydrogen Implementing Agreement Task 19，2006.

[32]　 LaChance J，Houf W，Middleton B，Fluer L. Analyses to support development of risk-informed separation distances for hydrogen codes and standards. Sandia National Laboratories，Albuquerque，NM，SAND2009-0874，March 2009.

第 2 章

氢气生产安全

2.1 水电解制氢安全

水电解制氢系统是以水电解法制取氢气并含增压、储存、净化、充装等操作单元装置的工艺系统总称，主要由水电解槽、气液分离器、冷却器、洗涤器、氢分析仪等组成。目前主要的电解水制氢方法[1]有碱性槽电解水制氢、质子交换膜电解水制氢、高温固体氧化物电解水制氢，制氢效率一般为 75%～85%，电解槽直流电耗为 4.0～4.2kW·h/m³。其中通过碱性电解槽电解水制氢是目前最成熟的大规模制氢方法，是消峰填谷及消纳水电、风电及光伏等可再生能源电力资源的重要技术选择。随着燃料电池的发展和推广应用，质子交换膜电解水制氢设备的成本也在不断降低、规模不断扩大。

碱性槽电解水制氢工艺流程见图 2-1。

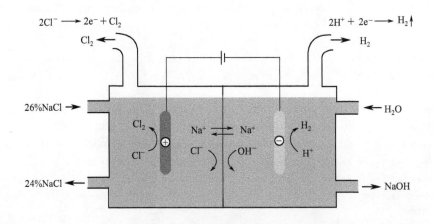

图 2-1 碱性槽电解水制氢工艺流程简图

目前，我国已经成为世界上大型水电解设备的主要生产国，国内碱性水电解设备单台产量最大可达 2000m³/h，质子交换膜电解水制氢设备单台产量最大可达 200～400m³/h。然而，水电解制氢过程的产品、副产品涉及氢气、氧气，碱性水电解系统还涉及氢氧化钾或氢氧化钠等，均属于危险化学品。研究、规范水电解制氢生产工艺、装备制造维护、操作流程，提高制氢过程的安全性成为重中之重。

2.1.1　水电解制氢过程安全性分析

氢气本身是易燃易爆性气体，主要威胁来自氢气和助燃物质混合达到爆炸（爆轰）极限，发生爆炸（爆轰）产生冲击波或热辐射、碎片等对周围建筑物和人身安全有很大伤害，此外还有腐蚀、窒息、碱液灼烫、机械伤害和触电等危险因素。

通过对电解水制氢过程的研究发现，氢气制取过程中存在的安全性问题通常与氧气混合有关。由于氢气点火能量低、常温下膨胀升温效应明显，而收集氢用的压缩机工作压力高，高压氢气突然扩散传播和喷射可以引发自燃，因此压缩收集阶段的安全性问题通常与氢气泄漏有关[2]。制氢过程中可能引发安全事故的情况见表2-1。

表2-1　电解水制氢系统主要单元设备危险性

序号	单元设备	危险性
1	电解槽	泄漏时易燃易爆、有腐蚀性①、带压、灼烫、触电
2	氢分离器	泄漏时易燃易爆、有腐蚀性①、带压、灼烫
3	氧分离器	泄漏时易燃易爆、有腐蚀性①、带压、灼烫
4	碱液①/纯水②过滤器、冷却器	泄漏时有腐蚀性①、带压、灼烫
5	氢气冷却器	泄漏时易燃易爆、带压、灼烫
6	氧气冷却器	泄漏时易燃易爆、带压、灼烫
7	循环泵	泄漏时有腐蚀性①、带压、灼烫、机械伤害、触电
8	去离子器②	带压、灼烫
9	补水泵	带压、机械伤害、触电
10	电解液制备及贮存装置①	泄漏时有腐蚀性①
11	氢纯化器脱氧、干燥塔	泄漏时易燃易爆、带压、灼烫、触电
12	氢气储罐	泄漏时易燃易爆、带压、触电
13	直流电源、自控装置	触电

① 碱性水电解装置。

② 质子交换膜水电解装置。

综上，电解槽、气体分离机、气体洗涤设备等均有可能发生安全事故，水电解制氢系统相关设备必须严格按照规范设置，严格控制系统温度；所用原料水需按规定进行过滤，控制碱液浓度和循环量，定期对电解槽进行维护，保证氢气纯度。

电解槽电解生成的氢气和氧气分别汇总于氢气总管和氧气总管导出，并将收集来的高温高湿的氢气冷却、干燥、纯化、压缩升压后，充装进缓冲罐或氢气罐存储。如果要回收电解产生的氧气，必须设氧中氢自动分析和手动分析仪，还应设氧中氢含量报警装置。现场的电气仪表必须符合《爆炸危险场所电气安全规程》规定，防爆等级不低于ⅡCT3防护等级；管路采用法兰连接时应采用软金属和金属缠绕垫以防止静电，管路应进行压力试验和气密性试验合格。氢气收集过程中可能引发的安全事故以及可采取的安全防范措施见表2-2。

表2-2 氢气压缩收集过程中的不安全因素汇总

序号	原因分析	危险情况	采取措施
1	氢压机未接地	静电火花引燃氢气	必须接地且接地电阻不大于30Ω
2	使用前未吹扫置换或置换不充分	氢气纯度不够引发爆炸	拆除安全阀、调节阀、止回阀等仪表进行吹扫
3	入气管吹扫前未设过滤器，有杂质	摩擦静电引燃氢气	加设过滤器
4	气阀被接错或接反	氢气达爆炸极限	操作前应先仔细检查
5	置换过程中氢气被真空泵吸入	引发安全事故	置换时应严格按照操作规程作业
6	安全阀泄放未处理直接排放	室内氢气达爆炸极限	安全阀泄放的氢气应集中排放到安全处
7	压缩机安全泄放口前未装设阻火器	雷击等外部火源引起内部氢气着火	装设阻火器且阻火器处的氢气管道应用不锈钢材料
8	氢腐蚀	氢气泄漏	工作压力大于2MPa时设漏气回收、充氮保护及设注油点等有效防漏措施，调节冷却水量，控制系统温度，加入钼、铌等防止钢内氢与碳化物反应
9	制取的氢气纯度不够	遇高温明火、物体碰撞摩擦产生火花、物体高速运动时产生的静电火花、电器设备故障或漏电产生的电火花均可点燃氢气	加强纯度分析，避免火花产生
10	氢压机进气管压力过低	吸气管负压，不慎吸入空气，引发安全事故，且出口压力波动、制氢装置不能正常运行	氢气压缩机前设氢气缓冲罐
11	气密性不够	氢气泄漏或填料泄漏	填料的结构及材质必须合适，泄漏的氢气应用管道排放到安全处或在填料函处加润滑油，可起到润滑、密封、冷却作用
12	电动机发热系统温度升高	引燃混合气体	及时调整冷却水量
13	气动卸荷器失效	氢气和空气混合	在阀顶杆填料处设置一个气体排放阀
14	反复充注与释放	材料疲劳	及时更换设备
15	容器焊缝内夹杂气体	腐蚀产生裂缝	严格操作流程
16	连接不紧密	漏气、漏油、漏水	立即断电，检测周围氢气含量
17	氢气中冷凝水液击设备	损坏设备	设置排液口
18	润滑油进入气缸	引发安全事故	注意检测刮油环正常与否
19	系统温度过高	引发安全事故	注意检测系统温度，及时调整冷却水量
20	氢压机气阀等漏气	高排气温度	检测空气中氢气含量
21	冷却效率低或中冷器内水垢多	影响换热	及时清洗或更换冷却换热器

续表

序号	原因分析	危险情况	采取措施
22	活塞式氢压机平均速度设计过高	管路中气体的阻力损失增大，功率的消耗增大及排气温度过高	速度不宜过高
23	压紧气阀的压紧力不够	氢气泄漏	检测空气中氢气含量
24	吸、排气阀故障，气阀的阀座与阀片间掉入金属碎片或其他杂物导致关闭不严	氢气纯度不高	加强分析氢气纯度
25	氢气压缩机高压压力表堵塞清理不当	超压破坏压力表	定时进行系统排污
26	灌装时瓶阀漏气	环境中氢气含量超标	注意检测系统连接处严密性

可以看出，高压氢气突然扩散传播和喷射可以引发自燃，主要集中在氢气压缩过程，而在缓冲、过滤和干燥过程中不存在较大的安全性问题。在保证氢气纯度达到要求的基础上，确保连接管路和阀门的密封性是确保收集过程安全的重要手段。

2.1.2　水电解制氢系统的安全体系

2019 年颁布实施的《压力型水电解制氢系统技术条件》[3]和《压力型水电解制氢系统安全要求》[4]两项国家标准的实施，针对水电解制氢系统设计、制造、安装和执行等环节进行了规范，结合 ISO 22734、ISO/TR 15916、ANSI/AIAAG-095 等国际标准，将促进我国水电解制氢系统相关装备的技术进步和应用，推动我国氢能产业的发展。在水电解制氢系统安全技术方面，主要考虑以下方面：

① 制氢房环境和建筑安全　制氢房、储氢室和充气室均为防爆间且相互独立，顶棚和墙壁采用阻燃材料建造，表面平滑，不应有易聚集氢气的死角；最高处设天窗或通风孔，门窗应采用钢制防火结构，各房间门、窗的面积与房间体积的比值（m^2/m^3）介于 0.05～0.22，以便泄压。建筑物间距应符合《氢气站设计规范》（GB 50177）[5]的规定。制氢室结构设计和安装要求应符合《建筑设计防火规范》要求，制氢室内安装制氢主机、冷却用水泵和水箱、加电解液用水泵和水箱，非防爆电机水泵等不准安装在制氢室内。控制室（非防爆间）与制氢室隔墙相邻，应有地沟设计，便于电缆、电线的布局和安装，并设有便于观察制氢机工作状况的观察窗；控制室内安装整流器和控制箱、氢气纯度分析设备和蒸馏水器等。

制氢间及氢气储罐区域内应被划分为爆炸性气体环境危险区域 1 区，制氢间门窗边沿以外、氢气罐外壁以外半径 4.5m 的地面、空间，以及氢气排放口周围半径 4.5m 的空间和顶部 7.5m 的区域为 2 区，如图 2-2[4]。

② 制氢系统供电安全　水电解制氢室的供电装置应符合《爆炸和火灾危险环境电力装置设计规范》（GB 50058）、《电气装置安装工程施工及验收规范》和《电气装置安装工程接地装置施工及验收规范》的规定，氢气生产环境的电气设施应按 GB 50177 的规定分为 1 区和 2 区。在有爆炸危险的环境中的电气设备及配线应按 GB 50058 的规定进行选用、配置。位于该区域内的所有电气设备均应采用防爆型设备，且防爆等级不应低于 ⅡCT1。成套整流装置应设在与制氢室相邻的控制室内，控制室的设计应符合《低压配电设计规范》的规定。

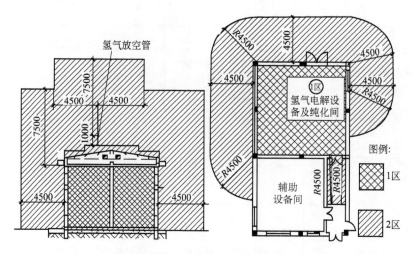

图 2-2　氢气站厂房内爆炸危险区划分

③ 氢气检测及安全响应系统　制氢系统中有火灾和爆炸危险的区域内（制氢间及氢气储罐）需设置可燃气体（氢气）检测报警仪，设置水电解制氢系统的房间内应在室内最高处或最易积聚氢气处设置空气中氢浓度检测、报警装置，并应符合 GB 16808、GB 12358 的要求。符合《石油化工可燃气体和有毒气体检测报警设计标准》（GB/T 50493—2019）中的相关要求。水电解制氢系统在氢、氧气出气管线上应设置氢中氧、氧中氢在线分析仪。氢气纯化设备的产品气出气管线上，应设置微量氧分析仪和露点分析仪。在氢、氧捕集器后的管线上设有在线分析仪，分别监测氢中氧及氧中氢的含量，并与报警系统及紧急停车系统进行联锁，当含量超标时，启动报警系统，必要时自动启动紧急停车。

④ 制氢系统防雷设施安全　水电解制氢室及设备必须安装防雷装置，为防止水电解制氢设备在生产过程中产生静电，必须保证设备良好接地。接地装置和防雷设施必须符合《电气装置安装工程接地装置施工及验收规范》和《建筑物防雷设计规范》的规定。

⑤ 防碱液灼烫　灼烫是指强酸、强碱溅到身体引起的灼伤；或由火焰引起的烧伤，高温物体引起的烫伤等。碱液电解槽以 30% 的氢氧化钾溶液作为电解液，《常用危险化学品的分类及标志》（GB 13690）将其划为第 8.2 类碱性腐蚀品，具有强腐蚀性、强刺激性，若皮肤和眼睛直接接触，应立即用大量流动清水冲洗。系统设计时在有可能发生 KOH 溶液泄漏区域（如碱液罐、电解槽附近），需设置洗手池、淋浴喷头及洗眼器，使操作人员在发生意外伤害时可以第一时间进行自我救护，保障人身安全。系统中部分设备及管道的操作温度最高可达近 400℃，人体接触时会造成高温烫伤，因此，除工艺技术要求需要进行保温的设备和工艺物料管线外，对操作温度高于 60℃ 的设备及管道应进行隔热，以防止其对操作人员的伤害及周围环境的影响。

⑥ 静电消除安全设施　涉及氢气的系统都需要设置静电消除器以及穿防静电服，相关措施须符合《本安型人体静电消除器安全规范》（SY/T 354—2017）的规定。

⑦ 电子控制元件安全设计　由于制氢系统中涉及许多控制元件及电路，为了避免上述部件因短路而产生危险，涉及氢气的相关电子控制元件以及电路须符合《爆炸性环境　第 4 部分：由本质安全型"i"保护的设备》（GB 3836.4—2010）中的规定。

水电解制氢的优点是生产出的氢气中杂质含量少、品质有保证，因此被广泛应用于电子工业高纯氢现场制备和水电解制氢加氢站。同时，水电解制氢最大的特点是，电解水制氢的过程中会释放大量氧气（约为制氢量的 8 倍），而氧气的密度比空气大，很难在空气中自然扩散，非常容易聚集形成富氧环境。富氧环境下不仅仅是氢气，其他各种可燃物质都极易发生剧烈燃烧和爆炸，是工业气体行业最为危险的工况之一，且形成富氧环境的风险会随着制氢过程释放氧气量的增大而增加。因此水电解制氢装置必须采用可靠的强制通风措施，避免富氧聚集引发氢气以及周边环境中各种可燃物质的爆炸。在高度集成的水电解制氢、加氢一体化装置的设计中，由于空间狭小，更加应该高度重视氧气浓度的监测和氧气排放通道的畅通，以及强制通风装置的可靠性，消除氧气聚集带来的安全隐患，这比氢气泄漏的监测和制氢装置的可靠性保障更加重要。

2.2　重整制氢安全

重整制氢系统是在高温下将化石燃料（如天然气、甲醇等）和水蒸气的混合物转换成含有二氧化碳、一氧化碳以及微量未反应的化石燃料的富氢气体，系统包括反应主体、氢气压缩、储存及充装等单元。反应主体主要包括脱硫器、重整反应器、一氧化碳水气变换反应器与净化器组、燃烧加热器、换热器、燃料储罐与空压机等。重整制氢反应的主要流程为先经脱硫器后，再依序输入重整反应器产氢、一氧化碳水气变换反应器及净化器组提高氢气纯度。重整制氢简易流程如图 2-3 所示[6]。

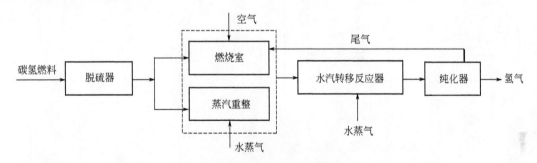

图 2-3　重整制氢简易流程图

大规模重整制氢最常用的燃料来源是天然气（甲烷），碳排放低、经济性好，通过水蒸气重整反应来产生氢气。甲烷蒸气重整制氢是将甲烷和水蒸气按一定比例混合，以约 30bar（1bar＝1×10⁵Pa）的压力通入催化重整器，重整压力为 3～5atm，反应温度为 700～800℃；一氧化碳水气变换反应可移除重整气体中的一氧化碳并将其变换成氢气，一氧化碳浓度降为 0.5％～1％，反应温度为 150～300℃；净化器可进一步地将一氧化碳或二氧化碳通过变压吸附、高温再氧化（PrO_x）反应或甲烷化反应移除，使得氢气浓度提高至 99.99％以上。另外，由于重整制氢系统需要在高温下操作，因此常与热交换系统搭配将热回收至热水锅炉后产生蒸汽进一步带动发电机发电，整体系统能源效率可达 85％以上。

重整制氢过程中除了会面临高温及略微高压的操作环境外，还会涉及可燃性气体（氢气、天然气）、有毒气体（一氧化碳），设备的维护与操作流程的规范，是提高整体安全性的重要路径。

氢气与天然气都是易燃易爆气体，当空气中氢气的体积浓度超过 4％时就有引发燃烧的可能性，当体积浓度超过 18％时就可能会产生爆炸。为了满足质子膜燃料电池的需求，系统所生产的氢气纯度需≥99.97％，且 CO 浓度≤5ppm（1ppm＝0.0001％，余同），根据重整制氢的规模不同会采取不同的氢气提纯措施。大规模制氢通常会采用一氧化碳水气变换反应器（water shift reaction，WGS）搭配变压吸附（PSA）装置分离出高纯度氢气；规模处于中小型时，则通常会利用一氧化碳水气变换反应器先将 CO 浓度降至＜1％后，引入空气与 CO 进行高温再氧化反应来提纯氢气。由此可见，整个系统中随时会有天然气、氢气、CO 局部浓度过高的情形发生。一旦发生泄漏，除了可燃性气体引发的燃烧爆炸危险外，还要考虑 CO 的毒性。人员处在 CO 浓度达到 1000×10^{-6} 环境中超过 2min 就会产生意识不清、呕吐等情况；若处在 CO 浓度达到 10000×10^{-6} 环境中超过 2min 以上，可能会引发死亡。

大规模天然气重整制氢系统工艺图见图 2-4。G. Guandalini 等研究指出[7]，内部所有管道中都有产生燃烧或爆炸的可能性。天然气在系统入口处浓度超过 95％，如图中编号 1 处。氢气浓度在位于重整反应部件出口至 PSA 出口区间的浓度最高，如图中编号 5～8 处，逐步由 45％提高至 99.999％。CO 局部浓度过高的区域有两处：一是重整器反应出口端至水气变换入口端的区间，如图中编号 5 处；二是 PSA 变压分离氢气后的废弃管道，如图中编号 10 处。两者 CO 浓度分别可达 7％～9％与 6％～10％。同时整个系统在 PSA 部件前温度可超过 200℃，重整器部件温度甚至可达 700℃。

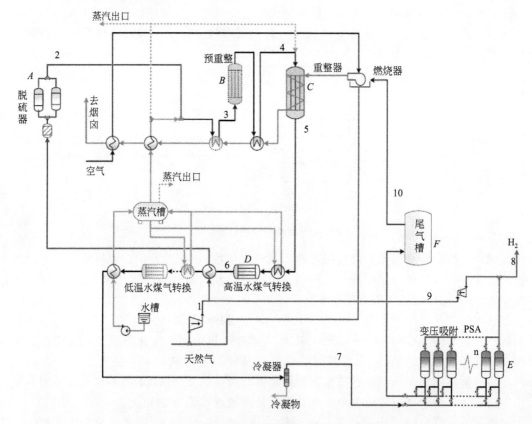

图 2-4　大规模天然气重整制氢系统工艺图

对于采用再氧化反应进行 CO 最后处理的中小型系统，天然气在系统入口处至重整反应区间内浓度也超过 95％。氢气浓度在位于重整反应部件出口至预先氧化反应出口的浓度逐步由 45％提高至 76％；CO 局部浓度过高的区域为重整器反应出口至水气变换出口，浓度范围为 1％～9％，经过再氧化反应后的 CO 浓度会降至 10ppm 以下。要特别注意的是此反应区间由于引入外部空气进行反应，如何抑制管道中的高浓度氢气与氧气产生燃烧反应，以及促进 CO 的再氧化反应，关键在于选择适当的催化剂。在浓度偏高有发生可能的区间，如输入端、反应端与输出端，皆需加装高灵敏性的压力、温度及浓度传感器，实时监测相关指标。可采用危险与可操作性研究（HAZOP）方法[8]对天然器重整制氢装置进行安全分析评价。

重整制氢过程中可能引发的安全事故情况以及可采取的防范措施见表 2-3。通过表 2-3 可以发现：重整器反应温度过高或过低，反应过程中压力过高，静电产生与否等，都会引发诸多的安全事故。因此重整制氢系统内部须按照相关规范设置相应的检测装置，严格控制系统温度、压力以及进料流速，同时须设置静电消除器，并定期检修维护设备，在保证氢气纯度的同时更可避免事故发生。

表2-3　重整制氢过程的不安全因素汇总

序号	安全事故	原因分析	后果	安全措施	建议措施
1	天然气制氢重整器压力过高	（1）燃料气/空气进料量大；（2）脱硫效率低；（3）外部着火；（4）天然气进料温度高；（5）天然气进料压力过高；（6）重整器出料管道堵塞；（7）催化剂过量,反应失控	（1）导致反应失控,转化效率低；（2）超压严重导致爆炸；（3）重整器薄弱环节脆落,内部重整气体外泄,人员中毒,遇火源时燃烧或爆炸	（1）天然气入口端设置流量变送器并控制流量阀门；（2）紧急情况下,对燃料气放空处理；（3）重整器设置温度指示联锁高报警；（4）重整器设置压力指示高、低报警；（5）出料管线上设置压力传感器并与原料进料管线上的压力差联锁,并设置压力差高报警；（6）重整器内设置压力传感器并控制引风机管线阀门以控制重整器压力；（7）重整器出口端设置气体含量分析传感器并联锁空气预热器进料管上的阀门；（8）紧急情况下,对变压吸附尾气排空处理；（9）自动开启固定消防灭火系统；（10）蒸汽管道中设置流量变送器并控制流量阀门	（1）现场设置有毒气体报警仪；（2）催化剂装填容器仅装适量的催化剂,防止过量
2	天然气制氢重整器温度过高	（1）燃料气/空气进料量大；（2）脱硫效率低；（3）外部着火；（4）天然气进料压力过高；（5）催化剂活性低,反应速度慢	（1）导致反应失控,转化效率低；（2）超压严重导致爆炸；（3）重整器薄弱环节脆落,内部重整气体外泄,人员中毒,遇火源时燃烧或爆炸；（4）重整器管道积炭而局部超温烧坏管道,转化效率低		现场设置有毒气体报警仪

续表

序号	安全事故	原因分析	后果	安全措施	建议措施
3	进料组分错误	燃料气/空气进料量大	影响转换效率,能源消耗过多	(1)天然气入口端设置流量变送器并控制流量阀门; (2)紧急情况下,对燃料气放空处理; (3)蒸汽管道中设置流量变送器并控制流量阀门,并设置流量联锁低报警; (4)紧急情况下,对变压吸附尾气排空处理; (5)天然气进料与蒸汽进料管道皆设置流量变送器并控制流量阀门	
4	静电	(1)天然气进料管道内天然气流速过快; (2)进入装置区内的人体带静电; (3)混合气体中的混合气体流速过快; (4)变压吸附尾气流速过快	产生火花,遇天然气/氢气与空气混合物产生爆炸或燃烧	(1)天然气管道设置流速控制阀门; (2)含可燃性气体管道、变压吸附尾气管道设置阻火器; (3)含可燃性气体管道、变压吸附尾气管道设置放空管,且放空管上设置阻火器; (4)混合气体管道设置流速控制阀门	(1)进入装置区内的人员须穿防静电服; (2)装置内设置静电消除器
5	天然气制氢重整器温度过低	(1)蒸汽进料温度过低,或进料量过大; (2)天然气进料温度低; (3)外部环境温度低; (4)催化剂过量,导致吸热反应的重整制氢反应剧烈	转换效率低	(1)蒸汽管道上设置温度传感器及温度显示仪; (2)重整器设置温度指示联锁高报警; (3)水路管道上设置流量变送器元件; (4)提供重整器反应温度的燃烧炉设置燃烧指示报警	

2.3　氢气提纯安全

2.3.1　氢气提纯的方法

通过各种方法制得氢气后,接下来就需要对成品氢气中的气体杂质的含量进行调控,即对氢气进行提纯,为后续处理做好准备。变压吸附提纯技术(PSA)是工业上最常用的气体分离和氢气提纯技术,具有能耗低、流程简单、产品气纯度高以及安全可靠性高等优点,只需程序控制阀门运作即可完成气体分离。PSA技术是通过气体组分在固体材料上吸附特性的差异以及吸附量随压力而变化的特性,通过周期性的压力变化过程实现气体的提纯。常见的 PSA 气体提纯吸附剂针对不同气体吸附能力如图 2-5 所示，氧化硅与硅胶可吸附水分，而活性炭可吸附大部分的烃类气体，而分子筛可吸附氮气、氧气、一氧化碳与甲烷等气体，最后获得高纯度氢气。

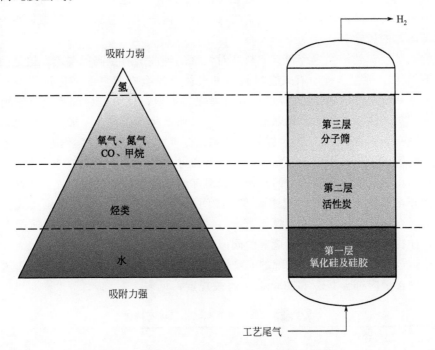

图 2-5　变压吸附系统吸附剂的吸附能力比较图

当吸附剂选定之后，就可得知各组气体在此吸附剂上的吸附能力，例如，当 A 与 B 的混合器通过吸附剂的吸附床时，由于 A 气体的平衡吸附量 $Q_{A.H}$ 远高于 B 气体的平衡吸附量 $Q_{B.H}$，因此被优先吸附，B 气体则以高纯度形式排出。为了使吸附剂再生，可将吸附床的压力降低，在达到新吸附平衡过程中，脱附的量分别为 $Q_{A.H}-Q_{A.L}$ 和 $Q_{B.H}-Q_{B.L}$，如图 2-6[9]。吸附床连续操作时吸附剂需要再生，因此工业上都是采用两个或多个吸附床，使吸附床的吸附和再生交替或依次循环进行，这样就能保证原料气不断输入，纯化后的氢气不断输出。

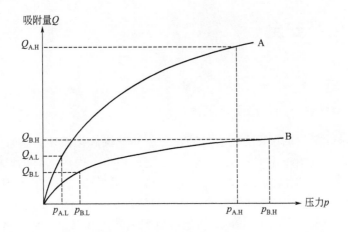

图 2-6　变压吸附基本原理[9]

2.3.2　氢气纯度对安全性的影响

通过氢气的物理特性得知，氢气可以燃烧的体积浓度范围介于 4%～75%，因此当氢气纯度被提纯至>99%阶段时，只要防止空气渗入管道内或储氢瓶罐内，气态氢系统内部不会有燃烧或者爆炸的风险。

后面的章节会提到液氢生产，其原料气对氢气的纯度会有更高的要求。这是因为液氢温度低至 20K 左右，除氦以外所有来自原料氢的气体杂质会在氢气的液化过程中凝固，可能造成液化工艺系统管道堵塞[10]。特别是氧的固化与集聚，还可能引起系统节流阀和临近管路的爆炸。该类事故多有先兆，例如流动不畅、管路产生压差等，一般在阀门晃动或流速改变后发生，既有开车后 2～3 天发生爆炸的案例，也有数月后发生的案例[11,12]。这是因为氧在液氢中的溶解度极小，固氧刚开始会形成比较细小的结晶，可随氢的气、液两相流移动，并冻在管道的粗糙表面上和阀门的凹凸处。固氧冻结导致节流阀的堵塞，开关阀门使得固氧被粉碎而冲开堵塞处，此时阀门流速骤变，瞬间摩擦和冲击使得固氧颗粒（或富氧固空颗粒）与氢的混合物产生反应而发生爆炸[13,14]。爆炸大多发生在低于氢临界温度下的阀门和附近管道，往往是在强行开启固氧堵塞的阀门时发生爆炸[15]。

因此原料氢气纯度对于液氢系统的安全性具有非常重要的影响。氢液化装置入口处原料氢气中杂质的含量应符合 GB/T 3634.2 的有关规定，见表 2-4。

表2-4　液化装置入口氢气技术指标

项目名称	指标值
氢含量	≥99.995×10^{-2}
氧含量	≤1×10^{-6}
水含量	≤1×10^{-6}
一氧化碳含量	≤1×10^{-6}
二氧化碳含量	≤1×10^{-6}
烃类含量	≤2×10^{-6}

注：含量均为体积分数。

2.4　液氢生产安全

2.4.1　液氢生产

2.4.1.1　液氢的特殊要求与生产工艺流程

常用的可以液化氢气的制冷方法有三种，即 J-T 节流液化循环、氦膨胀制冷液化循环、氢膨胀制冷液化循环（预冷型 Claude 系统），分别适用于不同的氢液化规模[16]。对于液化规模 5t/d 及以上的大规模液氢工厂，均采用预冷型氢透平膨胀机制冷循环。氢气的沸点约 20K，临界温度为 33K，只有先将氢气冷却到临界温度以下，才有可能进一步通过等熵膨胀或等焓节流的方法降温到 20K 以下，从而使得氢气液化。在这样低的温区范围下生产和保存液氢，其特殊要求体现在以下几个方面：

① 除了氦气之外其他气体在这个温区都会凝固，因此不仅要严格控制原料气氢的杂质成分，而且要对生产和储存液氢的设备、管路系统、容器等进行充分的吹扫置换，避免产生固体颗粒影响系统安全；

② 外界热量的入侵会使得氢液化的效率降低和液氢的汽化损耗，因此液氢生产和储存系统的各个环节，都需要高效的绝热方式以及减少热桥的结构设计；

③ 正氢和仲氢是分子氢的两种自旋异构体，普通氢在常温下含75%的正氢和25%的仲氢，而在低温下正氢向仲氢逐渐转化并释放热量，为了避免液氢储存过程中转化热引起的液氢汽化损耗，必须在生产过程中就完成绝大部分的正仲氢转化过程，成品液氢中的仲氢含量至少要≥95%，长期储运的液氢中的仲氢含量要≥98%。

因此在氢的液化过程中冷却消耗了液化所需能量的绝大部分，包括氢气的降温和正氢向仲氢转化，而其他能耗则主要为压缩流体做功。尽管 Peschka[17] 的研究指出，液化氢气需要的最小理论能耗为 $3.92kW \cdot h/kg$，而不可避免的传热损失使得实际工程中氢液化的能耗在 $6.5 \sim 15kW \cdot h/kg$ 之间，这与氢液化系统的规模能力和绝热效率有关。

液化氢气的工艺流程具有以下特点：①通过膨胀或节流法制液氢，氢气需要预冷到33K以下；②整个系统需要高效绝热；③液氢温区为20K，液化前需去除氦气以外的其他气体杂质；④系统材料需具备耐超低温与抗氢脆的性能；⑤减少热桥，提高密封性；⑥必须具备正-仲氢转化能力。

根据以上特点，目前工业上制备液氢主要包含以下步骤：①氢气提纯与干燥；②氢气压缩；③氢气冷却；④膨胀/节流液化；⑤正-仲氢转化。图 2-7 为位于德国 Ingolstadt 的 Linde 氢液化生产装置的工艺流程[16]，经过 PSA 纯化的氢气杂质含量低于 4mg/kg，压缩到

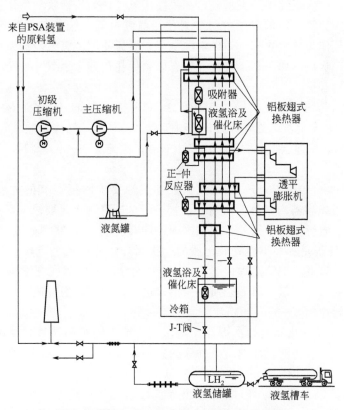

图 2-7　德国 Ingolstadt 的 Linde 氢液化流程

2.1MPa 的原料气再在位于液氮温区的低温吸附器中进一步纯化至杂质含量 1mg/kg 以下，然后送入液化系统。液化的过程中同时进行正仲氢转换，最后生产出仲氢量≥95％的液氢送往容积为 270m³ 的液氢储罐。

2.4.1.2　液氢生产过程中的氢气纯度控制

为了确保液氢生产和储存的安全，各国标准对生产用原料气和生产储存系统都提出了严格的氢气纯度和杂质含量控制要求。

① 俄罗斯 GOST R56248—2014《液氢技术标准》[18]规定，液氢容器充装后，容器中所包含的氧杂质含量体积分数应不大于 $3×10^{-4}$％，氮体积分数不大于 $2×10^{-2}$％。并按照批准的技术规范来进行液氢容器的准备和充装。而且吹扫液氢进出管道时，吹扫气体中氧杂质体积分数应不大于 $3×10^{-4}$％，氮体积分数不大于 $2×10^{-2}$％。吹扫持续 30min。杂质浓度至少测定三次，氧和氮气各自的体积分数不得超过极限值。

② ISO 液氢安全标准 ISOTR 15916《Basic considerations for the safety of hydrogen systems》[19]规定，空的液氢罐重新使用时，要确定氧、氮等杂质的积累。当使混合物在限制条件下温热至气态时，储存的氢气中的氧气积累不应超过 2％体积分数，并不是液氢中氧、氮的含量。《Hydrogen fuel-Product specification-Part 2：Proton exchange membrane (PEM) fuel cell applications for road vehicles》（ISO14687-2—2012）[20]标准规定，氧含量不大于 5ppm，氦含量不大于 300ppm，氮含量不大于 100ppm。

③ EIGA 欧洲工业气体协会标准《SAFETY IN STORAGE, HANDLING AND DISTRIBUTIONOFLIQUID HYDROGEN》[21]规定，在压力测试之后并且在将氢气引入系统的任何部分之前，应从系统中除去氧气。如果使用氦气作为惰性吹扫气体去除氧气，则使用冷氢气作为二次吹扫气体以消除氦气。如果使用氮气或其他惰性气体作为吹扫气体去除氧气，则使用温氢气作为二次吹扫气体以消除氮气，然后使用冷氢气冷却系统。通过用惰性气体（氦气或氮气）吹扫，加压和排气，并检查以确保任何残余氧气小于 0.5％。但是这并不是液氢中氧、氮的含量。

④ 美国压缩气体协会标准 CGA G-5.3-2011《Commodity specification for hydrogen》[22]中规定，液氢中杂质的总含量与氢纯度有关。氢纯度 99.995％时，气体杂质总含量应小于 50ppm；氢纯度 99.999％时，气体杂质总含量应小于 10ppm；氢纯度 99.9997％时，气体杂质总含量应小于 3ppm。

⑤ 中国军用标准 GJB 2645—96《液氢贮存运输要求》规定氧的体积含量不超过 $9×10^{-4}$，按照流程置换容器内气体 8 次后，取样进行分析直到满足要求。

液氢系统中杂质所导致的意外事故在国内外均有发生[23]，案例如下。

① 中科院物理研究所某小型氢液化器的三次爆炸　氢中氮、氧在液氢温度下冻结堵塞了节流阀前的高压管道，把管道炸成了 3～5cm 长的碎片，曾两次把液氢槽炸开。另一次爆炸是因吸附器温度回升，氮、氧等杂质脱附出来进入汽化器，因管道、阀门被固体杂质堵塞而爆裂，使节流阀炸成 2～3cm 的碎片。

② 国内某工程氢液化器的两次爆炸　两次均为节流阀被固体氧颗粒堵塞，在开关节流阀时发生了爆炸，一次将液氢槽内 4 条并联的紫铜盘管炸成 2～3cm 碎片，另一次把节流阀前的高压铜管炸坏。

③ 国外吨级液氢工厂的爆炸事故　在正常操作情况下，阀入口处氢中氧含量 $1×10^{-6}$，压力 3.38MPa，温度 33.2K。曾沿着节流阀发生了一次爆炸，结果炸坏了节流阀及其邻近

管道而停工检修。

为了达到和维持液氢安全生产过程中所需的氢气纯度，常见的氢气纯化过程控制手段有：

① 制备超纯氢生产液氢 曾有文献指出[24]，将液化前氢中氧含量的安全阈值定为1×10^{-9}，当使用氧含量小于安全阈值的超纯氢生产液氢时，则氢液化器中不会有固氧积累，从而消除发生爆炸的可能性。在实验室环境中的低温吸附纯化数据表明，在液氮温度下用细孔硅胶或活性炭作为吸附剂，都能制得超纯氢，虽然在经济性上会造成成本增加，但在技术上是可行的，是理论上最好的方法。

② 液氢洗涤过滤 当工业中氧含量无法达到10^{-9}量级时，可利用液氢洗涤气氢中的氧，析出的固氧再经过滤，对氢进行再纯化，在洗涤过滤器出口的气氢和液氢混合物内，氧含量可稳定在10^{-9}数量级以上，基本防止了发生固氧爆炸的可能。

③ 调节液化前氢中的氮、氧浓度比 研究表明，液氢内冻结杂质中的氧、氮比与是否发生固氧爆炸有很大关系，当氧含量为正常空气组分或低于正常空气组分时，不易发生爆炸。例如节流前高压压机渗漏空气，有时也发生固空堵塞节流阀的情况，但不易发生爆炸，所以设法调节氧、氮比，使之小于正常空气组分也是防止爆炸的一个途径。

实践证明，液氢的生产过程通过氢气提纯工艺的优化能够起到良好的防爆效果。

2.4.1.3 液氢生产系统安全

在中国，火箭发射用液氢一般按照符合 GJB 71 液氢生产技术指标进行要求。而在 2019 年 7 月，根据国家标准化管理委员会标准制修订计划，由全国氢能标准化技术委员会提出并归口的《液氢生产系统技术规范》国家标准已完成征求意见稿并即将颁布实施。该标准对民用场景中液氢生产系统的建筑、场地、配置等进行了规范，如：

① 液氢生产系统不得设置在人员密集地段和交通要道邻近处，宜设置不燃烧体的实体围墙，其高度不应小于 2.5m，该围墙与其他建筑之间的间距不宜小于 5.0m。

② 液氢生产系统场所的安全出口不得少于两个，且应分散布置。

③ 液氢生产系统宜布置在独立的单层建（构）筑物内，可采用敞开式或半敞开式，该建（构）筑物的设计应符合 GB 50177《氢气站设计规范》的规定。

④ 液氢生产系统区域内的道路宽度不应小于 4m，路面上的净空高度不应小于 4.5m。

持续监控氢气的纯度对于液氢安全生产至关重要。杂质固体颗粒可能会堵塞换热器、阀门及组件，造成系统压力突升；若沉积在换热管内表面上会降低传热系数；若固态杂质进入膨胀机内部则会促使活塞卡住或涡轮喷管堵塞失效；固态氧浓度累积到一定程度时，由于氧晶体断裂时会释放能量，即使在无火花的情况下，也会在系统内部引发燃烧或爆炸的可能性。

为了确保氢液化装置的连续安全运行和液氢产品质量，需要对氢液化工艺各关键质量控制点的氢进行分析化验，严格控制氢品质。通常要求检测液氢中的氧、氩、氮、水、甲烷、一氧化碳、二氧化碳的含量，以及有滴状和蒸气状的油和水。关键质量控制点包括：气源、2 个吸附器出口、液氢。氢中氧作为安全威胁最大的杂质，其含量检测可使用气相色谱法或微量氧分析仪进行检测，其中燃料电池式与赫兹电池式最为常用。此外，清除氢气中氧的方法有通过金属催化剂还原成水、活性炭或硅胶吸附氧等方式移除，而所生成的水可利用换热器冻结清除，在 4～5℃下用氧化铝、硅胶或化学吸收剂如氢氧化钠与氢氧化钾来清除。

氢气中的氮可利用冻结法以及吸附法来移除。吸附法方面，80K 低温下活性炭与硅胶具有很高的吸附能力，常被用来清除氢气中的氮、氧、氩气与一氧化碳；冻结法方面，由于在换热器冷端阀门前可能会有许多冻结的固态氮颗粒，可在冷端前加装真空过滤器以去除氮颗粒。另外，在 80~100K 的温区下可通过吸附法将甲烷去除，而二氧化碳则可采用冻结法或碱洗涤法方式清除。

由此可见，氢气中的杂质气体需通过数道程序才能将杂质浓度降至不超过 10^{-6} 的体积含量。

液氢生产系统安全的重要措施还包括阀件与管路的设计与选型。液氢系统阀件方面，其材料选择与结构设计要能够确保气密性与绝热性。材料选择需避免阀件发生卡住或者咬死状况，所有活动连接或螺纹连接材料应在低温下具备不同的硬度，且在液氢温区下，活门应该采用软活门座、活门密封垫采用特氟隆或凯尔夫塑料材质；为了保证绝热性与漏热最小，阀件结构设计应尽可能采用加长手柄结构，阀门密封垫在热端而螺纹在冷端，带有波纹管密封的阀门可保证防止氢渗漏，确保气密性。

管路方面，外界环境漏热会导致管路内部因液氢汽化出现气-液两相流，会增大液氢流动阻力、降低液氢流量，影响了液氢的加注或转注，可通过加大系统压力促使液氢过冷，以及采用高效的真空绝热技术来避免管路内两相流产生。带夹套的真空绝热管路还需考虑内管、外管同心配置，内外管之间的支承避免热桥，避免真空丧失导致的绝热性能降低等。

通过液氢生产过程的在线监测和数据分析，已经能够通过数据变化、超标等情况自动预警，大大提高了氢液化装置运行的可靠性和安全性，保证氢液化装置可靠、稳定、安全地运行。

2.4.2 液氢储存与运输

2.4.2.1 液氢储运技术进展

液氢的密度为 71g/L，不仅远高于压缩氢气，而且相同有效装载容积下液氢罐的重量比高压储氢装备轻得多，因此液氢比高压氢更适合大规模、远距离运输，具有更高的运输效率和更低的运输费用。高密度的液氢储存，液氢泵增压远低于气态氢压缩机增压的能耗，使得液氢储氢型加氢站比高压储氢型加氢站具有更高的效率和更低的运营费用，同时可保证全产业链氢燃料的品质。

先进的液氢储运技术包括液氢储罐与大型液氢球罐、液氢罐式集装箱、液氢公路罐车与铁路罐车等。随着大规模氢液化和液氢进出口的需求，海上长距离运输的液氢船技术也在不断发展。

液氢储罐分别用于液氢储氢型加氢站和氢液化工厂。加氢站用的液氢储罐一般不超过 70m³，储氢量不超过 4.5t，而液氢工厂用的液氢储罐容积从数百到数千立方米不等。球型储罐的比表面积最小、蒸发损失少，同时也具有应力分布均匀、机械性能好等优点，在美国和俄罗斯的大型液氢工厂应用广泛。美国国家航空和航天局（NASA）最大的液氢球罐直径达到 25m，容积为 3800m³，可储存 240t 液氢，采用冷能回收与真空玻璃微球绝热相结合来降低液氢的蒸发损失。而俄罗斯 1400m³ 液氢球罐则采用高真空多层绝热技术，日蒸发率低至 0.13%/d。

在液氢运输领域，美国 Gardner 公司代表了全球最先进的设计制造水平和经验，容积从 5m³ 到 113m³ 不等，系列化产品种类包括罐箱、罐车和车用、船用燃料罐等，公司成立 60 年来，已累计生产包括液氢容器在内的产品约 4000 台，全球市场占有率超过 60%。另外，德国 Linde、俄罗斯 CryoMash-BZKM、JSC 深冷机械公司、日本岩谷产业等也是主要的液氢储运装备企业。美国液氢球罐与德国液氢罐式集装箱见图 2-8。

图 2-8　美国液氢球罐与德国液氢罐式集装箱

我国从 1966 年开始研制 3.5m³ 液氢容器，到 2011 年研制成功 300m³ 液氢储存容器并应用于军事火箭发射场储运，基本掌握了液氢容器的设计、制造工艺等核心技术。然而，由于民用液氢储运的技术壁垒较高，目前中国液氢在民用领域的推广才刚刚开始，与美国、欧洲和日本相比落后了十年以上。鉴于数十年来我国航天领域液氢取得的成果和技术积累，目前产业链瓶颈主要在于大规模装备技术开发和液氢使用管理领域标准法规的突破。

2.4.2.2　液氢储运的安全风险与应对措施

液态氢是无色液体，在压力 101.33kPa 下沸点为 20.27K（对于 99.79% 仲氢的成分）。液氢具有低温危险性，没有腐蚀性，但能使金属和非金属材料变脆，并可使接触液氢及其设备的操作人员冻伤，没有绝热保温的液氢管路和设备，外表面冷凝的液态空气滴落或飞溅也会导致低温冻伤。当液态氢发生泄漏时会快速蒸发并形成空气可燃爆炸的混合物。含有液态氢的容器中含氧沉淀物的累积会造成其爆炸和着火的潜在危险。液氢在空气中汽化扩散的过程中，大量扩散不易察觉，会造成人员的窒息。液氢泄漏在密闭空间内时，当空气中氧含量低于 13% 时，会造成人员窒息。液氢的临界温度为 33.15K，临界压力为 1.296MPa。根据 GB 6944[25] 的规定，液氢的危险货物编号为 UN1966，属于第二类气体中易燃气体。

基于液氢的以上特性，液氢的储运安全风险与应对措施如下：

① 材料安全　对于长期处于超低温工况下的液氢容器，需要考虑其低温韧性，以及与氢介质的兼容性，否则内容器开裂导致液氢大量泄漏，从而导致严重的危害。CGA H-3-2013《低温氢储存》[26] 中 7.1 条规定：不推荐采用铝作为内筒体材料，9% 镍因其弱延展性也不宜使用。储运液氢用的容器材料推荐采用低含碳量的奥氏体不锈钢材料。

② 储运容器设计参数安全　作为低温压力容器，参数的合理选择与整体结构的正确设计是基础，也是至关重要的，既要保证设备的安全使用，又要保证设备的保温性能。否则将有可能导致液氢容器静态蒸发率过高导致介质经常排放，损耗过大。容器设计压力的上限取值应低于液氢的临界压力，额定充满率为 0.9，最大充满率为 0.95。在支撑结构设计上，要充分考虑低温冷收缩带来的位移对内容器的影响。

③ 流程及管路设计安全　低温压力容器的流程和管路设计对设备的使用是至关重要的，一个好的流程将保证设备满足客户的正常使用需求，而管路设计是否合理则直接影响容器的使用性能。错误的流程将存在使用隐患。美国 CGA H-3-2013《低温氢储存》[26] 附录 B 和

CGA H-4-2013《氢燃料技术相关术语》[27]表 2 对于液氢储罐都有专门的流程介绍，典型的液氢储运容器流程见图 2-9。

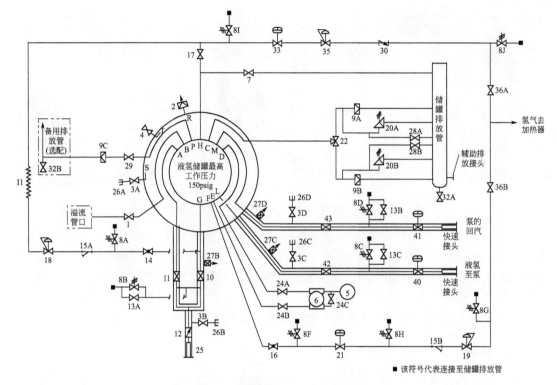

图 2-9　典型的液氢储运容器流程设计[26]

图 2-9 的流程图主要分为以下几部分：顶、底加液管线和排液管线，泵吸管线，液位计气，液相管线，测满管线，超压卸放管线，增压管线，泵回气管线。其中加液管线和泵吸入、回气管线由于与液氢直接接触，管子和阀门均设计成真空夹套结构。另外 CGA H-3-2013《低温氢储存》[26]中 9.1 条要求：所有夹层管路应采用奥氏体不锈钢无缝管路，夹层中所有管件连接采用对接焊，内外筒体间所有管路应具备充分的柔度承受热胀冷缩引发的变动，在夹层空间中不得使用法兰接头、螺纹接头、波形膨胀接头或金属软管。也就是说，液氢容器管路设计时对于夹层管路应充分考虑容器充液后管线的热胀冷缩，外部管路则应该按真空绝热管路和非真空绝热管分别进行设计。

④　对液氢系统管路阀门的致密性要求　阀门应在全开和全闭工作状态下经气密性试验合格。真空阀门进行氦质谱检漏试验时，要求其外部漏率小于 $1 \times 10^{-9} Pa \cdot m^3/s$，内部漏率小于 $1 \times 10^{-7} Pa \cdot m^3/s$。

⑤　超压泄放安全　液氢容器实际运行时由于种种原因可能发生失控或受到外界因素干扰从而造成容器超压或超温，为保证容器安全和使其可靠地工作，容器上必须设置超压泄放装置。氢气和空气混合物的点火能量很低，另外液态氢转变成气态氢会导致体积膨胀约 845 倍，因此超压泄放装置的正确选择显得尤为重要。根据 NB/T 47058—2017《冷冻液化气体汽车罐车》[28]和 NB/T 47059—2017《冷冻液化气体罐式集装箱》[29]中对于内容器超压卸放装置的要求：内容器应至少设置两组相互独立的超压卸放装置。每组超压卸放装置应设置一个全启式弹簧安全阀作为主卸放装置，且并联一个全启式弹簧安全阀或爆破片作为辅助卸放装置。一旦爆破片出现爆破现象，氢气会大量泄漏，氢气和空气的混合物点火能量很低，爆

破片的失效有氢气自燃的风险，移动式液氢容器爆破片的更换将是个大问题。因此移动式液氢容器上应选用两组安全阀并联的配置。

氢气超压排放管应垂直设计，其强度应能承受 1.0MPa 的内压，以承受如雷电引发燃烧产生的爆燃或爆炸。管口应设防空气倒流和雨雪侵入以及防凝结物和外来物堵塞的装置，并采取有效的静电消除措施。排放管口不能使氢气燃烧的辐射热和喷射火焰冲击到人或设备结构从而发生人员伤害或设备性能损伤。

液氢超压泄放系统不适合设置阻火器。从 NFPA-2[30] 规范及 CGA-5.5 氢气排气系统[31] 以及 ASME 压力容器规范等多个国外、国际标准来看，氢气排气系统都不允许安装阻火器。安装阻火器会增加排气管道的阻力，对安全泄放阀造成回压，从而可能引发严重的安全问题。

⑥ 绝热性能的安全　液氢容器的绝热性能是判断其质量并确保其安全可靠使用的最主要指标之一，而衡量绝热性能的最重要的参数是静态蒸发率和维持时间。静态蒸发率过高则维持时间短，损耗大。

在罐体主体结构、真空度指标都满足设计要求的前提下，在初始充满率为 90% 的前提下，当安全阀达到开启压力，同时罐内液体容积达到最大充满率 95% 的情况下，高真空多层绝热的 40ft（1ft=0.3048m）液氢罐箱在液氢蒸发率 0.73%/d 时的维持时间可达 12 天，降低充满率可以达到 15～20 天的维持时间，完全可以满足国内公路物流运输的周期要求。

而当移动容器水路运输时，由于运输距离远，运输周期比较长，则需要考虑高真空多屏绝热方式，它的绝热性能更加优越，热容量小、质量轻、热平衡快，但结构比较复杂，成本也更高。带金属屏和气冷屏的高真空多屏绝热可以满足 20 天以上维持时间的需求。如果再增加液氮冷屏的话，高真空多屏绝热的静态蒸发率可以做到多层绝热的 0.5 倍以下，维持时间可以提高到 35 天以上，可以实现海上长途运输。

⑦ 安全操作压力与手动泄放　由于液氢的临界压力只有 1.3MPa 左右，因此当饱和压力超过 0.5MPa 时，液氢的汽化潜热开始明显减小，饱和气体密度显著增加，这时候液氢容器气相空间的升压速度会大幅度提高并很快逼近其安全泄放压力，而大量氢气的瞬间快速泄放极易引发氢气燃烧。液氢容器设计最高工作压力的提升并不能有效延长安全不排放的维持时间。因此当液氢储运容器压力超过 0.5MPa 时，应通过手动阀排空的方式释放压力，以提高液氢储运安全性。

2.4.2.3 液氢储运容器失效的安全风险分析

液氢储运容器的主要失效模式是夹层真空度丧失与液体泄漏导致液氢大量排放，有冻伤、窒息和燃烧爆炸等风险。现探讨几种失效模式的原因分析和风险应对措施。

（1）内容器突发性开裂

内容器突发性开裂导致夹层真空丧失，安全泄放失效，大量液氢泄漏引发火灾甚至爆炸，在首次液氢充装时内容器预冷不充分在封头和焊缝附近引发的脆裂，压力循环导致裂纹生长引发的疲劳断裂。因此针对以上问题，对罐体充分预冷的要求应更高，在喷淋管设计和预冷操作管理要求上更加严格，对封头的固溶热处理要求、制造过程中铁素体含量进行控制等。另外，一般液氢容器设计压力不高，工作压力不超过 0.7MPa；对于特殊用途压力较高的液氢容器，在选材和设计制造方面还需提出更高的要求，同时严格执行定期检验制度。

（2）外罐破裂导致夹层真空丧失

外罐破裂导致的夹层真空丧失，液氢容器真空丧失后比 LNG（液化天然气）容器的传热温差更大，汽化更迅速，采用较多层数的绝热材料和结构，可有效降低漏热量和比热流。

造成此情况发生的原因有可能为车辆的追尾、碰撞、侧翻等车祸事故，可通过采用框架结构、外加强圈结构保护的罐箱和罐车来避免此事故。与 LNG 相比，液氢密度小、满载重量轻，因此罐车和罐箱的重心低，空载与满载时车辆重心差异不大，司机更容易掌控，降低了高速行驶中转弯侧翻的风险。

（3）内外罐微漏导致的夹层真空部分丧失

液氢容器长时间运行，罐体、低温阀门、管路、安全附件可能会出现泄漏或失效，罐体真空也有可能部分丧失。定期检验将有助于液氢容器后续更好地运行，同时将一些存在的隐患找出来及时处理。

液氢移动容器的定期检验分为年度检测和全面检测。新产品首次使用后一年应进行全面检测，后续的全面检测时间需要根据罐体安全状况等级进行设置。年度检测项目包括：罐车资料审查、罐体外观检验、罐体与底盘或框架连接件检验、附件检验、安全附件检验、气密性试验、真空度检测等。

由于液氢蒸发率要求高，对真空度要求也高，常规的直接真空度检测方法会使夹层混入空气导致难以修复的真空损伤，所以针对液氢容器的要求，要尽量采用间接法的测量方式。美国 CGA H-3[26] 标准中也规定，正常情况下不推荐对外筒体真空度进行连续监测，同时指出，识别真空丧失的方法包括：监测外筒体温度和环境温度之间的差异；在外部容器上目视检查是否有冷凝物或冰；观察是否有不正常的排气，如排放管上是否有霜或冷凝物。

（4）液氢储运容器失效的应急救援处理

液氢储运容器管路系统有微小泄漏时应及时检修处理；有严重泄漏时，移动式液氢容器应转移到人稀、空旷安全处逐渐排放，并应严格监护。排放氢气时人、车应处在上风向；排放液体时，必须关闭汽车发动机，同时排放液氢波及的区域内严禁明火。

当液氢罐车、罐箱在运输中途发生追尾、碰撞、侧翻等车祸事故时，应及时报告当地应急救援管理部门进行处理，同时须做应急措施，其事故处理和应急救援措施应符合《危险货物运输安全管理与应急救援指南》[32] 的规定，液氢 NU1966 对应的应急指南卡编号为 115。

当液氢储运容器附近发生火灾，有可能加速液体汽化时，可使用自来水喷射到容器外壳上进行降温。

2.4.2.4　液氢储运的安全事故案例

案例一：液氢运输车失火

2004 年 12 月 17 日，一辆运送液态氢到工厂的罐车发生火灾。泄漏的蒸气点燃，产生了一缕火焰，在空中升起数十英尺。火焰在几秒钟内消退，卡车几乎没有损坏，驾驶员安然无恙。事故发生时，卡车将氢气卸载到工厂后面的容器中。该工厂报告其生产没有延误。

现场人员报告说，罐中的通风口释放的氢蒸气不知何故被点燃。司机在几秒钟内密封了通风口并停止了火焰。罐车和储罐都没有爆炸的危险。

液氢泄漏状态图见图 2-10。

案例二：Linde 液氢泄漏着火

Heartland Fire& Rescue 官员证实，2018 年 8 月一辆装满液氢的罐车在加利福尼亚州的 El Cajon 商业园内着火（图 2-11）。"该产品在通风时被烧毁，因此不存在居民应该关注的危险品问题。如果你措施到位，那么你现在应该没事。"负责人凯斯说。

案例三：液氢罐车发生车祸真空丧失

美国 AP 公司一辆液氢罐车发生车祸，燃油车侧向撞上液氢罐车并当场爆炸燃烧，液氢罐车仅仅真空丧失、氢气快速从放空管安全泄放，没有发生罐车整体燃烧爆炸事故（图 2-12）。

图 2-10　液氢泄漏状态图

图 2-11　Linde 液氢罐车泄漏失火

图 2-12　美国燃油车车祸引发火灾对 AP 液氢罐车的影响

德国调查人员[33]对 1965 年至 1977 年期间工业设施中氢气事故的报告和统计数据进行了评估，共调查了 409 起事故，其中 78.5％与气态 H_2 有关，20.8％与液态 H_2 有关。主要调查结果是事故主要是由泄漏或不充分的吹扫或排气造成的，并且大多数泄漏导致起火。在部分密闭区域，大多数起火导致快速爆燃甚至爆炸。

美国国家航空航天局对 96 起氢气事故进行分析发现，密闭环境下氢气泄漏总会发生着火，60％的事故发生在开阔环境中，25％的事故发生的原因是系统清洗不当。有些事故是由于空气夹带到 LH_2 系统中，而且泄漏的主要原因是人员没有遵守规定的程序。

通过以上案例可以发现，液氢容器的失效模式和火灾状况比 LNG 容器更加容易控制。即使出现氢气的大量泄漏和燃烧等意外情况，只要是在通风敞开环境下发生，保证氢泄放的正常进行，使泄放的氢尽快燃烧，并避免二次火灾的危险，就能够保证事故得到安全处理。

2.4.3　液氢装卸

2.4.3.1　液氢的安全装卸要求

液氢的装卸发生在液氢工厂储罐向运输罐车的装卸，以及液氢使用场所运输罐车向加氢站和汽化站上固定式液氢容器的装卸。液氢装卸是液氢储运和使用的关键技术管理步骤，对人员、环境、工作使用管理流程都有很高的要求。操作不当或误操作均有可能会引起潜在的危害。相关的标准规范可参考 EIGA《Safety in Storge handing and distribution of Liquid Hydrogen》、Air Products 公司企业标准《AP Safetygram 9-Liquid Hydrogen》、Linde 公司企业标准《Off-Loading Procedures for Liquid Hydrogen Pressure Trailers》等。根据各自丰富的工业经验，各液氢相关企业均提出关于液氢装卸的相关安全技术要求，其中也包括吹扫流程；国内标准如 GJB 2645、GJB 5405、GB/T 34542 等对液氢储存加注运输要求、日常管理等都做出了明确规定。

储运罐中的液氢主要可通过自流、挤压法、泵送法等方式排出，其中最主要的方式为挤压法，即依靠自身的气态氢气或者液氢容器配备的汽化器蒸发一定量的液氢并在液氢卸液容器液面上建立压力场，将液氢排出。

在装卸液氢时，应保证液氢输出罐的压力比接收罐的压力大 1~1.4bar（1bar＝10^5Pa），可以采用自身携带的增压器进行增压，在整个泄液过程中应一直保持这个压力差。如接收罐为首次装液，可先采用顶部进液的方式进行操作。观察接收罐液位指示达到 3/4 满液位时，可以打开测满阀，降低加液流量。

为确保液氢装卸的安全，操作过程中应注意以下几点：

① 始终维持液氢系统正压　液氢容器或管路系统中混入空气会形成固体颗粒，其中固体氧的积累会造成系统爆炸着火的潜在风险。为防止环境空气混入液氢系统，充装运输和储存液态氢时，必须保持不低于 0.03MPa 的正压。

② 储运容器的空气颗粒物控制　吹扫置换是控制空气固体颗粒产生的主要手段，新制造或维修后首次充装的容器和较长时间未使用的容器，严禁直接充装。必须进行吹除和置换，达到合格指标并经预冷后方可充装。

③ 液氢出厂的纯度控制　要求液氢工厂在泄液管线上安装真空过滤器过滤固态氧氮颗粒物，过滤精度不低于 $10\mu m$ 级，以此来控制进入移动容器内的液氢纯度。

④ 充装前的安全检查　充装液氢前，仔细检查工艺管路及设备是否泄漏，在一定程度

上是保证防火安全的措施之一。设备零件上结霜是液氢泄漏的表现。由于点燃氢所需的能量很小，液氢容器运行过程中的静电荷积累是引燃引爆氢气的危险源，因此液氢容器在装卸液氢前应保证接地装备可靠接地。

⑤ 对于加氢站上移动容器向固定式液氢容器卸液的操作　参考 Linde 公司《液氢罐车的卸液操作程序》[34]，要求对连接管口、软管进行不少于 7min 的吹扫，以及合理必要的预冷操作。

2.4.3.2　液氢装卸时的安全风险防范

液氢的潜在危险性都是直接与点火源有关的，常见的点火源是电路火花和静电放电。因此液氢装卸操作中必须使用不产生火花的工具。在工作地点，不能穿尼龙、涤纶衬衣和胶底鞋，因为它们会积聚静电荷。操作大量液氢时，必须穿工作服。建议相关人员应掌握液氢的物化性能和容器的安全操作规程，掌握故障处理方法和防火、维护、防爆等技术。操作时禁止无关人员接近。

为了避免低温"冻伤"，不允许液氢和低温气体溅落到人体裸露部分和进入眼睛中。给热容器灌注液氢或其他低温液体，都应逐渐地进行，使蒸发达到最小限度。在氢的作业点附近必须设有喷淋装置、消火栓或大的水箱，以便冲洗意外溅上液氢的人体部位。应该避免未受保护的人体部位接触设备的冷部件，而为了取出放入液氢中的物品，需用不产生火花的金属钳。

在液氢生产或装卸地区应有可靠的通风设备，避免窒息和氢气累积与空气混合增加燃烧的风险；液氢储罐、槽车等容器需要进行检查或者其他作业时，首先必须确认管道是否关闭并清理干净，容器内部应先用惰性气体后用空气吹洗并加温，再通过气体分析仪检测内部是否充满了新鲜空气，方可进入容器内进行相关作业，若有空气供应不足的疑虑，应使用自身供氧或供气的呼吸器具。

操作人员在充灌或处理液氢时必须穿着符合 GB 21146 规定的导电鞋或导电长筒靴，外穿符合 GB 12014 规定的 A 级防静电工作服，佩戴符合 GB/T 31421 规定的防静电帽，裤管应罩在鞋（靴）帮外面，戴上干净易脱的长臂纯棉手套和护目镜，若是有可能产生液氢喷射或飞溅的作业，应戴上防护面罩（或护目镜）和长臂纯棉手套。处理大量液氢泄漏时应穿上无钉皮靴，裤脚套在皮靴外面。操作人员操作前，应先导散自身静电，不得用手触摸非绝热或表面结露、结霜的液氢储罐与管道表面。

禁止进入液氢大量泄漏的场所。因特殊需要必须进入时，应佩戴符合 GB 16556 规定的自给开路式压缩空气呼吸器或符合 GB 6220 规定的长管呼吸器，并需在专人监护下进行操作处理。操作人员的皮肤因接触液氢而被冻伤时，应及时将受伤部位放入 40℃ 左右的温水中浸泡或冲洗，切勿干加热，严重的冻伤应迅速到医院治疗。

2.4.3.3　液氢装卸的事故案例与安全性分析

1970～1993 年，Air Products 公司充装和卸载 LH_2 大约 14000 次，仅发生了 5 起事故[35]。分别是充装时软管破裂（没起火）、卸载时卡车上的焊接失效（小火）、拖车拉掉充装软管（没起火）、加注站内液体溢出（小火）、阀门泄漏（小火）。

所有低温液体的特点是都会因为吸收环境的热量而汽化，包括充装过程中的损耗汽化，以及储存容器不定期的 BOG（蒸发了的气体）排放，液氢也不例外。而且，刚刚汽化排放的冷氢气温度低、密度大，相比常温下的氢气来讲不易扩散。因此液氢的充装操作过程会设置一定距离的警戒线，并严格禁止此范围内产生静电火花、火源等，以避免氢气的燃烧和爆炸。如果周边有高压氢气释放引起的自燃、飞溅的火花和燃烧物，会酿成更大的灾难。从氢气的安全使用管理规范来讲，应该严格禁止高压氢充装操作和液氢充装操作同时近距离进行，并禁止高压氢气拖车长时间、近距离靠近液氢容器，从而保障氢气充装使用过程的安全。所幸的是，液氢容器坚固的双层壳体结构，以及低温容器进出口管路根部紧急切断阀的设计，会使低温储氢容器相比高压容器更加安全。

从发生的案例和规范要求发展来看，液氢进入大规模商业化运营后，很少在充注过程中发生严重事故，说明如果严格执行国内外标准、各大公司规章制度，可以保证液氢装卸和使用过程的安全。

参 考 文 献

[1] 王艳辉，吴迪镛，迟建. 氢能及制氢的应用技术现状及发展趋势 [J]. 化工进展，2001，20 (1)：6-8.

[2] 李亚东. 风光互补联合发电制氢系统的安全性分析与研究 [D]. 河北工程大学硕士学位论文，2016.

[3] GB/T 37562—2019 压力型水电解制氢系统技术条件 [S]，2020.

[4] 国家市场监督管理总局、国家标准化管理委员会，GB/T 37563—2019 压力型水解制氢系统安全要求 [S]，2020.

[5] 中华人民共和国建设部、国家质量监督检验检疫总局，GB 50177—2005 氢气站设计规范 [S]，2005.

[6] 冯是全，胡以怀，金浩. 燃料重整制氢技术研究进展 [J]. 华侨大学学报（自然版），2016，37 (4)：395-400.

[7] Guandalini G，Campanari S，Valenti G. Comparative assessment and safety issues in state-of-the-art hydrogen production technologies [J]. International of Hydrogen Energy，2016，41：18901-18920.

[8] 彭泓. 天然气制氢装置危险与可操作性（HAZOP）分析评价 [J]. 科技与企业，2014 (16)：355.

[9] 朱建华. 变压吸附技术用于制氢 [J]. 上海煤气，2004，003：17-21，34.

[10] 冯庆祥. 固氧在液氢中的行为特性及液氢生产的安全问题 [J]. 低温与特气，1998 (1)：55-62.

[11] 蔡体杰. 液氢生产中防止固氧爆炸的方法 [J]. 制冷学报，1980 (2)：10-18.

[12] 蔡体杰. 液氢生产中若干固氧爆炸事故分析及防爆方法概述 [J]. 低温与特气，1999 (3)：52-57.

[13] 刘海生，张震，邱小林，等. 液氢中固空沉积形式的试验研究 [J]. 低温工程，2015 (1)：13-16.

[14] 刘海生，刘玉涛，丘小林. 液氢中固空沉积形式的理论研究 [C]. 全国低温工程大会，2013.

[15] 张起源. 液氢的危险性综合分析 [J]. 导弹与航天运载技术，1983 (7)：52-69.

[16] 罗日科夫，阿尔马佐夫，伊利因斯基. 液氢制取 [M]. 沈法元，译. 中国运载火箭技术研究院第十五研究所，2003.

[17] Peschka W. Liquid hydrogen：Fuel of the future [J]. Springer-Verlag Wien New York，1992.

[18] 俄罗斯标准化委员会，GOST R56248—2014 НАЦИОНАЛЬНЫЙ СТАНДАРТ РОССИЙСКОЙ ФЕДЕРАЦИИ ВОДОРОД ЖИДКИЙ [S].

[19] 国际标准化组织. ISO/TR 15916 Basic considerations for the safety of hydrogen systems [S]，2004.

[20] 国际标准化组织，ISO 14687-2 Hydrogen fuel-Product specification-Part 2：Proton exchange membrane（PEM）fuel cell applications for road vehicles [S]，2012.

[21] 欧洲工业气体协会，10 EIGA DOC 06/02/E Safety in Storge handing and distribution of Liquid Hydrogen [S].

[22] 美国压缩气体协会，CGA G-5.3-2011 Commodity specification for hydrogen [S].

[23] Health and Safety Laboratory 英国健康与安全实验室，Hazards of liquid hydrogen [S].

[24] 杨昌乐，温鹏飞，杨晓阳. 氢液化装置在线分析系统研究 [J]. 低温与特气，2012，30 (4)：41-44.

[25] 国家质量监督检验检疫总局、国家标准化管理委员会，GB 6944 危险货物分类和品名编号 [S]，2012.

[26] 美国压缩气体协会，CGA H-3 Cryogenic Hydrogen Storage [S]，2019.

[27] 美国压缩气体协会，CGAH-4 氢燃料技术相关术语 [S]，2013.

[28] 国家质量监督检验检疫总局、国家标准化管理委员会. NB/T 47058 冷冻液化气体汽车罐车 [S]，2017.

[29] 国家质量监督检验检疫总局、国家标准化管理委员会，NB/T 47059 冷冻液化气体罐式集装箱 [S].

[30] 美国消防协会，NFPA-50B Standard for liquefied hydrogen systems at consumer site [S]，1999.

[31] 美国压缩气体协会，CGA G-5.5 Hydrogen Vent Systems Third Edition [S]，2014.

[32] 交通运输安全与质量监督管理司，危险货物运输安全管理与应急救援指南（2016 版）[S].

［33］ Verfondern Karl. Safety considerations on liquid hydrogen ［J］. Volume 10. Forschungszentrum Jülich Gmbh，2008.

［34］ Linde Group 林德集团，Off-Loading Procedures for Liquid Hydrogen Pressure Trailers ［S］.

［35］ Air Products and Chemicals，Inc. Tube Trailer Module Hydrogen Pelease and Subsequent Fire ［J］. Diamond Bar，California，2018.

第 3 章

氢储运安全

高效、安全可靠、低成本的氢储运技术是氢能规模应用的瓶颈[1]，其中氢储运安全是氢能市场化应用的重中之重。氢储运方式多样，储氢方式主要包括高压气态储氢、液态储氢和固态储氢[2]，输氢方式主要包括气态输氢和液态输氢。现有的气、液及固态氢储运的方式，虽都各有优势，但同时存在不足，其综合性能都有待提高。固态储运的体积储氢密度高且安全性好[3,4]，但目前质量储氢密度较低，限制了其在氢燃料电池汽车上的应用，随着储氢材料性能的不断提高，固态储氢的综合性能仍有一定的提升空间；低温液态储运虽能带来较高的储能密度，但氢液化耗能较大，同时液氢在储输过程中的蒸发汽化问题带来安全性隐患，因此，液氢在氢能燃料电池领域的应用目前受到很大限制[5]；高压气态储运方式目前相对比较成熟，应用也最为广泛，是现阶段氢能实现产业化过程中主要的储运方式[6]，本章主要介绍了高压氢气储运过程中的安全问题。

3.1 氢压力容器安全

氢压力容器主要包括固定式压力储罐和车载轻质高压氢气瓶，其中固定式压力储罐依据结构的不同又可分为无缝压缩氢气储罐和全多层高压氢气储罐，车载轻质高压氢气瓶依据储氢方式的不同可分为普通高压气瓶和低温高压复合气瓶。

3.1.1 固定式氢压力储罐

3.1.1.1 无缝压缩氢气储罐

固定式高压氢气储存设备主要应于在固定场所储存高压氢气，如加氢站、制氢站或电厂内的储气罐等，其特点是压力高，固定式使用，但是重量的限制不严，一般都采用较大容量的钢制压力容器。容器内氢气的储存量大，一旦发生泄漏爆炸事故，有可能造成严重损失和人员伤亡。

目前，高压氢气加氢站所用的储罐多为无缝压缩氢气储罐。这种储罐一般按照美国机械工程师学会锅炉压力容器规范第Ⅷ篇第 1 册的 UF 篇和附录 22 的规定用无缝钢管经过两端锻造收口而成，属于整体无焊缝结构[7]。常用材料为 CrMo 钢：SA372Gr. J CL65、SA372FGr. J CL70 和 SA372Gr. M CL A 等。主要力学性能为：抗拉强度不小于 724MPa、屈服强度不小于 448MPa、延伸率（50mm）不小于 18%[8]。无缝压缩氢气储罐的特点是制造过程中无需焊接，整个储罐为统一的无缝整体，其最大的优点是避免了焊接引起的裂纹、气孔、夹渣等缺陷，但有以下不足：

① 单台设备的容积小　按美国机械工程师学会锅炉压力容器规范第Ⅷ篇第1册附录22 "整体锻造容器" 的规定，容器的内直径不得超过610mm，再加上无缝钢管长度的限制（一般在9m以内），无缝压缩氢气储罐的最大容积为2577L。当氢气储存量大时，往往需要多台容器通过用钢板或工字型钢制成的可拆卸的固定管架组合后并联使用，增加了氢气的泄漏点。

② 无抑爆抗爆功能　无缝压缩氢气储罐通常采用高强度无缝钢管。提高材料的抗拉强度和屈服强度，有利于减薄储罐壁厚，降低重量，但韧性往往下降。若因腐蚀、疲劳及材料性能劣化（如氢脆）等原因导致储罐突然破裂，会导致所储存的氢气快速排到周围环境中，引起中毒、窒息或燃烧爆炸，造成严重损失。

③ 健康状态检测困难　无缝压缩氢气储罐的单层结构决定了其只能靠定期检验来确定储罐的安全状况，难以对储罐健康状况进行在线监测。

3.1.1.2　多功能全多层高压氢气储罐

为提高高压储氢的安全性，降低制造成本，浙江大学化工机械研究所郑津洋教授等研究开发了一种多功能全多层高压氢气储罐[9,10]。它由储罐主体和在线健康诊断系统两部分组成。该型储罐已经用于位于北京的中国第一座示范加氢站中，如图3-1所示。

图 3-1　北京加氢站的高压储氢罐

多功能全多层高压氢气储罐主体由绕带筒体、双层半球形封头、加强箍和接管组成，如图3-2所示。绕带筒体由薄内筒、钢带层和外保护壳组成。薄内筒通常由钢板卷焊而成，其厚度一般为筒体总厚度的1/6～1/4。钢带层由多层宽80～160mm、厚4～8mm的热轧扁平钢带组成。钢带以相对于容器环向15°～30°倾角逐层交错进行多层多根预拉力缠绕，每根钢带的始末两端斜边用通常的焊接方法与双层封头和加强箍共同组成的斜面相焊接。外保护壳为厚3～6mm的优质薄板，以包扎方式焊接在钢带层外面。双层半球形封头的厚度按强度要求确定，由厚度相近的内外层钢板经冲压成型。在工作压力下，即使内半球形封头因裂纹扩展等原因，导致内层泄漏，外半球形封头也能承受工作压力的作用。外层半球形封头端部有与加强箍相配合的圆柱面和锥面。加强箍先由钢板卷焊成短筒节（对接焊接接头经100%无损检测合格），再加工成与外层半球形封头相配合的圆柱面和锥面。大接管与双层半球形封头通过角接或对接焊接接头连接，管径根据工艺要求确定。

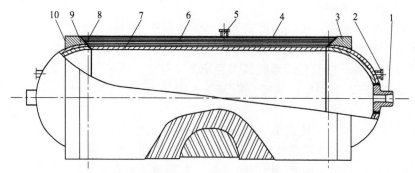

图 3-2 多功能全多层高压氢气储罐结构示意图

1—大接管；2—封头接管；3—加强箍；4—外保护壳；5—筒体接管；
6—钢带层；7—内筒；8—斜面焊缝；9—外半球形封头；10—内半球形封头

在线健康诊断系统由主管路、传感器、显示报警仪、放空管、阻火器及防静电接地装置等组成，如图 3-3 所示。在罐体的外保护薄壳上部和两端的外层封头上开孔，并连接氢气泄漏收集接管。泄漏氢气通过接管进入主管道并通过放空管排放到安全的地方。放空管端部设有管端氢气阻火器和防静电接地装置，以保证安全。在接管附近设置传感器探头，实时监测氢气的浓度，传感器探头与信号显示报警仪相连。当有泄漏发生时，信号显示报警仪会显示大致的泄漏位置，并发出声、光报警。

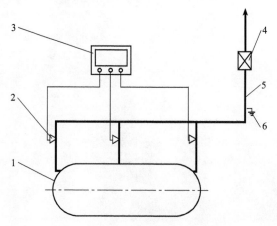

图 3-3 储氢容器在线健康诊断系统

1—储罐；2—传感器；3—显示报警仪；4—氢气阻火器；5—放空管；6—防静电接地装置

多功能全多层高压氢气储罐是在传统的扁平钢带倾角错绕式容器基础上发展的新结构。自从 1964 年中国首创扁平钢带倾角错绕式容器以来，已制造内径达 ϕ1000mm 的该型容器 7000 多台，主要产品有氨合成塔、甲醇合成塔、氨冷凝器、铜液吸收塔、水压机蓄能器及各种高压气体（空气、氨气、氮气和氢气）储罐，产生了重大社会效益和经济效益。该型容器已列入美国锅炉压力容器规范案例，即 Case2229 Design of Layered Vessels Using Flat Ribbon Wound Cylindrical Shells，Section Ⅷ，Division 1 和 Case2269 Design of Layered Vessels Using Flat Ribbon Wound Cylindrical Shells，Section Ⅷ，Division 2，可用于制造设计压力在 70MPa 以内、直径为 250~3000mm、设计温度不超过 427℃的压力容器。多功能全多层高压氢气储罐具有以下优点：

① 适用于制造高参数氢气储罐 随着压力和直径的提高，氢气储罐的壁厚增加。受加

工能力和无缝钢管长度的限制，钢制无缝压缩氢气储罐的容积往往较小。多功能全多层高压氢气储罐由薄或中厚钢板和钢带组成，长度和壁厚不受限制。目前，中国已具备制造直径达2500mm、长度达25m的全多层高压容器的能力。

② 具有抑爆抗爆功能　在工作压力下，失效方式为"只漏不爆"，不会发生整体脆性破坏。这是因为：内筒应力水平低，在钢带缠绕预拉力作用下，内筒沿环向、轴向同时收缩，收缩引起的压缩预应力可以部分甚至全部抵消工作压力引起的拉伸应力，使得内筒处于低应力水平；内筒与钢带材料性能优良，在材料化学成分和轧制状态相同的条件下，薄钢板、窄薄钢带的断裂韧性高于厚钢板，裂纹、分层等缺陷存在的可能性少，且尺寸小；钢带层摩擦阻力有"止裂"作用，当筒体承受内压时，若内筒上的裂纹开始扩展，位于裂纹上方的钢带层会在裂纹附近产生一些附加背压和阻止裂纹张开的摩擦力，抑制裂纹扩展；泄漏的介质不能剪断钢带层，内筒裂穿时，由于裂口不可能很大，泄漏的介质不足以剪断钢带层，只能通过钢带间隙形成的曲折通道，逐渐向外泄漏至外保护壳内。

③ 缺陷分散　储罐全长无深环焊缝，而绕带层与容器封头连接方式采用相互错开的阶梯状斜面焊缝代替传统的对接焊接结构，这样不仅增大焊缝承载面积，提高焊缝结构的可靠性，而且实现了筒体与封头应力水平的平滑过渡。

④ 健康状态可在线诊断　多功能全多层高压氢气储罐的双层封头结构和带有外保护薄壳的绕带结构给实施在线健康状态检测提供了条件。在罐体的外保护薄壳上部和两端的外层封头上开孔，并连接氢气泄漏收集接管。泄漏氢气通过接管进入主管道并通过放空管排放到安全的地方。在接管附近设置传感器探头，实时监测氢气的浓度，传感器探头与信号显示报警仪相连。当有泄漏发生时，信号显示报警仪会显示大致的泄漏位置，并发出声、光报警。

⑤ 制造经济简便　扁平绕带式容器的内筒厚度约为总壁厚的 $1/6\sim1/4$，即使对于壁厚达 200mm 以上的大型容器，其内筒壁厚也只有 $30\sim50$mm 左右，仍为中厚板。因此内筒的制作并不困难，质量容易保证。容器厚度的大部分由绕带层组成，因此减少了大量焊接、无损检测和热处理的工作量，尤其是避免了深厚环焊缝和整体热处理。所用扁平钢带轧制简易、成本低廉。钢带窄，缠绕倾角较大，因此钢带端部切割简单，钢带与封头端部采用斜面焊接，不仅施焊容易而且质量可靠。制造过程中不需要采用大型重型设备和困难技术，除了需要一台绕带机床和采用特殊缠绕技术外，其他技术都类似于薄壁容器的制造技术，而且不需要起吊整台容器的重型厂房和桥式行车。

随着 70MPa 车载高压储氢容器的发展，固定式高压储氢容器的压力也对应提高，有的高达 110MPa。浙江大学和巨化集团工程公司利用全多层高压储氢容器的研制经验，负责制定了国际上首部高压储氢容器国家标准（GB/T 26466《固定式高压储氢用钢带错绕式容器》），并成功研制了拥有自主知识产权的国际首台98MPa级全多层高压储氢容器[11]，实现了安全状态的远程在线监控，使高压氢气压力平衡充装方式得以实现，大大提高了氢气充装速率，实现了高压氢气的经济规模储存，达到国际领先水平，相关成果成功应用于丰田中国加氢站等。

3.1.2 车用轻质高压氢气瓶

高压储氢具有结构简单、充放氢速度快等优点[12,13]，为目前最主要的车载储氢方式。车用高压燃料气瓶与工业气瓶的服役要求、工作环境不同，其具有以下特点：

① 体积、重量受限　车用高压燃料气瓶在汽车上固定安装，受车内空间限制，容积一

一般不会超过 450L。汽车质量的增加，不仅会降低其动力性能，还会增加燃料消耗及废气排放，因此，车用高压燃料气瓶多采用重量较轻的复合气瓶。

② 充装要求特殊　充装过程中，需利用压力传感器与加气机进行实时通信，当气瓶内压力达到设定值时，自动停止加气。为满足商业化要求，车用高压燃料气瓶充装过程需在3～10min 内完成，而且高压氢气在快速充装过程中有明显的温度升高，需要采取措施限制快充温升。

③ 使用寿命长　车用高压燃料气瓶的设计使用寿命通常与机动车强制报废年限相同，一般为 15 年，避免其使用寿命超过汽车强制报废年限而造成资源浪费。

④ 使用环境复杂　多变车用高压燃料气瓶随汽车行驶于不同地域、路况条件下时，会面临多种形式的机械损伤和环境侵蚀。为保证其运行过程中的安全可靠，需要针对不同类别的车用高压燃料气瓶设计更为严格的型式试验。

3.1.2.1　车载普通高压气瓶

现阶段，车载高压氢气瓶共分为四类，分别为Ⅰ型（金属外壳无纤维缠绕）、Ⅱ型（厚金属内胆，筒体缠绕纤维树脂复合材料）、Ⅲ型（金属内胆，全缠绕纤维树脂复合材料）和Ⅳ型（聚合物内胆，全缠绕纤维树脂复合材料）[14]，见图 3-4。

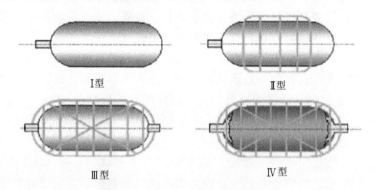

图 3-4　四种类型储氢容器示意图

轻量化、高密度已成为车载高压氢气瓶选择的主要原则，故Ⅲ型瓶和Ⅳ型瓶已成为各大厂家生产的主要类型。Zhao 等[15]在储氢密度、储氢成本和安全性（包括氢气快充温升、耐火烧性能和疲劳寿命）等方面对Ⅲ型瓶和Ⅳ型瓶做了综合对比，结果表明：Ⅲ型瓶的质量储氢密度低于Ⅳ型瓶，但其体积储氢密度和储氢成本相差不大；在安全性方面，氢气快充过程中，Ⅳ型瓶氢气温度较高，但由于塑料内胆的低热传导率，其碳纤维加强层的温度一般不会高于Ⅲ型瓶，由于Ⅲ型瓶铝内胆的强度和硬度高于塑料内胆，故其耐火烧性能明显高于Ⅳ型瓶。

氢气密度低，故只能采用更高的储存压力来提高车载储罐的体积能量密度。车用天然气气瓶的工作压力一般仅为 20～25MPa，而高压气态储氢的存储压力需要达到 35MPa 甚至70MPa，这就对车用高压氢气瓶提出了更加严苛的要求。在对车用高压氢气瓶进行研究的同时，世界各国及相关组织也都积极开展了相关标准的制定工作，如国际标准化组织的 ISO/TS 15869—2009《车用氢气及氢混合气体气瓶》[16]、日本的 JARI S001—2004《车用高压储氢气瓶技术标准》[17]等，2017 年，我国浙江大学牵头制定的 GB/T 35544—2017《车用压缩氢气铝内胆碳纤维全缠绕气瓶》[18]已成功颁布。

目前我国已具备 35MPa 车用铝内胆纤维全缠绕高压氢气瓶的设计、制造能力，生产的氢气瓶成功应用于 2010 年上海世博会的氢能汽车。在确定结构和缠绕线型工艺的基础上，采用材料-工艺-结构一体化的优化设计方法制造的 70MPa 车用高压缠绕氢气瓶，多项技术指标也达到国际先进水平[19-21]。此外，对 35MPa、70MPa 高压氢气快充过程进行了试验及数值模拟研究，探明其温升规律及影响因素，为加注方案的确定提供了重要指导[22-26]。针对包括疲劳寿命预测、氢泄漏后果预测、耐火性能预测等车用高压氢气瓶的安全性能也开展了一系列研究工作，并取得了重要进展[27,28]。

3.1.2.2　车载低温高压复合气瓶

20 世纪 90 年代，美国劳伦斯利弗摩尔国家实验室提出了低温与高压复合的储氢方式。经过大量理论分析及试验研究，劳伦斯利弗摩尔国家实验室已推出了 3 代复合储氢容器，其中第 3 代复合储氢容器主要结构如图 3-5 所示，其总质量为 145kg，总体积为 235L，水容积为 151L。容器整体由 3 层结构组成，从外到内依次为外部夹套、保温结构层、铝内胆碳纤维全缠绕车用氢气瓶（以下简称Ⅲ型瓶）。外部夹套由厚度为 3mm 的 304 不锈钢制造，主要起到保护保温结构层、为保温层提供真空环境的作用；保温结构层厚度达 17mm，由保温绝热材料缠绕而成，整个保温层处在真空的环境下；Ⅲ型瓶设计压力为 27.2MPa，其中铝内胆厚度为 9.5mm，碳纤维树脂层厚度为 10mm，碳纤维选用 T700S0。车辆行驶过程中，由容器内排出的气态氢经外部换热器加热后，一部分重新返回到容器内部，通过内部换热管路，使液氢汽化，从而使容器内部保持足够的供气压力。

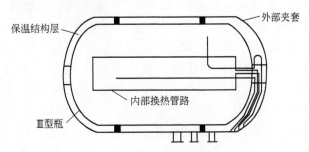

保温结构层　　　　　　　　　　外部夹套

内部换热管路

Ⅲ型瓶

图 3-5　第 3 代复合储氢容器结构简图

劳伦斯利弗摩尔国家实验室对每一代的复合储氢容器都进行了较全面的安全性试验，试验项目根据美国交通部（DOT）、国际标准化组织（ISO）、美国机动车工程师学会（SAE）的相关标准确定。把Ⅲ型瓶用于复合储氢容器，其中至关重要的一点就是Ⅲ型瓶在压力和温度交替循环载荷作用下的安全性。因此，劳伦斯利弗摩尔国家实验室进行了Ⅲ型瓶的压力和温度交替循环疲劳试验，试验中使用液氮进行温度循环，使用氦气进行压力循环。循环疲劳试验后进行的爆破试验表明，经过上述压力和温度交替循环疲劳试验的Ⅲ型瓶的爆破压力满足要求。整个循环过程的有限元模拟结果显示，在循环的初始阶段，铝内胆的塑性变形逐步增大，但随着循环的继续，塑性变形趋于稳定，最终保持在 4% 左右。实验和模拟结果表明，上述实验条件下，压力、温度交替疲劳循环不会引起Ⅲ型瓶失效。复合储氢容器的外部夹套可保护Ⅲ型瓶不直接受外部冲击，且如果Ⅲ型瓶内氢燃料发生泄漏，将首先在真空保温层聚集，不直接扩散到外部空间。

复合储氢容器多项性能参数优于其他储氢方式，受到广泛关注，但目前其安全性能的研究仍面临着一系列的挑战，主要包括以下两个方面：

① 材料低温高压临氢环境下的强度、耐久性。在一定范围内，随着温度的降低，Ⅲ型

瓶内胆材料（铝合金 6061T6）的抗拉强度、疲劳强度、韧性均有所提高，但上述有关 6061T6 的力学性能数据并非在氢环境下获得，关于其在临氢环境下的低温力学性能数据很少。有资料表明，在 20K 温度区附近，合金材料在氢介质中的力学行为与在其他介质中相比有较大差异，且氢介质的凝聚态（液态和气态）对材料力学行为特性有影响。因此，需开展 6061 铝合金在低温高压临氢环境下的强度、耐久性等力学性能试验。

② Ⅲ型瓶在压力、温度循环疲劳载荷作用下的安全性。压力、温度交替循环疲劳试验后，Ⅲ型瓶爆破压力虽满足要求，但超声检测表明，经压力、温度交替循环疲劳试验的气瓶瓶身出现了几处碳纤维与树脂脱粘现象。且劳伦斯-利弗摩尔国家实验室早期进行的试验中温度下限仅达到 77K（劳伦斯利弗摩尔国家实验室已修改实验方案，将循环温度下限值设为 20K，准备重新进行试验），无法确保容器在实际工况下安全运行。因此，探索Ⅲ型瓶在温度、压力循环疲劳载荷作用下的安全性及失效机理至关重要。

3.2　氢输送管道安全

3.2.1　氢气管道安全

氢气管道包括长距离高压输送管道和短距离低压配送管道。截至 2016 年，欧洲氢气管道总里程约 1598km[29]，美国氢气管道总里程约 2575km[30]，输氢压力为 2~10MPa，管道直径为 0.3~1.0m[31]。我国氢气管线较少，气态输氢发展较为缓慢。据初步统计，截至 2017 年底，我国氢气管道总里程约 400km，主要分布在环渤海湾、长三角等地，位于河南省的济源市工业园区与洛阳市吉利区之间的输氢管道是我国目前里程最长、管径最大、输氢压力最高、输氢量最大的输氢管，其管道里程为 25km，管道直径为 508m，输氢压力为 4MPa，年输氢量达到 10.04 万吨[32]。按照《中国氢能产业基础设施发展蓝皮书（2016》[33] 预计，到 2030 年，我国氢气长输管道将达到 3000km。

目前而言，世界范围内氢气管道的建设较少，随着氢能的发展，氢气管道的需求量预计在未来几十年会出现大幅的增长。Tzimas 等[34]针对氢能未来可能出现的三种不同的发展模式（快速发展、中速发展和慢速发展），对世界范围内长距离高压氢气输送管道和短距离低压氢气配送管道的需求量进行了预估，如表 3-1 所示。

表3-1　2050 年世界范围内输氢管道需求量[34]　　　　　　　单位：km

管道类型	快速发展	中速发展	慢速发展
长距离输送管道	435000	75000	10000
短距离配送管道	4000000	1000000	250000

2014 年，美国机械工程师协会发布了 ASME B31.12—2014《Hydrogen Piping and Pipelines》标准，该标准对氢气输送管道设计、制造、铺设等方面做了详细的要求，本节依据该标准，在管材选择、设计方法、铺设要求三方面对氢气管道安全进行了介绍。

3.2.1.1　管材选择

氢气长输管道选材在合金元素、钢级、管型、操作压力等方面均具有较高的要求，这主要是因为合金元素如 C、Mn、S、P、Cr 等会增强低合金钢的氢脆敏感性，同时，氢气压力越高、材料的强度越高，氢脆和氢致开裂现象就越明显，因此，在实际工程中，氢气长输管道用钢管优先选择低钢级钢管。ASME B31. 12—2014 中推荐采用 API SPEC 5L 级 X42、X52 钢管,同时规定必须考虑氢脆、低温性能转变、超低温性能转变等问题。考虑到低压管道输氢效率较低,且低强度管线钢建设成本较高,世界范围内已有众多学者对高强度管线钢的抗氢脆能力展开了研究。

　　Moro 等[35]针对 X80 管线钢材料,开展了不同压力、应变速率下的拉伸试验,试验结果表明高压氢会导致晶体沿铁素体/珠光体界面的脱粘,加速试样表面微裂纹的产生,同时推论出材料近表面处扩散氢的存在是氢脆的主要原因。Briottet 等[36]同样针对 X80 管线钢,系统开展了材料在高压氢环境下的慢应变速率拉伸试验、断裂韧度试验、圆片试验、疲劳裂纹扩展试验和 WOL 试验,结果表明:氢环境下材料的弹性模量、屈服强度及抗拉强度均未发生明显变化,但材料塑性明显降低,且随着试验应变速率的减小表现更为明显,但当压力大于 5MPa 后,压力的升高不会对氢脆敏感度造成影响;氢环境下材料的断裂韧性显著降低,疲劳裂纹扩展速率明显加快;WOL 试验未能体现出材料氢脆的发生,可能是由于静态试验条件下,试样表面金属氧化膜阻碍了氢气的扩散,也有可能是由于静态条件下试样产生的位错较少,不利于氢原子的扩散。Hardie 等[37]通过电化学充氢的方法,研究了 X60、X80 和 X100 管线钢的氢脆敏感度,结果表明,充氢后材料塑性明显降低,当充氢电流较低时,材料塑性的降低程度与材料强度关系较小,而当充氢电流密度达到某一限度时,随着材料强度的增大,材料氢脆的敏感度显著增大,故对埋地管道采用阴极电保护时,应重点关注电流密度。Nanninga 等[38]针对 X52、X65 和 X100 三种管线钢材料,开展了 13.8MPa 的高压氢环境下的慢应变速率拉伸试验,结果表明,与空气环境相比,氢环境下断裂的试样具有显著变小的断后伸长量和断面伸缩量,但材料屈服强度和抗拉强度变化很小,并且氢脆随着管线钢强度的增大逐渐加剧。

3.2.1.2　设计方法

　　氢气管道直管段设计公式如下:

$$p = \frac{2St}{D}FETH_f \tag{3-1}$$

　　式中,p 为设计压力,MPa,规定设计压力不得超过管道试验压力的 85%,对于管道复验压力超过初始试验压力的情况,设计压力应不超过复验压力的 85%,设计压力一般为最大工作压力的 1.05～1.10 倍;S 为最小屈服强度,MPa;t 为公称壁厚,mm;D 为公称直径,mm;F 为设计系数,依据表 3-2 选取;E 为轴向接头系数,对于 API 5L 系列管线钢,$E=1.0$;T 为温度折减系数,依据表 3-3 选取;H_f 为材料性能系数,依据表 3-4 选取。

表3-2　设计系数 F

区域等级		等级 1	等级 2	等级 3	等级 4
F	方法 A	0.50	0.50	0.50	0.40
	方法 B	0.72	0.60	0.50	0.40

表3-3　温度折减系数 T

温度/℃	<121.1	148.9	176.7	204.4	232.2
T	1.000	0.967	0.933	0.900	0.867

表3-4　材料性能系数 H_f(API 5L)

设计压力/MPa	<6.895	13.79	15.169	16.548	17.927	19.306	20.685
X42、X52	1.0	1.0	0.954	0.910	0.880	0.840	0.780
X56、X60	0.874	0.874	0.834	0.796	0.770	0.734	0.682
X65、X70	0.776	0.776	0.742	0.706	0.684	0.652	0.606
X80	0.694	0.694	0.662	0.632	0.610	0.584	0.542

注：　设计压力处于中间数值时采用插值法取值。

　　ASME B31.12—2014 中规定输氢管道可采用两种不同的设计方法，分别为规范化设计方法（方法 A）和基于材料性能的设计方法（方法 B）。方法 A 与天然气管道设计方法基本相同，但氢气管道设计公式涉及的设计系数 F 取值较小，目的也是增加氢气管道的安全性。方法 B 依据 ASME BPV Code Section Ⅷ，Division 3 中 Article KD-10 的试验要求，规定材料必须开展室温氢环境下材料应力强度因子门槛值 K_{th} 的测试试验，需满足与氢环境相容性要求。

3.2.1.3　铺设要求

　　标准规定地下管线主管道埋深不得低于 914.4mm，管线与其他地下结构设施的间距不得少于 457.2mm，不同地质条件下的地下管线埋深要求如表 3-5 所示。

表3-5　地下管线埋深要求

位置区域	正常开挖地段	石方地段	农田地段
最小埋深/m	914.4	609.6	1219.2

　　为防止第三方对埋地管线造成人为损坏，可采取以下方法：①使用物理屏障或标记，如管道上方铺设混凝土或钢板、管道两侧垂直铺设混凝土板且延伸至地面以上、采用抗破坏较强的涂层材料和在管道所在位置设置标记；②增大埋地深度或增大管道壁厚；③管道铺设方向尽可能与道路、铁路等路线平行或垂直。

　　对于高压氢输送管线，与压缩机或氢源连接的管段必须设置具有足够容量的压力调节设备，以保证其工作压力不得大于最大许用操作压力，相关设备主要包括泄压阀、监测调节器、限压调节器、自动截止阀等。阀件的安装间距要求如表 3-6 所示，阀件的安装位置应保证足够的通风条件，不得安装于受限空间内。

表3-6　阀件的安装间距要求

区域等级	等级 1	等级 2	等级 3	等级 4
间距要求	<32.4km	<24.3km	<16.2km	<8.1km

注：　允许安装间距做微小的调整，以保证阀门具有合理的安装位置。

3.2.2　掺氢天然气管道安全

　　我国风力资源规模大，远离负荷中心，大规模风电消纳问题更为突出。通过大规模风电制氢，并将氢以一定比例掺入天然气，组成掺氢天然气（HCNG），然后再利用现有的天然气管网进行输送，被认为是解决大规模风电消纳问题的有效途径。掺氢天然气可被直接利用，也可将氢与天然气分离后分别单独使用，该方式被认为是实现氢较低成本远距离输送的方法。典型的天然气管道输送系统如图 3-6 所示。通过集气管道汇集的天然气需经处理以达到一定的要求，再提升至一定压力后通入天然气管网进行储运配送，最终输送到天然气的使用终端，如工业涡轮机、民用燃气设备及加气站（作为交通燃料）等。

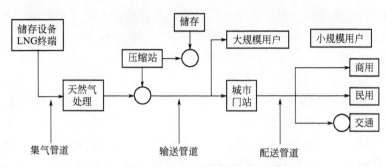

图 3-6 典型的天然气管道输送系统

天然气管网包括输送管道（长输管道）、配送管道以及一些调压设备、储存设备等。输送管道实现城际之间的天然气远距离输送，输送压力较高（约 4～12MPa，有些达到14MPa，我国西气东输三线输送压力达到 12MPa），使用强度等级较高的钢材，如 X52、X56、X60、X65、X70 及 X80 等，一些国家正积极研发使用更高强度等级钢。输送管道中的高压气体经过减压站后进入配送管网，配送管道则将输送管道输送来的天然气以较低压力（通常小于 1MPa，小部分达到 3MPa）输送到终端使用设备，通常分为配送干线管道和配送民用管道。配送管道使用了多种材料，如铸铁、铜、钢和非金属材料，其中使用的钢通常是低强度钢，如 API5LA、API5LB、X42 和 X46，使用的非金属材料有聚乙烯（PE63、PE80、PE100）、聚氯乙烯（PVC）及其他弹性体材料等。应当指出，虽然各国使用的钢材牌号大体相同，但由于各国材料的冶炼水平及制造水平等有所不同，即使同牌号钢材在性能上也有一定的差别。

由此可见，现有天然气管网材料类型多，使用环境差异大，操作压力不一，将氢气掺入天然气管网面临着复杂的安全问题，其中最为主要的为掺氢天然气与天然气官网的相容性问题。各国对管网输送的天然气气质要求有所不同，天然气成分的不同和氢的加入对管网材料的影响程度也存在差异。因此，在研究掺入氢气的影响时，应根据管网实际的输送气体成分开展论证，不可盲目照搬其他国家的研究成果。本节分别从掺氢天然气与输送管道、配送管道以及其他设备（调压设备、储存设备等）三个方面的相容性研究展开介绍。

3.2.2.1 输送管道

高压输送管道用钢，因其在操作压力下会产生较高的应力，且钢材强度较高易发生氢脆的特点而成为研究的重点。总体上，氢对钢材的屈服强度和抗拉强度影响较小，而会使材料的塑韧性降低。普通管道等级碳钢 API 5L X52 和 ASTM A106 等级钢已经广泛应用于低压氢气的输送，几乎没有出现问题。通过电化学充氢、气相预充氢或者氢气环境下动态气相充氢等方式研究表明[39-42]：氢对 X52、X60、X65、X70、X80、X100 的屈服强度和极限抗拉强度的影响较小，而断面收缩率和断后伸长率显著减少。在 5.5MPa 氢气中进行的试验表明：X100 断面收缩率由 75％降低到 30％左右，而 X60、X70、X80 的断面收缩率由 70％～90％下降到 30％～60％之间，随着氢气压力的继续增加，氢气对断面收缩率的影响基本保持不变。

氢气的掺入会对管线钢材的断裂和疲劳性能产生显著的影响，掺入的氢会使钢的断裂韧性减小。通过电化学充氢，针对带缺口试样的管道钢材 X52、X70、X100 的试验表明：存在氢浓度临界值，当钢中氢浓度小于临界值时，氢对裂纹起裂和完全断裂时的应力强度影响较小；而当氢浓度超过该临界值时，对裂纹产生与扩展的影响增大园。此外，掺入氢会加速裂纹扩展，降低门槛循环应力强度因子 ΔK，并降低疲劳寿命。这种影响与氢的分压大小、应力循环特性系数、加载频率及微观组织结构等有关。在加载频率 1Hz、应力循环特性系数 0.5 时，不同压力（1.7～21.0MPa）氢气环境下，X100、X52 的疲劳裂纹扩展速率均提高了一到两个数量级，而在 21MPa 氢气环境下，X80、X60 的疲劳扩展速率提高了约 20 倍（应力强度因子 $\Delta K > 12\text{MPa} \cdot \text{m}^{0.5}$）。氢对焊接区域也有一定的影响，焊接区和热影响区的硬度水平必须进行控制，以保证它们在充氢环境下具有足够的韧性。

可见，氢气对天然气管道材料力学性能影响较大，而在掺氢天然气管道输送时，氢的影响程度与管道操作压力及掺氢的比例等有关。有研究表明 1.7MPa（10MPa 管网掺入 17% 氢气时，其分压达到 1.7MPa）的氢气也会使疲劳裂纹扩展速率增加一到两个数量级。浙江大学研究了掺氢比例为 5%、10% 的氢与二氧化碳混合气体对 X80 钢的影响，结果亦表明疲劳裂纹扩展速率显著增大，低周疲劳寿命显著降低。

目前，针对掺氢天然气环境下材料相容性的研究较少，无法考虑氢气与硫化氢、一氧化碳及二氧化碳等气体的综合影响。此外，各国之间大然气成分、管道工况、使用历史存在差别，天然气管道材料性能也存在一定的不同，因此不可盲目照搬国外研究成果。我国尚无相关掺氢比例下管道材料力学性能的劣化规律数据。因此，必须研究一定掺氢比例下的管道材料的力学性能，确定我国天然气管网可接受的安全的掺氢比例。

3.2.2.2　配送管道

对于配送管道中使用的低强度钢，其主要的氢损伤是韧性损减和氢鼓泡。氢损伤的严重程度主要取决于氢浓度和操作压力。因此对于所处压力较低、具有较低应力的配送管道，发生氢损伤的风险较低。球墨铸铁、铸铁、锻造铁及铜等制造的配送管道，在天然气配送系统的常规工况下不需要关注氢损伤问题。

天然气管网中的非金属配送管网，操作压力一般低于 1MPa。研究表明，氢对聚乙烯管道的影响较小，材料在氢环境中长期服役性能未出现退化现象，其微观组织结构也未发生显著变化日，很少或没有氢气（或其他任何非极性气体）与聚乙烯管道发生相互作用。此外，大部分的弹性体材料也与氢有良好的相容性。故掺氢天然气与现有天然气管道使用的非金属材料相容性较好。

3.2.2.3　其他设备

此外，尚需研究天然气管网中储存设备及动设备等与掺氢天然气的相容性。储存设备主要是天然气储罐、储气井，目前尚未见这方面的研究成果。考虑的动设备主要是压缩机，用在天然气管网中对气体进行加压调压。活塞式压缩机的动力机构是独立于工作介质工作的，而离心式压缩机的动力机构则与氢气接触。为满足相同能量需求，掺入氢气后离心式压缩机的旋转速度需提高，该旋转速度会受到材料强度的限制，而该强度也会受到掺入气体中的氢的影响。此外，管网中使用的涡轮机也会受到掺入氢气的影响，尚需进一步研究。

3.3　氢储运设备风险评价

风险评价以危险源辨识为基础，对于氢储运设备，其运行过程中的危险源主要包括：

① 氢气的易泄漏性、易燃性和易爆性　由于氢气的密度很小，高压氢气储运设备中的氢气极易泄漏。如果在开放空间，对安全有利，但是一旦散逸受阻，大量氢气积聚，可能造成人员窒息。泄漏氢气在空间中扩散，达到一定浓度的时候遇火就会燃烧，甚至爆炸。此外，氢气是一种无色、无味、无毒的气体，人体一般不能自动感知到氢气的存在，燃烧的氢气在白天是不可见的。

② 压力危险　高压氢气储运设备一般都在几十兆帕下使用，储存着大量的能量。因超温、充装过量等原因，设备有可能强度不足而发生超压爆炸。车用储氢容器和高压氢气运输设备，需要频繁重复充装，不但原有的裂纹类缺陷有可能扩展，而且可能在使用过程中出现新的裂纹，导致疲劳破坏。

③ 充装危险　高压氢气储运设备在充装气体的时候，气体介质在压力降低时会放出大量的热量，通过热的传递过程，使得设备的各连接部分温度升高。温度过高可能会使充装气体的人员受到损害，同时也改变了设备承压材料的本构关系，影响到承压能力。

此外高压氢气储运设备的管理、人员培训以及设备使用的环境都给设备带来风险。

3.3.1　风险评价方法

风险评价方法主要分为定性风险评价和量化风险评价[43]。定性风险评价为经验式的风险评估，将专家分析讨论后得到的结果与风险矩阵进行对比，以获得相应的风险等级，可快速确定主要危险源；量化风险评价是对风险的定量评价，可以科学地评价氢能系统或某一具体事故的风险值（个人风险和社会风险），为风险减缓措施提供指导和建议，还可以直接应用到氢安全相关标准的制定，如安全距离的确定，现阶段已成为氢风险评价的主流方法。

3.3.1.1　定性风险评价

首先需要从介质角度来评价氢气。众所周知的 1929 年兴登堡号氢气飞艇爆炸，使得氢能的发展受到了很大的影响，氢气的安全性能受到很多方面的质疑。通过对兴登堡氢气飞艇事故的研究，发现引起燃烧并造成严重事故的主要原因并不是氢气本身，而是该飞艇采用的齐柏林式的结构，其表面材料和空气摩擦产生静电是最有可能的致因，燃烧的主要成分还是飞艇的表面材料，大部分氢气已经散逸。对比氢气和汽油的性质可以得出，氢气的燃烧热值和燃烧爆炸范围都要比汽油大，但是由于氢气的密度极低，其散逸性能很好，燃烧速率很快，较难发生爆炸事故，可以得出氢气的危险性能比汽油要低。

还需要采用定性评价对高压储氢设备进行风险辨识。从可能发生氢气泄漏以及造成火灾、爆炸事故的原因进行分析，找出设备使用过程中存在的具有危险因素的操作方式和设备本身可能导致储氢设备出现严重事故的缺陷。这其中最关键的是要建立这些高压储氢设备的风险准则。EIHP（欧洲联合氢能项目）建立了针对氢充装站的快速风险评级方法（rapid risk ranking，RRR）。这一方法可以用来对高压氢气充装站内的固定式高压氢气储运设备进行安全评价，图 3-7 是其评价流程。通过危险发生可能性分析将风险分为 5 级，通过后果分析也分为 5 级，这样形成一个 5×5 的风险矩阵，危险程度就可以从矩阵中得出（见表 3-7，表中 H 为高风险，M 为中等风险，L 为低风险）。这一方法的原理基本上与 RBI（risk based on inspector）的相同，但是运用到氢气充装站上的设备，特别是用到高压储氢设备中，这类安全评价没有很多经验可循，还需要进行很多工作，如危险发生可能性分析与后果分析都缺少大量的实证数据。

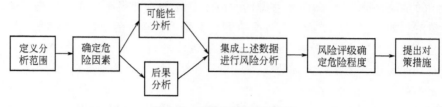

图 3-7　RRR 风险评价流程

表3-7　风险矩阵

危险程度	危险发生可能性			
	＜0.1%	0.1%～1%	1%～10%	10%～1
重大事故	H	H	H	H
严重损失	M	H	H	H
大型伤害	M	M	H	H
一般伤害	L	L	M	M
轻微伤害	L	L	L	M

3.3.1.2　量化风险评价

通过定性评价，可以明确这类设备的危险有害因素，但是定性评价受到主观因素的影响，且不能准确地表示危险因素的危害程度与范围。通过一些理论推算和事故模拟等方法可以推测出在这些情况下的危险有害范围和程度，并为风险控制采取手段的强弱提供依据。量化风险评价（quantitative risk assessment，QRA）是对风险的定量评价，可以科学地评价氢能系统或某一具体事故的风险值（个人风险和社会风险），为风险减缓措施提供指导和建议，还可以直接应用于氢安全相关标准的制定，如安全距离的确定，现阶段已成为氢风险评价的主流方法，评价流程如图 3-8 所示。

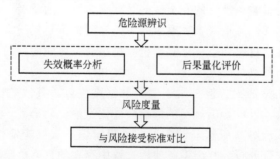

图 3-8　量化风险评价流程

针对固定式高压储氢容器，浙江大学[44-46]提出了高压储氢罐射流的数值模拟方法，研究了环境温度对高压储氢罐泄漏扩散的影响规律，以及泄漏位置和障碍物对高压氢气泄漏扩散的影响，在此基础上进一步针对加氢站开展了氢气泄漏爆炸事故模拟研究，研究不同环境风速对高压氢气泄漏爆炸事故的影响规律；同济大学课题组[43,47]对加氢站灾难条件下氢气泄漏事故进行了研究，得出了瞬时泄漏和大孔径连续泄漏条件下的有害影响距离值。在上述研究的基础上，研究人员针对我国首座外供氢加氢站上海安亭加氢站进行了安全风险评估，并提出了若干安全改进措施。世博期间为保障世博氢能汽车示范的顺利运营，针对世博加氢站开展了量化风险评价，并扩展进行了风险不确定性分析。

针对车载储氢容器，Venetsanos 等[48]模拟研究了压力分别为 20MPa、35MPa、70MPa 的氢燃料电池汽车，在城市开放街道以及半封闭的隧道内的氢泄漏爆炸过程，对比分析了不同压力、空间阻塞度以及 TPRD（定向热泄压装置）失效程度下的事故后果。Pitts 等[49]在真实尺寸的双车位住宅车库模型中进行了无车与有车两种情况的氢气泄漏和点燃试验，试验表明：当无车时，泄漏开始阶段氢气浓度随位置升高而增大，呈现浓度梯度，车库顶部浓度最高，泄漏一段时间后，浓度梯度逐渐缩小，直至车库中均匀充满氢气；当有车时，氢气从车库中汽车底部开始泄漏，竖直方向上浓度分散较为均匀，梯度不大，但由于氢气在汽车底部积聚，点燃产生的破坏较无车时更为严重。

针对氢气输送管道，刘延雷等[50]基于有限体积法，建立了管道运输高压氢气及天然气的泄漏扩散模型，考虑到氢气与天然气的管道泄漏事故危险性不同，进行了数值模拟与对比，得出了管道泄漏后氢气与天然气的不同泄漏扩散特性。结果表明：高压氢气的泄漏扩散形成的危险云团较大而且集中；氢气初始的泄漏速度比天然气大得多，与周围环境达到压力平衡所需时间较天然气短；随着扩散时间的增加，氢气危险气体云团扩散最大高度较天然气增加得快；在近地面区氢气泄漏扩散产生的危险后果较天然气小。Wilkening 等[51]对比分析了埋地氢气管线与天然气管线发生泄漏事故后泄漏规律的不同，并结合能量的观点，讨论了氢气与天然气泄漏事故中可燃能量与总体化学能比值的差异。赵博鑫等[52]利用 DNV PHAST 软件对不同程度的管道泄漏和扩散进行模拟分析，通过管道 10mm 穿孔、管道直径的 20%～50%破裂程度对比，确定天然气及氢气管道泄漏后的扩散状态及影响范围，以及发生爆炸及燃烧后对周围的热辐射影响距离。

针对掺氢天然气输送管道，NaturalHy 项目[53]研究表明：掺入高达 50%的氢后，在使用适当的完整性管理系统时，管道发生故障的概率与仅输送天然气时相比保持不变，然而点火概率会增高。氢的加入会增加靠近管道处的危险程度，但会减少危险区域的范围。GTI[54]基于 NaturalHy 获得的数据等结果，利用美国地区对配送管道失效的统计数据定量评估了配送管道输送不同比例的掺氢天然气的风险，结果表明，掺氢会使天然气配送管网的整体风险增加，掺入 50%氢时，风险增加较小，但掺入超过 50%的氢就会使风险显著增加。在 IEA 报告中针对掺氢天然气进行了风险分析，指出掺入 25%氢的混合气体在良好监管情况下不会增加爆炸引起的危险。

3.3.2　风险控制策略

按照《特种设备监察条例》的规定，高压氢气储运设备属于特种设备，其风险很大，必须采取有效的措施进行控制。

3.3.2.1　提高设备本质安全

采用多种控制手段，达到设备与环境、设备与人的本质安全，做到解决事故致因，防患于未然，是高压氢气储运设备风险控制的重要方面。

① 结构设计　在高压储氢设备中，可能出现焊接部位。焊接过程中可能产生未焊透、夹渣等缺陷，降低了接头的承载能力，焊接接头是承压设备中的薄弱环节。为提高安全性，

应尽量减少焊接接头,特别是深厚焊缝。同样牌号的钢材,钢带的力学性能优于薄钢板,薄钢板又优于厚钢板。因此,采用钢带或薄钢板可提高力学性能。

不同类型的高压储氢设备受其具体使用情况和设计参数的影响,需要安放对设备的约束。过多的约束会使设备本身的刚度分布改变,可能造成局部区域的承载能力下降;过少的约束,会导致设备的约束强度不够而脱离等不利情况。

② 应力控制 结构中的曲率变化较大的地方容易产生较大的应力,通过优化设计,改善储氢设备,特别是高压储氢容器的轮廓,使其不产生较大的应力集中区域,造成容器整体失效。断裂理论研究表明,应力水平越低,材料对缺陷的敏感性也越低。当应力水平低于某一水平时,即使高压氢气储运设备中的缺陷穿透壁厚,也不会发生快速扩展,只会出现泄漏,即达到"未爆先漏"。

③ 超压保护 在高压储氢设备中设置超压保护装置可以很好地解决充装和储运中高压氢气的压力风险。设备出现超压时,超压控制系统可以及时地调整和关闭系统中氢气的通道,截断超压源,同时泄放超压气体,使系统恢复正常。

3.3.2.2 加氢过程风险控制

高压储氢时的加氢过程是一个储氢气源与使用单元的物质和能量交换过程,即使大量的高能气体进入空气瓶中的过程。如果在这一过程中没有掌握好操作和密封问题,就有可能导致储氢设备出现危险。

美国标准 DOT3A 和 3AA 中对于氢气在无缝气瓶中的充装作了很多规定:要求氢气的操作由专业人士来完成;高压储氢设备的连接部分要有较好的密封性;在燃料电池汽车中使用的氢气纯度一般都达到了 99.99% 以上,一方面要防止氢气与杂质的反应,另一方面要防止毒化燃料电池,所以在高压氢气的管路中不能出现油污等杂质;氢气气瓶首次使用的时候应进行抽真空处理;储氢高压气瓶不能受到冲击作用;在使用氢气的场合不能有火星等等。加氢装置中能引起氢气泄漏的原因很多,要在系统关键部位中安装气体探测器实时监测系统中的气体,以及安装压力传感器来监测储罐和管道中的气体压力。

对于使用金属内衬的高压储氢气瓶就需要参照这两个标准中的一些规定,全复合的高压储氢气瓶在 DOTFRP-1 和 FRP-2 中也有相应的一些规定,但是与 DOT3A 和 3AA 一样,都将氢气的压力限制在 20MPa 以下。我国的汽车用压缩天然气钢瓶的压力也限制在 20MPa 以下,而且不包含复合材料气瓶。车用高压储氢的压力一般都大于这样的压力限制,所以 S0、美国和欧盟等都在这方面的标准制定中做积极的工作。

3.3.2.3 输运过程风险控制

输运和车用的储氢设备必须考虑动载荷对设备本身的影响,设备要做减振的措施,增强保护。由于振动等的影响,这类设备的阀门可能会受到一定的影响,配备在输运和车用上的储氢设备必须进行严格检查后才能使用。输运与车用时,高压储氢设备处于移动状态,如果发生事故其危害性更强。除了在储氢设备中要进行安全状态监控外,还应在驾驶室、车体外部增加气体探测器等。

参 考 文 献

[1] Ramin Moradi, Groth Katrina-M. Hydrogen storage and delivery: Review of the state of the art technologies and risk and reliability analysis [J]. International Journal of Hydrogen Energy, 2019, 44 (23): 12254-12269.

[2] 倪萌. 氢存储技术 [J]. 可再生能源, 2005 (1): 35-37.

[3] 范士锋. 金属储氢材料研究进展 [J]. 化学推进剂与高分子材料, 2010 (2): 15-19.

[4] 郭浩, 杨洪海. 固体储氢材料的研究现状及发展趋势 [J]. 化工新型材料, 2016 (9): 19-21.

[5] 盛雪莲. 氢能源的储存发展研究及液态储氢的容器技术 [J]. 科技经济市场, 2010 (7): 21-22.

[6] Hervé Barthélémy. Hydrogen storage-Industrial prospectives [J]. International Journal of Hydrogen Energy, 2012, 37 (22): 17364-17372.

[7] 王洪海. CNG 加气站无缝瓶式容器的安全设计 [J]. 化工设备设计, 1999 (6): 22-29.

[8] 黄宁. 钢制无缝高压容器的设计和制造 [J]. 压力容器, 1999 (4): 57-59.

[9] 郑津洋, 徐平, 陈瑞, 等. 多功能全多层高压氢气储罐的安全可靠性分析 [J]. 中国湖北武汉, 2006: 5.

[10] 郑津洋, 陈瑞, 李磊, 等. 多功能全多层高压氢气储罐 [J]. 压力容器, 2005 (12): 25-28.

[11] 许辉庭. 加氢站用多功能全多层高压储氢容器研究 [D]. 杭州: 浙江大学, 2008.

[12] Zhou Li. Progress and problems in hydrogen storage methods [J]. Renewable & Sustainable Energy Reviews, 2005, 9 (4): 395-408.

[13] Dalebrook A-F, Gan W, Grasemann M, et al. Hydrogen storage: beyond conventional methods [J]. Chemical Communications, 2013, 49 (78): 8735-8751.

[14] 开方明. 铝内衬轻质高压储氢容器强度和可靠性研究 [D]. 杭州: 浙江大学, 2007.

[15] ZhaoYongzhi, Zhou Chilou, Hua Zhengli, et al. Comparative study on thermal behavior of 70 MPa type Ⅲ and Ⅳ cylinders for hydrogen vehicle [J]. International Journal of Hydrogen Energy, 2013.

[16] ISO/TS 15869: 2009 Gaseous hydrogen and hydrogen blends -Land vehicle fuel tanks [S].

[17] JARI S001—2004 车用高压储氢气瓶技术标准 [S].

[18] GB/T 35544—2017 车用压缩氢气铝内胆碳纤维全缠绕气瓶 [S].

[19] 雷闽, 李文春, 梁勇军. 车用压缩天然气全复合材料气瓶缺陷分析 [J]. 压力容器, 2010, 27 (3): 56-61.

[20] Liu Pengfei, Xu Ping, Zheng Jinyang. Artificial immune system for optimal design of composite hydrogen storage vessel [J]. Computational Materials Science, 2010, 47 (1): 261-267.

[21] Xu Ping, Zheng Jinyang, Chen Honggang, et al. Optimal design of high pressure hydrogen storage vessel using an adaptive genetic algorithm [J]. International Journal of Hydrogen Energy, 2010, 35 (7): 2840-2846.

[22] Lei Zhao, Liu Yanlei, Yang Jian, et al. Numerical simulation of temperature rise within hydrogen vehicle cylinder during refueling [J]. International Journal of Hydrogen Energy, 2010, 35 (15): 8092-8100.

[23] Zhao Y Z, Liu G S, Liu Y L, et al. Numerical study on fast filling of 70MPa type III cylinder for hydrogen vehicle [J]. International Journal of Hydrogen Energy, 2012, 37 (22): 17517-17522.

[24] Zheng J Y, Guo J X, Yang J, et al. Experimental and numerical study on temperature rise within a 70 MPa type Ⅲ cylinder during fast refueling [J]. International Journal of Hydrogen Energy, 2013, 38 (25): 10956-10962.

[25] 郑津洋, 别海燕, 陈虹港, 等. 纤维缠绕高压氢气瓶火烧温升试验及数值研究 [J]. 太阳能学报, 2009, 30 (2): 28-34.

[26] 刘延雷, 郑津洋, 韦新华, 等. 复合材料氢气瓶快充过程温升控制方法研究 [J]. 太阳能学报, 2012, 33 (9): 1621-1627.

[27] Bie Haiyan, Li Xiang, Liu Pengfei, et al. Fatigue life evaluation of high pressure hydrogen storage vessel [J]. International Journal of Hydrogen Energy, 2010, 35 (7): 2633-2636.

[28] Liu Yanlei, Zheng Jinyang, Xu Ping, et al. Numerical simulation on the diffusion of hydrogen due to high pressured storage tanks failure [J]. Journal of Loss Prevention in the Process Industries, 2009, 22 (3): 265-270.

[29] 中国氢能联盟. 中国氢能源及燃料电池产业白皮书 [M]. 北京: 中国标准出版社, 2019.

[30] USDRIVE. Hydrogen Delivery Technical Team Roadmap [R]. California: Hydrogen Delivery Technical Team (HDTT), 2017.

[31] Fekete James-R, Sowards Jeffrey-W, Amaro Robert-L. Economic impact of applying high strength steels in hydrogen gas pipelines [J]. International Journal of Hydrogen Energy, 2015, 40 (33): 10547-10558.

[32] 毛宗强. 将氢气输送给用户 [J]. 太阳能, 2007 (4): 18-20.

[33] 中国标准化研究院, 全国氢能标准化技术委员会. 中国氢能产业基础设施发展蓝皮书 [M]. 北京: 中国质检出版社, 中国标准出版社, 2016.

[34] Tzimas E, Castello P, Peteves S. The evolution of size and cost of a hydrogen delivery infrastructure in Europe in

the medium and long term [J]. International Journal of Hydrogen Energy, 2007, 32 (10): 1369-1380.

[35] Moro I, Briottet L, Lemoine P, et al. Hydrogen embrittlement susceptibility of a high strength steel X80 [J]. Materials Science & Engineering A, 2010, 27 (527): 7252-7260.

[36] Briottet L, Moro I, Lemoine P. Quantifying the hydrogen embrittlement of pipeline steels for safety considerations [J]. International Journal of Hydrogen Energy, 2012, 37 (22): 17616-17623.

[37] Hardie D, Charles E-A, Lopez A-H. Hydrogen embrittlement of high strength pipeline steels [J]. Corrosion Science, 2006, 48 (12): 4378-4385.

[38] Nanninga N-E, Levy Y-S, Drexler Elizabeth-S, et al. Comparison of hydrogen embrittlement in three pipeline steels in high pressure gaseous hydrogen environments [J]. Corrosion Science, 2012: 591-599.

[39] Bae Dong-Su, Sung Chi-Eun, Bang Hyun-Ju. Effect of highly pressurized hydrogen gas charging on the hydrogen embrittlement of API X70 steel [J]. Metals & Materials International, 2014, 20 (4): 653-658.

[40] Nanninga N-E, Levy Y-S, Drexler E-S, et al. Comparison of hydrogen embrittlement in three pipeline steels in high pressure gaseous hydrogen environments [J]. Corrosion Science, 2012, 59 (none): 9.

[41] Briottet L, Batisse R, de Dinechin G, et al. Recommendations on X80 steel for the design of hydrogen gas transmission pipelines [J]. International Journal of Hydrogen Energy, 2012, 37 (11): 9423-9430.

[42] Bae Dong-Su, Sung Chi-Eun, Bang Hyun-Ju. Effect of highly pressurized hydrogen gas charging on the hydrogen embrittlement of API X70 steel [J]. Metals & Materials International, 2014, 20 (4): 653-658.

[43] 李志勇, 潘相敏, 马建新. 加氢站氢气事故后果量化评价 [J]. 同济大学学报（自然科学版）, 2012, 40 (2): 286-291.

[44] 李静媛, 赵永志, 郑津洋. 加氢站高压氢气泄漏爆炸事故模拟及分析 [J]. 浙江大学学报（工学版）, 2015, 49 (7): 1389-1394.

[45] 郑津洋, 刘延雷, 徐平, 等. 障碍物对高压储氢罐泄漏扩散影响的数值模拟 [J]. 浙江大学学报（工学版）, 2008, 42 (12): 2177-2180.

[46] 徐平, 刘鹏飞, 刘延雷, 等. 高压储氢罐不同位置泄漏扩散的数值模拟研究 [J]. 高校化学工程学报, 2008, 22 (6): 921-926.

[47] 李志勇, 潘相敏, 谢佳, 等. 加氢站风险评价研究现状与进展 [J]. 科技导报, 2009 (16): 93-98.

[48] Venetsanos A-G, Baraldi D, Adams P, et al. CFD modelling of hydrogen release, dispersion and combustion for automotive scenarios [J]. Journal of Loss Prevention in the Process Industries, 2008, 21 (2): 162-184.

[49] Pitts W-M, Yang J-C, Blais M, et al. Dispersion and burning behavior of hydrogen released in a full-scale residential garage in the presence and absence of conventional automobiles ☆ [J]. International Journal of Hydrogen Energy, 2012, 37 (22): 17457-17469.

[50] 刘延雷, 徐平, 郑津洋, 等. 管道输运高压氢气与天然气的泄漏扩散数值模拟 [J]. 太阳能学报, 2008, 29 (10): 1252-1255.

[51] Wilkening H, Baraldi D. CFD modelling of accidental hydrogen release from pipelines [J]. International Journal of Hydrogen Energy, 2007, 32 (13): 2206-2215.

[52] 赵博鑫, 朱明, 彭莹, 等. 基于 PHAST 软件模拟氢气、天然气管道泄漏 [J]. 石化技术, 2017, 24 (5): 48-50.

[53] Melaina M-W, Antonia O, Penev M. Blending Hydrogen into Natural Gas Pipeline Networks: A Review of Key Issues [J]. Durability, 2013.

[54] Dries Haeseldonckx, Haeseleer William D. The use of the natural-gas pipeline infrastructure for hydrogen transport in a changing market structure [J]. International Journal of Hydrogen Energy, 2007, 32 (10): 1381-1386.

第4章
氢燃料电池及系统安全

4.1 氢燃料电池氢气的安全性

氢燃料电池是以氢气为燃料的发电装置，因此在氢燃料电池系统中首要的安全问题就是氢气的安全。氢气特性如下：

① 泄漏性[1]　氢是最轻的元素，分子直径小，比液体燃料和其他气体更容易从小孔中泄漏。一旦发生泄漏，氢气就会迅速扩散。在空气中，氢气火焰几乎是看不到的。因此接近氢气火焰的人可能不知道火焰的存在，从而增加了危险性。

② 挥发性　与汽油、丙烷、天然气相比，氢气具有较大的浮力（快速上升）、较强的扩散性（横向移动）和快速挥发性。通常情况下，空气中很难聚集高浓度的氢，如果发生泄漏，氢气会迅速扩散，特别是在开放环境中，很容易快速逃逸，而不像汽油挥发后滞留在空气中不易疏散。美国迈阿密大学的 Swain 博士做过一个著名的试验，即两辆汽车分别用氢气和汽油作燃料，然后进行泄漏点火试验。点火 3s 后，高压氢气产生的火焰直喷上方，汽油则从汽车的下部着火；到 1min 时，用氢气作燃料的汽车只有漏出的氢气在燃烧，汽车没有大问题，而汽油车则早已成为大火球，完全烧光。所以氢气易挥发的性质，与普通汽油相比，更有利于汽车的安全。

③ 可燃性　氢气燃烧性能好、点燃快，与空气混合时有广泛的可燃范围，而且燃烧速度很快。

④ 爆炸性　氢气的爆炸极限是在 4%～75%（体积分数）之间，而甲烷的爆炸极限在 5%～15% 之间。也就是说，在使用中，氢气的体积浓度要保持在 4% 的燃烧下限以下，并安装探测器警报与排风扇共同控制氢气浓度。

⑤ 氢脆　是指金属在冶炼、加工、热处理、酸洗和电镀等过程中，或在含氢介质中长期使用时，材料由于吸氢或者氢渗透而造成力学性能严重退化，发生脆断的现象。

《氢气使用安全技术规程》规定了气态氢在使用、置换、储存、压缩与充（灌）装、排放过程以及消防与紧急情况处理、安全防护方面的安全技术要求。但要注意的是该标准适用于气态氢生产后的地面上各作业场所，不适用于液态氢、水上气态氢、航空用氢场所及车上供氢系统。

4.2 燃料电池汽车氢系统的安全性

国内外对燃料电池汽车制定了很多标准和规范，其中 65% 以上的内容是针对安全性的规定。燃料电池汽车的氢安全性，是指燃料电池汽车运行过程中车载氢系统的安全，主要包括高压供氢系统、燃料电池发电系统的安全性等。目前，为了保证车载氢系统的安全，各企业主要从材料选择、氢泄漏监测、静电防护、防爆、阻燃等方面进行控制和预防[2]。

一般情况下，为了防水、防尘、防振等要求，车用燃料电池电堆/模块均被放在一个外壳之内，由于氢气的以上特性，氢气容易在密闭空间积累产生爆炸，因此燃料电池电堆/模块的外壳必须具有一定的强制通风功能，以避免氢气累积造成的爆炸。氢脆也会导致燃料电池电堆/模块中和氢气接触的金属管路脆断，从而造成氢气的泄漏，因此外壳内要安装氢气报警器，以防止大量氢气泄漏造成的氢气爆炸危险。

4.2.1　材料安全防护

氢气与金属材料接触会发生氢脆效应，氢脆是溶于金属中的高压氢在局部浓度达到饱和后引起金属塑性下降，诱发裂纹甚至开裂的现象。氢在常温常压下并不会对钢产生明显的腐蚀，但在高温高压下，会发生氢脆，使其强度和塑性大大降低。如果与氢接触的材料选择不当，就会导致氢泄漏和燃料管道失效。目前，高压储氢瓶选择铝合金或合成材料来避免氢脆的发生。例如，丰田 Mirai 储氢瓶采用高强度的混合材料，由三层结构组成，最内层材料是高强度聚合物，中层是强化碳纤维和高强度聚合物的混合材料，外层是玻璃纤维和高强度聚合物的混合材料。其他厂家也有类似的设计，例如昆腾（Quantum）和丁泰克（Dynetek）现在出售的塑料内胆和铝内胆碳纤维缠绕的高压储氢瓶具有重量轻、单位质量储氢密度高等优点，与钢制容器相比很好地解决了氢脆问题。国内的燃料电池汽车高压氢瓶主要采用铝内胆加碳纤维缠绕的Ⅲ型气瓶。各种燃料管道以及阀件也都采用适用于氢介质的材料，如抗氢脆的不锈钢（316L，耐压大于 34.48MPa）、铝合金材料或聚合物，并且储瓶、管道及阀件所能承受的压力留有足够的安全余量，储氢瓶的安装及高压氢气连接管材质均应符合相关规范的安全要求。这些材料的使用，均可避免氢脆的发生。GB/T 23606—2009 规定了铜氢脆的检验方法。具体步骤如下：①将制备好的试样放在还原性氢气氛的炉内加热，在 820～850℃下保温至少 20min，然后将试样在同样气氛中自然冷却或水冷到室温。②闭合弯曲试验。将①处理后的试样在室温下进行闭合弯曲试验，如图 4-1 所示。材料的原始表面应在弯曲的外侧，试验时，先将试样弯成

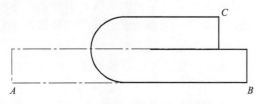

图 4-1　闭合弯曲试验示意图

"U"形，然后将试样两端压到一起，达到最终贴合（注：对于直径小于等于 8mm 的管状试样，在进行闭合弯曲试验之前，应在具有平表面的台钳上压扁，使管壁间完全贴合）。当试样的外侧出现裂纹时，则判定材料存在氢脆。③反复弯曲试验。将①处理后的试样，在室温下进行反复弯曲试验，弯曲时，应使材料的原始表面承受最大的应力。将试样轻轻地夹持在带刃口的钳嘴里，刃口半径约为被测试样厚度（或半径）的 2.5 倍。试样向虎钳刃口的某一边弯曲 90°，然后返回原来位置，这样就完成了一次弯曲，然后向相反的方向弯曲 90°，再回到原来位置，完成了第二次弯曲，以此类推，试样每次弯曲的方向都与前一次相反。试样应能经受产品标准中所规定的弯曲次数而不致破断成两半，若材料不能达到相应规定的反复弯曲次数，则判定材料存在氢脆。④金相检验。将①处理后的试样，冷却到室温后直接在显微镜下放大 200 倍的明场下进行检验。材料受检面显示出沿晶界开裂的现象时，则判定材料

存在氢脆。⑤仲裁检验。对材料是否存在氢脆发生争议时，以反复弯曲方法作为仲裁检验。

4.2.2 元器件防护

为了防止电路中产生电火花点燃氢气而发生燃烧或爆炸事故，燃料电池汽车的电气元件、管路、阀体均采用相应的防爆、防静电、阻燃、防水、防盐雾材料。例如，燃料电池汽车的氢检测传感器均选用防爆型，而不用触点式传感器，因为触点式传感器在氢气含量达到设定值时通过触点的动作输出信号，容易产生触点火花而引发事故；为了防止继电器触点动作时发生电弧放电而点燃氢气，氢安全处理系统中所用的继电器选用防爆固态继电器；元器件的防水防尘等级为 IP67，以后将逐步提高；线束材料的阻燃级别为垂直燃烧 V0 级和水平燃烧 HB 级，均为最高等级要求。

4.2.3 氢系统安全防护

氢系统的防护措施主要是对高压储氢瓶及氢气管路进行安全设计，安装各种安全设施。燃料电池氢系统如图 4-2 所示[2]。燃料电池汽车的氢系统安全防护体系由排空管、安全阀、手动截止阀、单向阀、泄压球阀、碰撞传感器、温度传感器、压力传感器、电磁阀、碰撞传感器等构成，并在监控系统中设定相应的防护值，一旦发生异常状况，则通过氢系统控制器将各种监控信息传递给各种安全设施，及时断开或关闭，使燃料电池汽车处于安全状态。

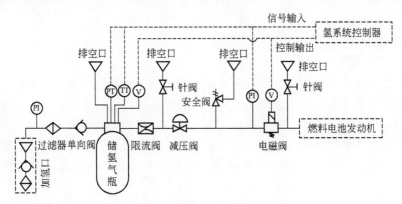

图 4-2 燃料电池氢系统示意图

氢系统的部件主要包括加氢口、氢气过滤器、单向阀、减压阀、电磁阀、排空口、限流阀、安全阀、针阀、温度传感器、压力传感器和氢系统控制器等。

氢系统的安全设施的主要功能如下：

① 气瓶安全阀 当储氢瓶氢气压力超过设定值后能自动泄压。如瓶体温度由于某种原因突然升高造成瓶内气体压力升高，当压力超过安全阀设定值时，安全阀自动泄压，保证气瓶在安全的工作压力范围之内。

② 温度传感器 通过气体温度的变化判断外界是否有异常情况发生。如果气体温度突然急剧上升，若非温度传感器故障，则在气瓶周围可能有火警发生，可通过氢系统控制器立即报警。

③ 气瓶电磁阀 气瓶电磁阀为 12V 直流电源驱动，无电源时处于常闭状态，主要起开关气瓶的作用，与氢气泄漏报警系统联动。当系统正常通电工作时，电池阀处于开启状态，一旦泄漏氢气浓度达到保护值则自动关闭，从而达到切断氢源的目的。

④ 手动截止阀　通常处于常开状态，当气瓶电磁阀失效时可以手动切断氢源。电磁阀和手动截止阀联合作用，可有效避免氢气泄漏。

⑤ 压力传感器　用于判断气瓶中剩余氢气量，保证车辆的正常行驶。当压力低于某值时可以提示驾驶员加注氢气。

⑥ 加气口　在加注时与加氢机的加气枪相连，具有单向阀的功能。

⑦ 单向阀　在加气口损坏时，阻止气体向外泄漏。

⑧ 管路电磁阀　在给氢气瓶充气时，可有效防止气体进入燃料电池。

⑨ 减压阀　将氢气的压力调节到燃料电池所需要的压力。当出现异常情况时，可以与针阀、安全阀联动将氢气瓶中的残余氢气安全放空。

⑩ 热熔栓[3]　设置在高压氢瓶内，可防止周边着火导致氢瓶发生爆炸。一旦温度传感器检测到储氢瓶周边温度过高，则氢瓶内的热熔栓将熔化，使氢气低流速释放。如果周边有火源，只出现氢气缓慢燃烧而避免爆燃情况发生。

氢气安全系统分为两类，即被动安全系统和主动安全系统。被动安全系统包括的部件为排空口和氢瓶及氢管路上的安全阀，其部件特征为无需电气控制的机械部件，例如当管道内氢气压力过高时，安全阀会打开，过压的氢气就可以通过氢管路从排空口排到空气中；主动安全系统是可通过电气控制的系统，其以氢系统控制器为核心，以氢系统各传感器、整车的部分传感器和其他控制器发送的信号等作为信息读取来源，以可控的电磁阀作为执行部件，当各传感器监控的状态出现异常时，能够主动控制阀门动作，关闭供氢系统，进而保证车辆和人员的安全。

4.2.4　氢系统安全监控

车载氢系统安全监控主要是对储氢瓶系统、乘客舱、燃料电池发动机系统以及尾气排放处的氢气泄漏、系统压力、系统温度、电气元件及其他器件进行实时监控，确保燃料电池在加氢、用氢过程中的安全。氢气安全监控系统主要包括氢系统控制器、氢气泄漏传感器、温度传感器和压力传感器等元器件。氢系统控制器在工作过程中，监控氢瓶及氢管路安全、氢气泄漏状态及整车运行状态，只要出现异常，随时主动关闭供氢系统，保证燃料电池车辆安全。

① 氢气泄漏监控　在储氢瓶口、乘客舱及燃料电池发动机系统易于聚集和泄漏处均放置多个氢气泄漏传感器，实时监测车内的氢含量，一旦发生氢泄漏立即采取响应处置措施，确保乘客安全。而且当有任何一个传感器检测到的氢气体积浓度超过氢爆炸下限（空气中的氢体积含量为4%）的10%、25%和50%时，监控器会分别发出Ⅰ级、Ⅱ级、Ⅲ级声光报警信号。

② 加注安全监控与防护　车载氢系统加氢时，当氢系统控制器检测到氢瓶内压力超过设定的加注压力或低于设定的低压值时，立即向整车管路系统和加氢机发送停止加氢及氢瓶压力过高或过低的报警信息。另外，加氢枪安装了温度传感器及压力传感器，同时还具有过电压保护、环境温度补偿、软管拉断裂保护及优先顺序加气控制等功能。

③ 氢瓶温度监控　当氢系统控制器检测到气瓶的温度超过或低于设定温度时，立即关闭电磁阀，并将氢瓶内温度过高或过低的报警信息发送给整车管路系统和加氢机请求结束正常工作，同时信息提示故障气瓶编号，通过声光报警方式通知驾驶员，立即采取相应措施。

④ 供氢时管路压力监控　当车载氢系统供氢时，氢系统控制器检测低压压力超过或低于设定值时，立即关断电磁阀，并将管路超压或管路低压的报警信息发送给整车管理系统请

求结束正常工作，同时声光报警提示驾驶员采取必要措施。

⑤ 电气元件短路监控 氢系统控制器到电气元件发生短路时，立即关闭氢系统所有电磁阀并使氢系统断电，同时通过声光报警提示驾驶员氢系统短路，采取相应的安全措施。

4.2.5 碰撞安全防护

燃料电池汽车的碰撞安全主要包括储氢系统、氢气管路、燃料电池堆、各类阀门关键部件在发生碰撞时不能遭受破坏。目前，对燃料电池氢安全的碰撞防护设计除了关键零部件具有防撞能力外，主要通过位置布置、固定装置保护和惯性开关监控碰撞并与整车监控系统联动、自动断电、自动关闭阀门等措施来避免灾难的发生。例如，高压储氢瓶一般放在车辆前置顶部，燃料电池模块放在客车后置顶部，动力电池放置于地板下方。前置的储氢瓶，通过车顶部的管路与车辆后部的燃料电池系统连接，在发生泄漏时，氢气可以迅速排放到大气中去。燃料电池模块对车身结构基本无影响，而动力电池放置在地板下方，则兼顾了车身重心低稳定性好，如图 4-3 所示。

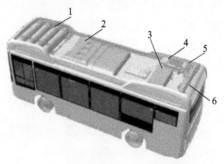

图 4-3 燃料电池客气氢系统布置示意图
1—氢气系统；2—空调系统；
3—燃料电池发动机系统；
4—空气过滤器；
5—水箱；6—散热系统

高压储氢瓶组是燃料电池供氢系统中的储能部件，也是安全隐患的根源所在。目前，通过用足够强度的专用储氢系统固定支架将氢瓶组、氢瓶阀及高压管路集成在一起，并用钢带支撑，以保证在碰撞过程中高压氢瓶的动态位移不会太大，从而避免造成连接管路的断裂和变形导致氢气大量泄漏。通过对燃料电池实车进行带压前碰和零压后碰试验，对燃料电池大客车侧翻状态下氢系统和燃料电池的加速度和动态位移情况的仿真研究，结果表明，燃料电池和氢气瓶能达到预期所规范的要求。另外，由于碰撞过程极为复杂，即使零部件已经设计得非常牢固，也有可能造成某处零部件的损坏，并最终导致氢气泄漏。所以，为了预防此状况的发生，在整车上进行了惯性开关的冗余设计，至少设置 2 个且在车身的不同部位。当发生碰撞时惯性开关被激活，将碰撞信号传送至氢系统控制器，氢系统控制器立即发出指令关闭储氢瓶阀门，断开氢气供应，将氢气的泄漏量降低至最低。惯性开关的冗余设计不但确保各种碰撞工况都能够被检测到，而且也可避免因某个惯性开关发生故障而检测不到碰撞情况的发生。

4.2.6 日常安全维护

通常情况下，氢气没有腐蚀性，也不与典型的容器材料发生反应。在特定的温度和压力条件下，它可以扩散到钢铁和其他金属中，导致我们所知的"氢脆"现象。鉴于此，不仅车载氢气系统的设计必须符合高安全标准，而且其日常维护也非常重要。在氢气供给及安全报警系统中，各种传感器的作用尤为突出，它关系到能否对氢气的泄漏进行实时监测，并且做出相应的控制措施。传感器是非常灵敏的元件，只有对其进行定期的校正，才能确保其正常工作。

建立氢气安全系统的主要焦点是使泄漏和火源的危险降低到最小程度[4]。因此，工作人员就应该定期进行载氢系统的气密性检测，对管路进行定期的保压实验，以减少氢气的泄漏。此外，对相关的工作人员进行良好的培训及设计一套较好的强调安全操作的程序是十分必要的。

此外，在燃料电池车开发时，既要考虑常规汽车的安全性，又要考虑燃料电池汽车本身特有的安全性要求。尤其在行李箱内装有氢气瓶和控制系统的情况下，在装载车载供氢系统的汽车行李厢中，要增加通风对流结构以避免非常情况下的氢气快速积聚。

GB/T 29729—2013 规定氢系统应遵循以下基本原则：①在满足需求的前提下，控制储存和操作中氢的使用量；②制定相应操作程序；③减少处于危险环境中的人员数量，并缩短所处时间；④避免氢/空气（氧气）混合物在密闭空间积聚；⑤确定氢系统的爆炸危险区域，爆炸危险区域的等级定义应符合 GB 50058 的规定；⑥确保氢系统的爆炸危险区域内无其他杂物，通道畅通。

氢系统设计应满足以下基本要求：

① 失效-安全设计

a. 设置安全泄放装置、阻火器等安全附件；

b. 设置单容错或双容错。

② 自动安全控制

a. 远程实时监测系统的安全状态；

b. 自动控制压力、流速等运行参数；

c. 检测到氢泄漏时，设备应能自动采取相应的安全措施，包括关闭截止阀、开启通风装置、关停设备等。

③ 氢系统出现异常、故障或失灵时，报警装置应能及时报警。

氢系统选材应考虑以下因素：与氢的相容性；与相邻材料的相容性；与使用环境的相容性；毒性；失效模式；可加工性；经济性等。氢系统用金属材料应满足强度要求，并具有良好的塑性、韧性和可制造性。用于低温工况时还应有良好的低温韧性且其韧脆转变温度应低于系统的工作温度。氢系统用非金属材料应有良好的抗氢渗透性能。温度或压力变化引起材料的形状或尺寸变化时，相邻材料间的变形应互相协调，以确保系统的密封性能和各部件的正常工作。氢系统中与氢直接接触的金属材料，应与氢具有良好的相容性。必要时，应在与使用条件相当的温度和压力范围内，对材料进行氢相容性试验。氢系统宜选用含碳量低或加入强碳化物形成元素的钢。为降低金属材料的氢脆敏感性，应采取以下措施：a. 将材料硬度和强度控制在适当的水平；b. 降低残余应力；c. 避免或减少材料冷塑性变形；d. 避免承受交变载荷的部件发生疲劳破坏；e. 使用奥氏体不锈钢、铝合金等氢脆敏感性低的材料。

4.3 燃料电池车载氢系统安全性现状

为协调各国的安全技术要求、提高公众接受度，联合国欧洲经济委员会成立工作组，起草了安全性不低于传统汽车、基于性能的全球技术法规 GTR No.13《氢燃料电池汽车全球技术法规》。GTR No.13 将燃料电池汽车划分为加氢系统、储氢系统、供氢系统、燃料电池系统、电驱动和动力管理系统五个关键系统，其中，前三个系统与燃料电池系统中的氢气子系统一起合称为燃料电池汽车车载氢系统[5]。

4.3.1　加氢系统

加氢系统中的关键部件为加氢口。SAE J2600：2015 规范将加氢口的公称工作压力划分为 5 个等级，分别为 11MPa、25MPa、35MPa、50MPa 和 70MPa，并规定了加氢口的结构形式、技术要求及测试方法。我国现行标准 GB/T 26779—2011《燃料电池电动汽车 加氢口》仅给出了工作压力为 35MPa 及以下加氢口的形式、要求、试验和检测方法，标委会正依据 SAE J2600 对该标准进行修订，有望将现有标准的压力等级提升至 70MPa。

目前，国内外燃料电池汽车多采用高压气态储氢方式，储氢压力主要有 35MPa 和 70MPa 两个等级。在高压 H_2 加注过程中，由于压缩和 H_2 的 J-T 效应的双重作用，车载氢瓶内 H_2 容易快速升温，存在安全隐患。为实现高压 H_2 安全快速加注，提高加注效率，降低 H_2 加注成本，综合采用了分级优化加注策略、H_2 预冷技术、温升控制加注设计相结合的设计方案[6]，降低进入氢瓶的 H_2 温度，确保 H_2 升温后的温度在设计要求内。根据分级加注原理，合理设计分级策略，并通过工艺流程优化及控制原理，实现对加注速率、温度及安全的合理控制。

4.3.1.1　分级优化加注策略

加氢站储氢系统通常由一定数量的储氢罐组成，如果一起同时为车辆供气加注，会造成 H_2 的利用率相对较低，因此采用分级优化加注可以提高 H_2 利用率，降低加氢站功耗。分级取气即将加氢站的储氢罐分成三组，分别成为低级瓶组、中级瓶组和高级瓶组。通过程序设计，在加注时加氢机将按从低到高的顺序依次从储氢罐中取气。在 35MPa 加氢机研究过程中，采用三路进气管路的设计方式，将加氢站的储氢罐分成三组，分别称为低级瓶组、中级瓶组和高级瓶组。通过程序设计，在加注时加氢机将按低级→中级→高级的顺序依次从储氢罐中取气。在 70MPa 加氢机的研究中沿用 35MPa 加氢机三路进气管路的设计方式，将加氢站的储氢罐分成三组，分别称为低级瓶组、中级瓶组和高级瓶组。SAE J2601 轻型气态氢汽车的燃料协议，设计了以气瓶内平均压力速率（APRR）为切换点的气源阶梯切换判断程序，从而可按照低级→中级→高级的顺序依次从储氢罐中取气，从而提高储氢罐中 H_2 的利用率，达到减少加氢站储氢量、缩小加氢站面积的目的。

4.3.1.2　温升控制策略

由于高压 H_2 快速加注过程中 J-T 效应产生的热量叠加压缩热，使得不加控制的 H_2 加注过程的温升超过氢气瓶使用温度上限，带来安全隐患，因此需要采取额外措施来确保加注过程安全。加氢机的温升控制策略中，选用如 H_2 预冷及合理的加注控制策略。

H_2 预冷技术：在 70MPa 加注中，H_2 气源为常温，快速加注使温度快速增加并且气瓶温度远大于 85℃，如果采用自然降温方式，则需要较长的加注时间，这样就无法满足快速加注的需求，因此采用 H_2 预冷方式，在 H_2 加注之前启动制冷，使 H_2 气源的温度保持在 −40℃左右后进行 H_2 加注，这样就大大缩短了加注时间，H_2 使一辆轿车加注至 70MPa 的时间缩短至几分钟。

温升控制加注技术：即使采取了对气源预冷的处理，并不能完全保证在大流量的工况下气瓶内的温度始终维持在安全限值以内，所以在追寻温度控制和加注速度最优化的加注中，仍需通过加注控制流量或气瓶内的压力上升速率的加注方式对气瓶温度加以控制。

基于上述考虑，为控制 H_2 的温升、提高加注效率和安全性，可以在加注前对 H_2 进行预冷降温处理并控制 H_2 加注的流量或压力上升速率，从而保证 H_2 在加注过程中的温度不超过气瓶规定的使用温度。

4.3.1.3 机-车通信策略

在 70MPa 氢燃料汽车的加注策略中，为了实现给轿车最快地加注最大量 H_2，则需要获取车载压缩氢储氢系统的精确氢荷状态（SOC）。压缩氢存储系统在额定工作压力（15℃时）存储的氢的总质量相当于车载压缩氢气存储系统 100％ 充满状态，同时，为了保证加氢过程的安全及在燃料电池汽车的加注过程中其瓶内温度不超过安全温度，在汽车氢燃料加注过程中时刻检测车载压缩氢气存储系统内的各压力、温度等重要参数显得尤为必要。

氢管理系统不仅需要对储氢系统进行氢安全检测及车载供氢控制，同时需要与加氢机通信，发送车载压缩氢气存储系统的压力、容量、温度及授权指令等数据，加氢机-燃料电池车之间的数据通信模块和通信协议的设计基于红外数据传输机理进行。

机-车通信系统包括车载供氢系统控制模块、红外数据发送模块、加氢枪、红外数据接收模块等。红外数据发送及接收模块均自带安全隔离、自身安全自检等功能。SAE J2799 轻型气态氢汽车的燃料协议中详细规定了氢燃料汽车红外通信的软硬件规范。

4.3.2 供氢系统

氢燃料电池汽车的车载供氢系统主要包括储氢瓶、电磁阀、手动截止阀、安全阀、瓶阀、压力传感器、瓶内温度传感器、氢气泄漏探测器等部件。供氢系统的作用是将车载高压压缩储氢气瓶内的氢气经减压阀减压后送至燃料电池电堆，为燃料电池电堆提供合适压力、温度与流量的氢气。欧盟汽车技术指令 EC No 79/2009 和 EU No 406/2010 规定了供氢系统用减压阀、卸荷阀、压力传感器和管接头等部件的测试方法和安装方法。在我国，GB/T 26990—2011 和 GB/T 29126—2012 仅规定了燃料电池汽车车载加氢系统、高压压缩储氢系统和供氢系统的技术条件和试验方法，但车载氢系统管路系统各零部件尚没有标准支持，瓶口阀和减压阀等关键零部件失效、管路系统接头泄漏等案例时有发生。

4.3.2.1 车载纯氢的制备

（1）化石燃料制氢

化石燃料包括煤、石油和天然气等。对于焦炭或白煤可利用水煤气法制氢，即在高温下使碳和水蒸气发生反应[7]，该过程反应为：

$$C + H_2O \longrightarrow CO + H_2$$
$$CO + H_2O \longrightarrow CO_2 + H_2$$

对于天然气和石油，可在脱硫后与过热水蒸气一起进入转化炉，在镍催化剂的作用下转化为 H_2、CO 和 CO_2 的转化气，通过水煤气反应使 CO 转化为 H_2，然后经增压冷却再进入变压吸附塔，可得到纯净氢气（如图 4-4），该过程反应为：

$$CH_4 + H_2O \longrightarrow CO + 3H_2$$
$$CO + H_2O \longrightarrow CO_2 + H_2$$

（2）电解水制氢

将一对电极浸没在电解液（通常为含 KOH 30％ 左右的碱性水溶液）中，中间隔以隔膜

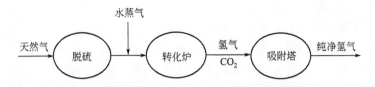

图 4-4 天然气和裂解石油制氢过程

以防止 H_2 渗透。接通直流电后，水被分解为 H_2 和 O_2。水电解制氢设备简单、运行可靠、无污染，制得的氢气纯度高、含杂质少，唯一的缺点是电能消耗较大，成本较高。

（3）含氢废气的回收利用

工业生产中排放的废气经常会含有氢，例如氨厂、炼油厂、焦炭厂和氯碱厂等排放的废气含氢量均超过 50%，可以通过深冷分离法、变压吸附法和膜分离法加以提纯，粗略计算每年仅废气回收可以得到几百亿立方米的氢气。

（4）可再生资源制氢

利用水力、风力、太阳能等发电获得的电能来电解水制氢。在水力资源丰富的地区建造水电站，可将每年弃水期间可能产生的电能用来制氢，风力资源利用方法相似。而太阳能除了转化为电能电解水制氢之外，还可利用太阳能高温炉热分解水制氢。除此之外还可利用产生氢的细菌进行生物制氢、热化学制氢和光催化分解制氢等，这些都是很有前途的制氢方法。

4.3.2.2 车载纯氢的储存

（1）高压氢气储存

用压缩机将氢气压缩到高压储气瓶内是最简单常用的氢气储存方法，目前多数燃料电池汽车都采用这种储氢方法。2002 年日本丰田公司和 2003 年德国戴姆勒-克莱斯勒公司展示的燃料电池大客车采用这种方法储氢，储气瓶最大工作压力已达 35MPa。储气瓶用铝或石墨材料制造，要求耐高压（一般 20～30MPa）、重量轻、寿命长、便于安装。另外储气瓶还需要特殊维护，因为氢气易燃、易爆，发生车祸时比传统车后果更为严重。

（2）液态氢储存

液态氢储存具有较高的能量质量比，约为气态时的 3 倍，但是液态氢需要将气态氢冷却才能得到，耗能太高。另外，液态氢难于存储，无法避免蒸发（每天大约损失 1%～3%），车辆长时间停放时，蒸发的氢就会浪费，所以液态氢存储要求具有良好的绝热措施。德国戴姆勒-克莱斯勒公司研发的 NECAR 系列和美国通用公司的"氢动一号"都以液态氢为燃料。

（3）金属储氢

金属储氢是指在 3～6MPa 下将氢与金属结合形成合金，在需要的时候加热使氢化物分解脱氢而得到 H_2。这一技术结构简单、使用安全，但是金属的重量是无法忽视的问题，与携带的氢相比，金属的重量太大了。

（4）纳米材料储氢

在 12MPa 下每克纳米石墨纤维可储氢 2g，氢容量是其他储氢方法的 10～20 倍，但是这种方法成本高，且碳管在放氢时效率低，工程上可用性不高。

4.3.2.3 车载制氢

车载制氢是指通过对醇类（甲醇、乙醇等）、烃类（汽油、柴油、液化石油气、甲烷等）

重整或部分氧化，得到富含氢的气体，直接供给燃料电池。其他物质如氨、金属和金属氢化物也可作为车载制氢的原料。醇类燃料制氢过程包括重整、变换、CO 净化和燃烧等几个步骤，该过程温度低，反应容易实现。甲醇被认作是最适合的车载制氢燃料，它转化为液体后，储存、保管、充加、携带和运输都比氢气方便很多。德国戴姆勒-克莱斯勒公司研制成功的 NECAR-5 就利用甲醇车载重整制氢燃料电池完成了 3000 多公里的试运行。烃类制氢包括重整、高温和低温变换、脱硫、CO 净化和燃烧等几个步骤。烃类制氢在重整时要求温度高，而且多了一步脱硫的工序，所以比醇类制氢难度大。车载制氢装置结构复杂、重量大、占空间，且制取的氢气有可能被催化剂污染，因此应用不是十分广泛。

图 4-5 为醇类制氢系统原理图，烃类制氢与之类似。

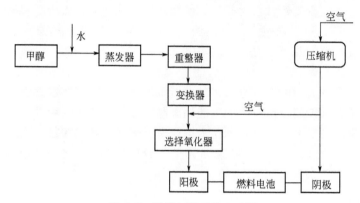

图 4-5　醇类制氢系统原理图

4.3.3　储氢系统

4.3.3.1　压缩氢气储存系统

储氢系统分为压缩氢气储存系统和液氢储存系统。《氢燃料电池汽车全球技术法规》（以下简称 GTR）[8] 所指的压缩氢气储存系统包括氢气瓶、温度驱动压力泄放装置（TPRD）、单向阀、截止阀及以上组件间的管路和配件（若用组合阀，则以上组件间不存在管路），其公称工作压力（以下简称 NWP）应不大于 70MPa，使用年限应不高于 15 年。典型压缩氢气储存系统见图 4-6。

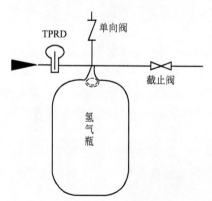

图 4-6　典型压缩氢气储存系统

ISO 15869：2009 规范将氢气瓶划分为四种类型[5]：全金属气瓶（Ⅰ 型）、金属内胆纤维环向缠绕气瓶（Ⅱ 型）、金属内胆纤维全缠绕气瓶（Ⅲ 型）和非金属内胆纤维全缠绕气瓶（Ⅳ 型）。Ⅰ 型和 Ⅱ 型氢气瓶重量容积比大，不适合应用于车载高压压缩储氢系统。国外对 Ⅳ 型氢气瓶进行了详尽研究并广泛应用于车载储氢系统，特别是 70MPa 储氢系统。然而，由于氢气在高压下容易从非金属内胆向外泄漏，且金属材质的瓶口阀与非金属内胆的连接强度难以保证，加之我国发生过多起 Ⅳ 型气瓶爆炸事故，因此，我国法规尚不允许将 Ⅳ 型氢气瓶应用于车载储氢系统。目前，国家标准 GB/T 35544—2017 已发布实施，规定了 70MPa 及以下"车用压缩氢气铝内胆碳纤维全缠绕气瓶"

的各项技术要求，该标准气瓶安全技术指标不低于 GTR No. 13、ISO 15869：2009、SAE J2579 等国外先进规范要求，此外，新版适用于 70MPa 气瓶的国家特种设备安全技术规范"气瓶安全技术监察规程"正在修订中，因此，我国车载高压压缩储氢气瓶标准体系已初步建立，并逐渐完善，满足燃料电池汽车发展需求。上述国内外标准规范对瓶口阀和 TPRD 等氢气瓶附件的安全技术要求、型式试验方法及合格指标等均作了规定。

GTR 规定新设计制造的氢燃料电池汽车用压缩氢气储存系统必须符合表 4-1 的各项型式试验要求。

表4-1　压缩氢气储存系统的型式试验项目

试验类别	试验项目
批检	爆破试验、常温压力循环试验
耐用性验证试验	耐压试验、跌落试验、表面损伤试验、化学暴露和常温压力循环试验、高温耐压试验、极端温度压力循环实验、耐压试验、爆破试验
预期性能验证试验	耐压试验、常温和极端温度下的氢气压力循环试验（气压）、极端温度下的泄漏/渗漏试验（气压）、耐压试验、爆破试验
使用终止条件验证试验	火烧试验
标志检查	—

GTR 除给出了表 4-1 中各型式试验项目的试验条件和试验规程外，还给出了材料性能试验的试验项目（见表 4-2）、试验条件和试验规程。

表4-2　材料性能试验项目

试验对象		试验项目
非金属材料	氢气瓶的塑料内胆	拉伸试验
		软化温度试验
	氢气瓶的树脂材料	玻璃化温度试验
		剪切试验
	氢气瓶的外保护层	黏附强度试验
		弹性试验
		抗冲击性能试验
		水浸泡试验
		盐雾暴露试验
	金属材料	氢脆试验

4.3.3.2　液氢储存系统

GTR 所指的液氢储存系统包括液氢容器（内容器和真空夹套）、截止阀、蒸发系统、压力泄放装置（TPRD）及以上组件间的管路和配件，典型液氢储存系统见图 4-7。

GTR 规定新设计制造的氢燃料电池汽车用液氢储存系统必须符合表 4-3 的各项型式试验要求。

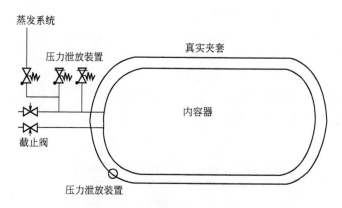

图 4-7　典型液氢储存系统

表4-3　液态储氢系统的型式试验项目

试验类别	试验项目
批检	耐压试验、内容器的爆破试验
材料相容性试验	—
预期性能验证试验	蒸发试验、泄漏试验、真空度损失试验
使用终止条件验证试验	火烧试验

4.3.3.3　储氢安全策略

为了保证储氢安全，氢管理系统需要监测氢瓶内的温度和压力，监测管路上的压力，同时还需监测各传感器、执行器以及通信信号的通断等，并结合实际情况进行故障上报和处理。典型氢管理系统的传感器和执行器信号类型和特点如表 4-4 所示[9]。氢系统控制器读取传感器信号，并通过相应的策略进行参数计算。以氢瓶内压力监测的计算为例，首先氢控制器按照预设的采样速率，如每 10ms 采集一次氢瓶内压力，连续采集 6 次，并计算出这 6 次压力的最大值和最小值，将 6 次采样的压力值求和，再减去最大值和最小值，最后除以 4 得到的就是去除极值后的平均值，该数值作为氢气压力的有效值。每一次有效值的获取，都将重新采样 6 次新的压力值，然后再按照上面的方式进行计算。

表4-4　氢管理系统传感器和执行器信号类型

执行器/传感器	驱动/信号类型	备注
瓶阀	12V/24V 驱动输出	冲击电流和持续电流
电磁阀	12V/24V 驱动输出	冲击电流和持续电流
温度传感器	NTC 热敏电阻	瓶阀集成，非线性
氢浓度传感器	0.5～4.5V DC 电压信号输入	多点检测，直流供电
压力传感器	4～20mA DC 电流信号输入	中、高压检测，直流供电
CAN	差分信号	预留终端电阻

4.3.3.4　储氢系统碰撞布置防护

高压氢气罐的固定支架和钢带应有足够的强度，以保证在碰撞过程中，高压氢气罐的动态位移不会太大，避免造成连接管路的断裂、变形和氢气的大量泄漏。目前较有效的氢气罐保护方式是采用整体式设计方案[10]。如图 4-8 所示，本方案储氢和供氢装置总成进一步采用集成一体式设计，其中：储氢装置框架通过 3 根横梁和 2 根主纵梁将 4 瓶 85L、35MPa 的氢气罐集成到一个框架总成，纵梁截面为"Ⅱ"形，由几块板材拼焊而成，中部设计出两个圆弧形凹槽，可以对氢气罐进行有效的固定和保护；供氢装置对内连接各氢气罐接口，对外一侧连接氢气加氢口，另一侧连接氢气供给管路，供给时氢气自储氢装置释放，经减压设备减压后供给燃料电池电堆总成使用。

图 4-8　整体式储氢和供氢系统设计结构
1—储氢装置总成；2—供氢装置总成

　　进一步对整体式储氢和供氢系统在车辆可选择的布置空间进行安全风险评估：
　　① 布置在车辆中段底盘　车辆侧碰时容易造成气瓶或供氢管路泄漏，存在安全隐患；布置于乘客舱底部若气瓶出现泄漏，气体无法及时散发出去，而且有可能进入乘客舱，也存在一定的安全隐患。
　　② 布置在车辆后部独立舱　车辆追尾时容易造成气瓶或供氢管路泄漏，存在安全隐患；泄漏气体无法及时散发到车外，而且后舱与乘客舱之间隔断密封失效时，气体可能进入乘客舱，也存在一定的安全隐患。
　　③ 布置在车辆后侧顶部　能有效降低车辆侧碰和追尾造成的影响，碰撞安全性较高；当气瓶发生泄漏时，气体可以向上或向后直接扩散到车辆之外，避免气体进入乘客舱。
　　为进一步提高整体式储氢和供氢系统在整车布置后的氢泄漏和碰撞安全性，应采用布置于车辆后侧顶部方式。

4.3.3.5　氢泄漏及排氢安全策略

　　由于氢气的易燃易爆特性，对氢泄漏和排氢浓度的监控和处理显得尤为重要。在燃料电池系统工作中，为排出氢气路蓄积的水，需要按照一定的时间间隔进行排气操作，不可避免地会有少量氢气排出系统，而为了保证安全，必须确保排出气体的氢浓度低于可燃值。因此，常规方案是将排出的氢与空气路排出的废气在混合腔内充分混合，同时监测排氢的浓度，当排氢浓度高于预设的限值时，需降低排氢时间，同时增加空气的排气量使排出的混合气低于预设值[9]。
　　一般情况下，常采用高精度的氢气浓度传感器监控氢泄漏，为实现实时监控车内氢含量的目标，需要在燃料电池发动机附近、乘客舱顶棚和储氢瓶附近布置多个传感器，任何监控的位置发生氢泄漏，均需要采取安全措施，确保车辆和乘客安全。氢泄漏传感器的布置如图 4-9 所示。

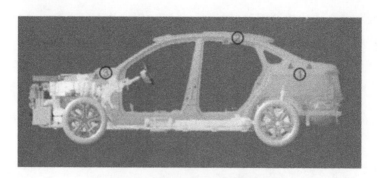

图 4-9　氢泄漏传感器布置示意图

图 4-9 中传感器布置在了后备厢的最高点①、乘客舱②和前机舱③附近,有的传感器布置方案也在储氢瓶口处增设氢传感器。氢系统控制器将多个氢浓度传感器的采集值进行处理,并取其中的最大值作为氢泄漏的报警值,氢系统控制器会将该最大值上报燃料电池控制系统和整车控制系统,当最大值超过限值时,氢系统控制器还将发送报警信息,并执行相应的举措。

氢泄漏报警分为四类,其一是氢浓度传感器故障,另外三类是三级泄漏报警,按照氢泄漏浓度不同依次为轻度报警、中度报警和紧急报警。轻度报警又称一级泄漏报警,指空气中的氢含量在 0.4%～1% 之间,氢系统控制器将轻度氢气泄漏报警信息上报燃料电池控制器系统和整车控制系统,并提示驾驶员有氢泄漏异常;中度报警又称二级泄漏报警,指空气中的氢含量在 1%～2% 之间,氢系统控制器将向燃料电池控制器系统和整车控制系统上报严重的氢气泄漏报警,并提示驾驶员立即停车;紧急泄漏报警又称三级泄漏报警,指空气中的氢含量超过 2% 时,氢系统控制器向燃料电池控制器系统和整车控制系统上报紧急泄漏报警,同时进入故障处理模式,立即关闭氢瓶上的电磁阀,并声光报警提示司机氢气泄漏。具体控制措施如表 4-5 所示。

表4-5　氢泄漏报警控制措施

信息提示	控制要求	颜色提示	声音提示	关闭电磁阀
一级泄漏报警	氢泄漏量达到 0.4%	黄灯报警提示(长时间)	否	否
二级泄漏报警	氢泄漏量达到 1%	黄灯报警提示(长时间)	否	否
三级泄漏报警	氢泄漏量达到 2%	红灯报警提示(长时间)	是	是
浓度故障报警	传感器故障报警	黄灯报警提示	否	否

4.3.3.6　氢气的储存与运输

GB/T 29729—2013 规定氢储存和运输应遵循以下指导原则:

(1) 储存

① 不应使氢系统的任何设备超压;

② 氢系统在与其他系统连接前应先接地;

③ 发生泄漏或火灾时应及时停止储存和输送操作;

④ 应避免在闪电风暴天气进行储存和输送操作;

⑤ 采取控制充氢速率、预冷等措施,防止充装时氢气瓶的壁温超过规定的允许值;

⑥ 不应将液氢和氢浆储存容器盛装过满，也不应将其迅速冷却；

⑦ 氢系统周围应保持干净；

⑧ 应排除储存和操作区域的点火源，并使用路障警告标志等对储存和操作区域进行管制。

（2）运输

① 氢运输应满足国家和地方关于危险（易燃）品运输的法律法规的规定；

② 不应使用客用交通工具进行氢运输，使用货轮运输时，储氢容器应与住宿区隔开。

4.3.4　燃料电池系统氢气子系统

燃料电池系统氢气子系统[5]的功能是将车载供氢系统送来的氢气引入燃料电池电堆阳极，并使氢气在电堆阳极流道内循环流动，提高氢气利用率的同时带走电堆阳极流道内的反应水。典型的燃料电池系统氢气子系统如图 4-10 所示，由比例调节阀、卸荷阀、压力传感器、燃料电池电堆、氢循环泵、氢水分离器、排氢和排水电磁阀及混合器等零部件组成，系统工作原理为：高压压缩氢气瓶内的氢气经减压阀减压后被输送至本系统比例调节阀，通过改变比例调节阀的开度，调节进入燃料电池电堆阳极的氢气流量，进而调节燃料电池电堆阳极氢气流道内的压力，使其满足燃料电池电堆工作需要，通过压力传感器实时监测电堆内部氢气流道的压力，当压力超过限值时，卸荷阀开启。燃料电池电堆反应后的氢、水混合物从氢气流道出口流出，经氢水分离器去除液态水后，大部分未反应的氢气被氢循环泵增压后返回燃料电池电堆氢气流道入口，少部分氢气根据需要经排氢电磁阀排放出去，氢水分离器分离的液态水经排水电磁阀排出。

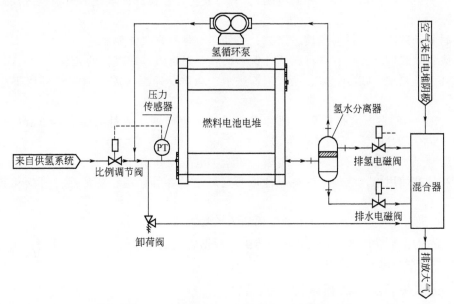

图 4-10　典型的燃料电池系统氢气子系统

4.4　燃料电池堆的安全性

目前国内针对燃料电池堆的安全性，主要制定了 GB/T 20042.2—2008 和 GB/T

36288—2018 两项标准，GB/T 20042.2—2008 主要规定了质子交换膜燃料电池堆（包括直接醇类燃料电池堆）的安全性能的基本要求，型式检验、例行检验的项目、试验方法以及标志与说明文件等方面的要求。GB/T 36288—2018 规定了燃料电池电动汽车用燃料电池堆在氢气安全、电气安全、机械结构等方面的安全要求。

由于燃料电池堆中有燃料和其他储能物质与能量（例如易燃物质、加压介质、电能、机械能等），GB/T 20042.2—2008 规定应按照以下顺序为燃料电池堆采取通用安全措施：a. 在这些能量尚未释放时，首先消除燃料电池堆外边的隐患；b. 对这些能量进行被动控制（如采用防爆片、泄压阀、隔热构件等），确保能量释放时不危及周围环境；c. 对这些能量进行主动控制（如通过燃料电池中的电控装置）。在这种情况下，由控制装置故障引发的危险应逐一加以考虑。对安全部件的评价应符合 IEC 61508 的规定。另外，可将危险告知燃料电池系统集成制造商，或提供适当的、与残存危险有关的安全标记。采取以上措施时，应需特别注意：

① 机械危险——尖角锐边、跌倒危险、运动的和不稳定的部件、材料强度以及带压力的液体和气体；

② 电气危险——人员接触带电零部件、短路、高电压；

③ 电磁兼容性（EMC）危险——暴露在电磁环境中的燃料电池堆出现故障或由于燃料电池堆的电磁辐射导致其他（附近）设备发生故障；

④ 热危险——热表面，高温液体、气体释放或热疲劳；

⑤ 火灾和爆炸危险——易燃气体或液体，在正常或异常运行条件下或在故障情况下，易燃易爆混合物的潜在危险；

⑥ 故障危险——由软件、控制电路或保护/安全元器件的失效或加工不良或误动作引起的不安全运行；

⑦ 材料的危险——材料变质、腐蚀、脆变，有毒有害气体释放；

⑧ 废物处置危险——有毒材料的处置、回收，易燃液体或气体的处置；

⑨ 环境危险——在冷、热、风、阳、进水、地震、外源火灾、烟雾等环境下的不安全运行。

燃料电池堆制造商应根据风险评估进行设计。风险评估应符 GB/T 7826、GB/T 7829 和 IEC 61508-1 的规定。所有零部件应：

① 适合于预期使用时的温度、压力、流速、电压及电流范围；

② 在预期使用中，能耐受燃料电池堆所处环境的各种作用、各种运行过程和其他条件的不良影响。

注：除另有规定外，本部分中的气体压力均指表压。

如果燃料电池堆带有外壳，则外光防护应根据燃料电池堆的不同使用环境，按 GB 4208 的要求选择适当的防护等级并予以标志。

4.4.1　正常和非正常运行条件下的特性

燃料电池堆在按制造商说明书中规定的所有正常运行条件运行时，应不会产生任何损坏。在可预知的非正常运行条件下运行时，应符合 4.6.2 的规定。

（1）气体泄漏

在制造中应尽量减少易燃气体的泄漏，并应在说明书中对泄漏速率予以说明。

（2）带压力运行

如果燃料电池堆采用气密并承压的外壳封装，则外壳应符合《压力容器安全技术监察规程》的规定。

（3）着火和点燃

应对燃料电池堆采取保护措施（如通风、气体检测、防止运行温度高于自燃温度等），以确保燃料电池堆内部泄漏或对外泄漏的气体不致达到其爆炸浓度。这些措施的设计规范（如要求的通风速率）应由燃料电池堆制造商提供，并在说明书中加以说明，以便燃料电池系统集成制造商采取预防措施，确保安全。处于爆炸性环境中的零部件应满足 GB/T 5169 规定的 FV0、FV1 或 FV2 的阻燃材料制造。

4.4.2 管路和管件装配

管路的尺寸应符合设计要求，其材料应满足预期输送的流体和流体压力的要求。流体泄漏不致产生危险的部位才可采用螺纹连接，如空气供应回路、冷却回路。所有其他接缝都应焊接，或至少要按制造商要求与指定的密封部位装配连接。在燃料气体或氧气管路中，使用的接头应是磨口接头、法兰接头或压力接头，以防燃料气或氧气泄漏。管路系统应满足规定的气体泄漏试验要求。应彻底清理管路的内表面以除去颗粒物，管路端口应仔细清除障碍物和毛刺。用来传输气体的柔性管道和相关配件应符合 GB/T 3512、GB/T 5563、GB/T 15329.1、ISO 37、ISO 1307、ISO 4672 的规定，输送氢气的管路应作特殊考虑。

（1）非金属管路系统

在下列情况下，可使用塑料和橡胶管材、管路和组件。

非金属管路系统应适应最高运行温度和最高运行压力的共同作用，不允许释放出对燃料电池有害的物质，并能与使用、维修和保养时所接触的其他材料、化学品相容，应具有足够的机械强度。必要时应加防护套管或外罩来防止燃料电池堆上的塑料或橡胶管件受到机械损伤。所有安装输送易燃气体的塑料或橡胶管件的腔室，都应防止可能的过热。如有这种过热的可能时，应告知燃料电池系统集成制造商这一部位允许的最高温度，以便他们提供一个控制系统，在腔室温度比输送燃料管件所用材料的最低热变形温度下限尚低 10K 时，即切断燃料输入。用于危险区城内的塑料或橡胶材料应是能导电的，除非设计上能做到避免静电电荷累积。

（2）金属管路系统

金属管路系统应适应最高运行温度和压力的共同作用，并能与使用、维修和保养时所接触的其他材料、化学品相容，金属管路系统应保持完好，应具有足够的机械强度。金属成型的弯管在弯曲时不应引起影响使用的缺陷。

4.4.3 接线端子和电气连接件

对外电路供电的电气连接件应满足下述要求：a. 固定在其安装构件上，不会自行松动；b. 导电部分不会从其预定位置滑脱；c. 正确连接以确保导电部分不致受到损伤而影响其功能；d. 在正常紧固过程中能防止发生旋转、扭曲或永久变形；e. 裸露的导电连接件有保护层。

（1）带电零部件

制造商应在技术文件中详细说明存在的带电零部件，特别是系统关闭后由于残余电压而存在危险的带电部分。告知燃料电池系统集成制造商应负责防止电击，还应预防燃料电池堆带电部分的意外短路。

（2）绝缘材料及其绝缘强度

燃料电池堆中带电部分和不带电的导电部分之间的所有绝缘结构设计，都应符合电气绝缘结构有关标准的相应要求。影响构件功能的材料的力学特性（如抗拉强度）应得到保证，当其所在部位温度比正常运行温度的最高值还高20K（但不应低于80℃）时，仍应符合设计要求。

（3）接地

不带电金属零部件应与公共接地点相连。为了确保良好的电接触，所有电气连接件都不应松动或扭曲，并保持足够的接触压力。所有电气连接件都应采取防腐措施，相互连接的金属件之间不应发生化学腐蚀。

（4）冲击与振动

预期使用中的冲击与振动不应引起任何危险。

4.4.4 安全监控方法

为确保燃料电池堆的安全，应该提供以下参数的监控措施：a. 电池堆温度；b. 电池堆和/或单电池的电压。监控点的位置由电池堆制造商规定并向燃料电池系统制造商加以说明。在用其他方式对燃料电池堆提供安全运行保障的情况下，这些方式必须具有和对温度及电压监控等效的安全保障能力。

对完整燃料电池堆，应按 GB/T 18290 和 GB/T 5095.8 的规定对其接线端子和电气连接进行检验，确认是否符合要求。然后，建议按以下顺序进行型式检验：

（1）气体泄漏试验

本试验不适用于以下燃料电池堆：运行温度高于易燃气体的自燃温度的或置于已被证明符合相关的压力容器技术法规的气密容器中。

在无法对整个电池堆进行试验时，可以减少单体电池节数，但仍应具有代表性，总的泄漏应依据单体电池的节数按比例计算。

燃料电池堆应在满载电流下运行，直至在最高运行温度下达到热稳定。达到这些条件后，停止运行，吹扫燃料电池堆并关闭气体出口；燃料电池堆的温度降至规定的最低运行温度甚至更低。然后逐渐充入阳极气体。也可以是充入氦气或氮气，直至压力达到最高工作压力，并稳定1min。在泄漏试验过程中入口压力应稳定不变，用位于燃料电池堆进气口、泄压装置上游的精度不低于2%的流量计测量漏气速率。如果用氦气或氮气作试验气体，漏气速率应该按照式（4-1）校正：

$$R = \frac{q_{fuel}}{q_{test}} \tag{4-1}$$

式中 q_{fuel}——燃料气体泄漏速率（标准状态），mL/s 或 mL/min；
  q_{test}——试验气体泄漏速率（标准状态），mL/s 或 mL/min；
  R——修正系数，见式（4-2）或式（4-3）。

$$R = \left(\frac{d_{test}}{d_{fuel}}\right)^{1/2} \tag{4-2}$$

式中 d_{test}——试验气体的相对密度；
  d_{fuel}——燃料气体的相对密度。

或者

$$R = \frac{\mu_{\text{test}}}{\mu_{\text{fuel}}} \tag{4-3}$$

式中　μ_{test}——试验气体的运动黏度；

　　　μ_{fuel}——燃料气体的运动黏度。

应采用式(4-2)和式(4-3)计算修正系数 R，取较高值，并应写入试验报告。

应记录气体泄漏速率，包括气体通过泄压阀的流动速率，并写入试验报告。

如果因为压力滞后现象或压力设定而在试验中没有采用泄压装置，总泄漏值应该是测得值与泄压装置在最大燃料供应压力下的单独测得的泄漏量之和。

考虑参考条件和气体种类的修正：若用燃料气体或氢气作为试验气体，则将测得的气体泄漏速率乘以1.5；若用氦气作为试验气体，则将测得的气体泄漏速率乘以2。这一最终计算的结果，应不超过给用户提供的技术文件中的气体泄漏速率的规定，并应向燃料电池系统集成制造商说明，要求将此信息提供给产品最终使用者，以便计算必要通风量。

(2) 正常运行试验

正常运行就是燃料电池堆在制造商说明书规定的正常条件下运行，具体为：

① 电功率输出为额定值；

② 热能输出（如果有的话）为额定值（对于冷却剂温度和流量）；

③ 燃料电池堆温度在正常范围内；

④ 燃料成分在正常范围内；

⑤ 燃料和氧化剂的流量在正常范围内；

⑥ 燃料和氧化剂的压力在正常范围内；

⑦ 冷却剂（如果有的话）的温度、压力和流量在正常范围内；

⑧ 输出功率变化率在正常范围内。

为了进行正常运行的型式试验，燃料电池堆应在上述规定的正常条件下运行，直至达到热稳定。应测量以下参数，记录测量结果并应符合如下要求：

a. 满载电流条件下燃料电池堆的端电压，其测得值应不低于（电池堆制造商提供的）规定值；

b. 燃料电池堆的运行温度、最高表面温度及环境温度，其测得值应不超出规定的范围；

c. 燃料压力，其测得值应不超出规定值的95%～105%或相应规定值±1kPa（两者中取较高值）；

d. 燃料耗用速率，其测得值应不超出规定值的95%～105%；

e. 氧化剂消耗速率，其测得值应不超出规定值的95%～105%；

f. 氧化剂压力，其测得值应不超出规定值的95%～105%或相应规定值±1kPa（两者中取较高值）；

g. 冷却剂（如果有的话）的入口和出口温度、压力、流量，其测得值应分别符合相应规定。

(3) 允许工作压力试验

燃料电池堆的允许工作压力试验应在最高或最低运行温度下进行（取两者中较为严格的条件），试验介质为氮气或压缩空气。

如果在正常运行时燃料电池堆的燃料侧和氧化剂侧的内部压力相同或相近，试验时可将其相互连通。如果燃料电池堆有冷却通道而且工作压力与燃料腔和氧化剂腔相同或相近，则该通道也可同时按相同方法进行允许工作压力试验。

应对燃料电池堆（阳极和阴极通道、冷却剂通道）逐步加压，直到压力达到它们的允许工作压力（按较高压力的）的 1.3 倍，至少保持压力稳定 1min。

如果燃料电池堆有泄压阀，则应将其拆下或令其不起作用。

如果能满足试验条件，此项试验应在气体泄漏试验或正常运行试验期间进行。

如果不能满足试验条件，燃料电池堆可以在压力不低于允许工作压力 1.5 倍、温度为环境温度的条件下进行试验。

允许工作压力试验中，燃料电池堆不应出现开裂、破碎、永久变形或其他物理损伤。

（4）冷却系统的压力试验

如果在允许工作压力试验中没有对冷却系统进行试验，则应对冷却系统进行压力试验，试验介质采用规定的冷却介质。

燃料电池堆温度应与允许工作压力试验时的温度相同。

燃料电池堆的冷却系统应加压到其允许工作压力的 1.3 倍，至少保持 10min。

如果不能满足试验温度要求，试验可在环境温度和冷却系统允许工作压力 1.5 倍的条件下进行。

压力试验中，系统不应出现开裂、破碎、永久变形或其他物理损伤。如果使用液体试验介质，试验中试验介质不应泄漏。

（5）窜气试验

按①和②所测得的窜气泄漏速度不大于规定值则可判定为符合要求。

① 燃料腔向氧化剂腔窜气速度的测定　试验时，除燃料腔和氧化剂腔的各一个进气接口外，其余进出接口全部封住。将氧化剂腔的进气接口接上精度不低于 2% 的流量计（如皂泡流量计），由燃料腔的进气接口通入氮气，调整压力至允许最大工作压力差，稳定 1min 后，读出在时间 t_1 内流量计读数 Q_1。相应窜气速度 X_1 按式(4-4)求得：

$$X_1 = \frac{2RQ_1}{t_1} \tag{4-4}$$

式中　X_1——燃料腔向氧化剂腔的窜气速度（标准状态），mL/min；

R——按式(4-2)和式(4-3)计算得出的修正系数中的较大者；

Q_1——在时间 t_1 内测得的燃料腔向氧化剂腔的气体窜漏量（标准状态），mL；

t_1——测量时间，min。

② 燃料腔和氧化剂腔向冷却剂腔的窜气速度的测定　试验时，除燃料腔、氧化剂腔和冷却剂腔的各一个进气接口外，其余进出接口全部封住。将冷却剂腔进气接口接上精度不低于 2% 的流量计（如皂泡流量计），由燃料腔和氧化剂腔的进气接口同时通入氮气，调整气压至燃料腔的最大运行压力，并稳定压力 1min，读出在时间 t_2 内流量计读数 Q_2。相应窜气速度 X_2 按式(4-5)求得：

$$X_2 = \frac{2RQ_2}{t_2} \tag{4-5}$$

式中　X_2——燃料腔和氧化剂腔向冷却剂腔的窜气速度（标准状态），mL/min；

R——按式(4-2)和式(4-3)计算得出的修正系数中的较大者；

Q_2——在时间 t_2 内测得的燃料腔和氧化剂腔向冷却剂腔的气体窜漏量（标准状态），mL；

t_2——测量时间，min。

注：对于无冷却剂腔或冷却剂腔为开放型的燃料电池堆，燃料腔和氧化剂腔对冷却剂腔

的窜气的测定则不必进行。

（6）耐撞击和耐振动试验

燃料电池堆耐撞击试验方法按 GB/T 2423.55 的规定进行，耐振动试验方法按 GB/T 2423.10 的规定进行。

注：由于燃料电池堆大小和使用条件相差很大，所以撞击和振动试验条件与严酷程度应随产品的结构和使用条件不同而不同。制造商在规定允许值的同时，也应规定试验的严酷条件。

试验后，燃料电池堆不应出现开裂、破碎或其他物理损伤，且应能承受规定的试验并符合相关要求。

（7）电气过载试验

为检验燃料电池堆是否具有规定的电气过载能力，应进行电气过载试验。燃料电池堆应先在额定流下稳定运行，然后将电流逐渐增加到规定值并在规定时间内保持不变。

过载试验后，燃料电池堆不应出现开裂、破碎、永久变形或其他物理损伤。

（8）介电强度试验

燃料电池堆可按照两种不同的设计制造：

a. 固定（接地）的电池堆；

b. 可移动的电池堆。

对于设计 a，无需进行介电强度试验，只需考察开路电压。

对于设计 b，应在正常通入冷却介质且在运行温度下进行介电强度试验。如果燃料电池堆不能保持运行温度不变，介电强度试验应该在最高允许温度下进行，并应记录试验时的温度。

对进行介电强度试验的燃料电池堆，应切断燃料供应并用吹扫气体进行吹扫。在带电部分和不带电金属构件之间施加试验电压，采用直流电或 50Hz±2Hz 的正弦交流电。试验电压应在不少于 10s 的时间内稳定增加到规定值，然后至少维持 1min。如果没有出现绝缘击穿，且泄漏电流不超过 1mA 乘以试验电压与开路电压之比，则认为符合要求。

（9）压力差试验

对阳极和阴极通道内工作压力不同的燃料电池堆，应进行压力差试验。试验在燃料电池堆的最高允许工作温度或最低工作温度（取两者中更为严格者）下进行。向阳极和阴极通道通入适当的气体，并逐渐加压，达到最大允许工作压差的 1.3 倍，保持压力稳定不少于 1min，测量泄漏速率，例如在试验中用流量计连续测量，若不可能，则在增压至允许工作压差之前和之后测量。压差试验中，燃料电池堆不能有开裂、破碎、永久变形或其他物理损伤。在试验温度下，不应因为本项试验导致阴极和阳极腔之间的泄漏率增大。增压后的测得值与最初试验结果的偏差，不应超过仪器规定的精度要求。

（10）气体泄漏试验（重复试验）

燃料电池堆应该在没有预先调节的情况下再次进行气体泄漏试验，试验条件与前面相同。

气体泄漏率应不超过规定值，变化不得超过最初试验值的 10% 或 5mL/min（取两者中的较高值）。

（11）正常运行试验（重复试验）

按前面的说明重复进行正常运行试验，测得值与最初试验结果的偏差，不应超过仪器规定的精度要求。

（12）易燃气体的浓度试验

本项试验只适用于带有集中安全通风系统和吹扫程序的封闭系统，其运行温度低于易燃气体的自燃温度。

安全通风和吹扫过程与燃料电池堆的具体特征和要求密切相关，此试验应测定正常运行时燃料电池堆外壳内易燃气体的最高浓度。

试验应在正常条件下进行，试验区域内应没有可感知的气流。燃料电池堆在正常温度范围内运行，直至达到热稳定。然后在距吹扫口和气体排放出口一定距离的位置测量，以保证测得的易燃气体浓度是外壳内的浓度。此试验应连续进行，两个测量读数间的时间间隔应不少于30min，直到连续两个测得值的增量不超过连续四个测得值平均值的5％。

如果测得的易燃气体浓度低于低可燃极限的25％，则结果合格。

（13）冻结/解冻循环试验

此项试验适用于在0℃以下储存或运行的燃料电池堆。

燃料电池正常地稳定运行后，关闭电池堆。在规定的最低环境温度下，对燃料电池堆进行冷冻处理，冻结之后按照制造商说明书的说明对其解冻，直到温度升到不低于10℃，如此冷冻/解冻循环重复10次，然后，再次进行气体泄漏试验。

4.5　电安全

氢燃料电池汽车的燃料电池系统可输出300～600V的高压电，因此必须要有严格的防范措施，以防短路或电击。为满足车辆国家公告要求和有效解决项目招标书对电气安全系统的要求，对车辆安全策略的设计方案主要采取以下几方面措施[11]。

4.5.1　高压互锁的设计

为了能够实现在打开高压部件舱门和加氢口时确保高压切断，在各个高压设备安装舱门上安装了接近开关，用以提供准确的开舱信号。当舱门打开时，舱门信号继电器无法闭合，整车2挡也就无法上电，高压继电器也就无法工作，从而实现对高压的互锁；当整车外接充电时（包括燃料电池保温充电和动力电池充电），加氢口不允许打开；在加氢的过程中，外接充电也是无效的。具体的控制电路如图4-11所示。

4.5.2　碰撞保护及绝缘检测设计

相对于传统的内燃机汽车来说，燃料电池汽车发生碰撞时不仅要考虑氢的安全，还要考虑高压电的安全。氢是易燃易爆气体，但在车辆发生碰撞时，氢气即便发生泄漏，只要不遇到明火，对人身安全是没有影响的，车辆上的乘员还有充足的时间从车上逃离。但高压电则不同，在燃料电池汽车高压母线电压为200～400V的高电压下，只要发生了高压电漏电，车上的乘客基本没有逃生的可能。因此，对于高压电安全的设计要求更为严格。

燃料电池汽车中高压电相关的部件包括燃料电池系统（燃料电池电堆、动力分配单元和燃料电池辅助系统等）、电机驱动系统、双向DC/DC、高压蓄电池、电动空调压缩机及其控制器、高压风扇和高压线束等。燃料电池汽车的碰撞高压电安全的目标是要杜绝碰撞过程中发生高压电漏电的风险。因此，对于这些高压电部件须从布置、固定和周围的结构强度上都要加以考虑。同时，这些部件本身也要求具备一定的防碰撞能力，尤其是燃料电池电堆和高

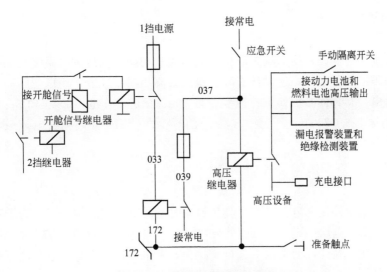

图 4-11 高压互锁控制电路图

压蓄电池，即使在系统的高压电被切断以后，其内部依然可能存在高压电，一旦发生破裂，就有可能造成漏电事故。车上的高压电回路也应该设置碰撞发生时自动切断高压电供应的装置，以确保碰撞发生时，即使高压线束等遭到破坏，回路中也无高压电漏出。这可通过设置惯性传感器来判断碰撞情况的发生，并在整车控制器中设定相应的程序，及时断开车的高压电供应来实现。燃料电池汽车高压电碰撞安全设计的通用策略如下[12]：

① 在碰撞中带高压电部件须得到良好保护。

② 保护重点集中在即使回路断开也带有高压电的燃料电池电堆和高压蓄电池等部件。

③ 碰撞时关闭高压电供应。

④ 通过碰撞工况的验证。

关于燃料电池汽车高压电碰撞安全验证策略可归纳如下：

① 检验在各类整车碰撞工况（按照国家相关法规标准）中，车辆是否能够探测到碰撞发生。

② 检验在各类整车碰撞工况（按照国家相关法规标准）中，燃料电池电堆和高压蓄电池是否受到会导致高压电漏电风险的损伤。

③ 检验在各类整车碰撞工况（按照国家相关法规标准）中，燃料电池电堆和高压蓄电池等部件是否出现从固定点脱落的情况。

④ 确定一个低速碰撞安全工况，要求在该工况下，所有的高压电部件都未出现可导致氢泄漏的损伤，也未从固定点脱落，与此同时，惯性开关获得足够的加速度并激活，使车辆探测到有碰撞发生，切断高压电供应。

⑤ 根据高、低速碰撞情况，选定合适的惯性开关型号。

在动力电池舱内部装有碰撞开关。当发生碰撞时，碰撞开关会发生动作，通过相应的回路来切断高压继电器的线圈，从而实现高压回路的安全切断。为了能够实时地检测到整车绝缘电阻的具体数值，并根据相应的阻值或报警情况及时地采取相应的措施。

根据整车对绝缘电阻值的安全需要以及长期的运行实践，在设计中对绝缘电阻检测系统设置了两级报警：一级漏电报警的绝缘电阻 $100k\Omega$；二级漏电报警的绝缘电阻 $50k\Omega$。当检测系统发生一级报警时，会在仪表上发出声光报警信号；当发生二级报警时，供电系统将强制切断高压。

4.5.3　手动隔离开关

为了更加可靠地保证在停车状态下整车高压完全切断，高压供电系统在供电电路中，除设计了电控高压接触器之外，还设计安装了机械式高压断路装置，用以切断动力蓄电池和燃料电池的总输出。其具体参数如下：型号SG1-800；额定工作电压DC 440V；额定工作电流400A；额定绝缘电压1200V；额定冲击耐受电压12kV；额定短时耐受电流最大值20kA/s；额定断路接通能力30kA。

4.5.4　调试状态及漏电检测设计

在对动力蓄电池外接充电、需要对高压设备开舱带电调试或维修时，为了不受整车开舱信号的限制，在高压电路中设计调试模式转换开关。此模式转换开关安装在高压配电柜内，以防非专业人员在未经许可的情况下进行误操作，对整车构成安全隐患。此开关在合上整车24V大闸的情况下，可以直接对整车高压的通断实现直接控制。

漏电检测系统所采用的直流漏电流传感器是应用磁调制原理研制的一种新型闭环式电流传感器，其测量微小电流稳定性优良，初级与次级之间高度绝缘，广泛应用于漏电监测系统、信号系统、电流差值测量等。其相对同类产品具有体积小、线性度好、抗干扰能力强，并具有掉电保护及电源极性保护等功能。最大检测漏电流为500mA。

建立基于漏电检测的高压系统安全管理与整车动力系统，协同控制通过高压电气系统中设置的绝缘监测装置，监控车辆运行中的漏电流情况，及时采取措施，起到保护人身和设备安全的作用。绝缘监测设有两级独立的预警方式，以加强系统的可靠性。

4.6　直接甲醇燃料电池安全

GB/T 33983规定了直接甲醇燃料电池系统在正常操作、发生可预见性错误操作和运输等情况下的安全要求和防护措施、型式试验、例行试验，以及标识、标签和包装。该部分适用于额定功率不大于1000W的以甲醇或甲醇水溶液为燃料的直接甲醇燃料电池系统。对于上述系统：当额定功率小于或等于240W时属微型燃料电池系统范畴；当额定功率大于240W，小于或等于1000W时属移动式直接甲醇燃料电池系统范畴。具体分类详见表4-6。

表4-6　直接甲醇燃料电池系统分类表

电池类型	额定功率 P
微型直接甲醇燃料电池系统	$P \leqslant 240W$
移动式直接甲醇燃料电池系统	$240W < P \leqslant 1000W$

4.6.1　通用安全要求

① 直接甲醇燃料电池系统的设计和制造应充分思考在正常或非正常使用过程中可能遇到的各种故障/或事故的安全风险，采取相应的措施加以避免。并按照GB/T 7826进行相应的风险评估，以及可靠性分析。

对无法避免的安全风险，应提供安全提示标识和处理说明，声、光等警示以及自动和/

或手动处理措施。

② 直接甲醇燃料电池系统的可接触部件不得具有可能造成人身伤害的尖利的边、角和粗糙表面；若无法避免，则制造商应设置相关的警示标识。

③ 直接甲醇燃料电池系统的各个部件及其连接件在正常使用/发生可预见性误操作过程中，应能避免可能导致危害其安全性能的失稳、变形、断裂或磨损。

④ 制造商应采取措施避免因接触或靠近直接甲醇燃料电池系统温度较高的部件而带来的危害。

制造商应根据表 4-7 对直接甲醇燃料电池系统外表面的温度进行限制或安装防护罩或保护装置以防止可能导致事故的接触风险（最高表面温升是未配备个人防护装置的操作人员在操作过程中可接触的上述部件外表面温度高于环境温度的最大值）。

表4-7　表面温升要求

部　件	最高表面温升值/℃
外壳（正常使用过程中的操作杆除外）	60
在正常使用过程中仅短时间握持的操作杆、把手、旋钮和类似部件的外表面： 金属材质 陶瓷材质 铸模材料（塑料）、橡胶和木质材料	35 45 60

⑤ 电气系统的设计与结构应与电气及电子设备的应用一样，需要满足相关电气产品的应用标准。技术规范中应提供适用于直接甲醇燃料电池系统的应用场合。制造商还应考虑燃料电池堆上的残余电荷。

⑥ 充电电池应符合相关国家标准规定的要求。

4.6.2　物理环境与运行条件

（1）概述

设计和制造直接甲醇燃料电池系统及其保护性装置时应使其能够在制造商规定的物理环境和运行条件下达到设定的功能。

（2）环境条件

制造商应规定直接甲醇燃料电池系统运行的环境条件，应考虑以下因素：

① 直接甲醇燃料电池系统应在空气流通良好的通风环境中运行，若直接甲醇燃料电池系统所处的运行空间空气流通不畅，则应在运行环境中安装可燃气体报警器，且报警器的浓度检测范围应符合泄漏安全要求中废气排放限值的要求；

② 直接甲醇燃料电池系统运行环境中无明火；

③ 直接甲醇燃料电池系统能够正常运行的空气温度、湿度、海拔高度等范围；

④ 直接甲醇燃料电池系统可能被安置在无人值守地区。

（3）燃料输入

制造商应规定用于直接甲醇燃料电池系统的甲醇燃料浓度和输入方式。

（4）振动与撞击

直接甲醇燃料电池系统应具备一定的抗撞击和振动的能力，保证正常使用、运输或储存过程中所产生的冲击和振动不会对直接甲醇燃料电池系统各个部件产生损害。可通过安装防振动设施来避免振动和撞击产生的不良影响。

（5）运输和储存温度要求

直接甲醇燃料电池系统的设计应能够承受或采取适当的预防措施后能保持1～55℃的运输和储存温度。制造商也可规定替代的温度范围。

4.6.3　材料安全要求

用于密封或连接的材料，以及用于构建直接甲醇燃料电池发电系统或单元外部和内部的材料要适用于设备在制造商规定的使用期限内所有可能出现的物理、化学和热工作状态，特别还要适用于试验状态。在正常使用条件下，材料要能保持力学稳定性和热稳定性。

① 材料要能抵抗甲醇及甲醇发生电化学反应后生成的产物，如甲醛、甲酸等的化学和物理作用，还要能抵抗外界的环境质量恶化；

② 在制造商规定的设备使用期限内，与运行安全性相关的化学的和物理的特性不应受到较大的影响；特别是当选择材料和制造方法时，要考虑到材料的耐腐蚀和磨损性、导电性、冲击强度、抗老化性、温度变动的影响、当材料放在一起时会出现的影响；

③ 当已知所使用的材料在某些条件下会发生危险时，制造商应采取各种防范措施，并向用户提供必要的信息，以最大程度地减小危及人身安全与健康的风险；

④ 充分考虑这些材料可能出现的腐蚀、磨损、侵蚀或其他化学反应腐蚀等情况，并且应尽量选择符合GB/T 4943.1中阻燃试验要求的材料；

⑤ 硫化橡胶和热塑性橡胶部件应按GB/T 3512—2014中8.2和8.3的规定进行热空气加速老化试验和耐热试验（老化时间不低于96h），确保试验后的性能（弹性、拉伸强度等）仍能满足发电系统在预期寿命内安全使用。

4.6.4　泄漏安全要求

泄漏试验应在分别经受过振动、跌落和高温暴露后的外置燃料容器和燃料电池动力单元上进行，试验后，外置燃料容器和燃料电池动力单元应无甲醛泄漏。微型直接甲醇燃料电池系统单位时间内燃料质量流失量应小于0.08g/h；移动式直接甲醇燃料电池系统单位时间内燃料质量流失量应小于2.6g/h。

4.6.5　废气排放要求及防护措施

（1）废气排放限值要求

直接甲醇燃料电池系统在正常使用或发生可预见性误操作过程中，应避免因系统的废气排放对用户和环境产生的危害，且应对废气排放口进行标识。

（2）废气排放温度要求

对以额定功率运行条件下的直接甲醇燃料电池废气排放温度进行试验，废气排放温度应低于70℃。

（3）安全排放防护措施

制造商应设计和制造符合下列要求的排气管道或在产品技术说明书中提供设计和制造排气管道的说明：

a. 排放系统应采用抗冷凝物腐蚀的材料制作；

b. 排气管道应具有适当的支撑并配备防雨盖或其他不限制或不阻碍气体排放的部件；

c. 应配备排水装置或措施，以防水、冰、雪和其他杂物在排气管内积聚或阻塞排气管道；

　　d. 排气管道末端应置于空气流通的安全地区，远离点火源和室内进风口；

　　e. 除出口外直接甲醇燃料电池系统的排气系统应密封，不得有泄漏；

　　f. 制造排气系统所用材料的耐受温度应不低于输送废气的最高温度。

4.6.6　电气安全要求

（1）电气过载

按相关要求进行电气过载试验，过载试验 1min 内直接甲醇燃料电池系统保护电路应动作。如果试验过程中先触发了过功率保护功能，也视为有效。

过载试验过程中，燃料电池系统应该不冒烟、不起火、不爆炸、不泄漏。

（2）绝缘电阻

直接甲醇燃料电池系统在标准大气环境条件下，在施加 500V 电压时的绝缘电阻应不低于 10MΩ。

4.6.7　高温暴露

按相关要求进行高温暴露试验，高温暴露试验过程中直接甲醇燃料电池系统应无泄漏、着火和爆炸。

4.6.8　振动

除特殊规定外，振动试验只针对外置燃料容器、微型燃料电池动力单元进行，对于移动式燃料电池动力单元可不做振动试验。

按要求对部分充装的外置燃料容器和按照制造商提供的说明书充装的燃料电池动力单元进行振动试验：

　　a. 振动试验过程中直接甲醇燃料电池系统处于运行状态，燃料电池动力单元及外置燃料容器不应发生可能对人体健康或环境造成伤害的机械失稳、变形、断裂或磨损，同时不应发生燃料容器及燃料电池动力单元中甲醇燃料、反应产物等液体的泄漏、着火或者爆炸；

　　b. 振动试验过程中直接甲醇燃料电池系统处于冷态，振动试验过程中该系统不应发生自主启动。

4.6.9　跌落

除特殊规定外，跌落试验只针对外置燃料容器、微型燃料电池动力单元进行，对于移动式燃料电池动力单元可不做跌落试验。

按要求对部分充装的外置燃料容器和按照制造商提供的说明书充装的燃料电池动力单元进行跌落试验：

　　a. 跌落试验过程中直接甲醇燃料电池系统处于运行状态，燃料电池动力单元及外置燃料容器不应发生可能对人身或环境造成伤害的机械失稳、变形、断裂或磨损，同时不应发生燃料容器及燃料电池动力单元中甲醇燃料、反应产物等液体的泄漏、着火或者爆炸；

　　b. 跌落试验过程中直接甲醇燃料电池系统处于冷态，跌落试验过程中该系统不应发生自主启动。

4.6.10 湿度

按规定对直接甲醇燃料电池系统进行湿度试验，试验后按相应规定对直接甲醇燃料电池系统的绝缘电阻进行测试，测试结果应符合制造商规定的绝缘电阻的要求。

4.6.11 淋雨

按规定对直接甲醇燃料电池系统进行淋雨试验，试验后按相应规定对直接甲醇燃料电池系统的绝缘电阻进行测试，测试结果应符合制造商规定的绝缘电阻的要求。

若制造商规定不允许直接甲醇燃料电池系统在淋雨条件下运行，则可以不进行该试验。

参 考 文 献

[1] 王鸿鹄，李亚超，何雍，等. 燃料电池汽车氢安全研究和实践经验总结 [J]. 上海汽车，2012 (11)：7-10.
[2] 刘艳秋，张志芸，张晓瑞，等. 氢燃料电池汽车氢系统安全防控分析 [J]. 客车技术与研究，2017，39 (6)：13-16.
[3] 杨帆，沈海仁，郑传祥. 氢安全保障报警研究 [J]. 化工装备技术，2010，31 (1)：43-47.
[4] 王晓蕾，马建新，等. 燃料电池汽车的氢安全问题 [J]. 中国科技论文，2008 (5).
[5] 张新建. 燃料电池汽车车载氢系统安全性分析 [J]. 时代汽车，2019 (2)：98-100.
[6] 刘京京，陈华强，周伟，等. 燃料电池汽车氢气加注控制策略分析 [J]. 能源与节能，2017 (10).
[7] 赵艳男. 燃料电池汽车供氢系统及系统安全策略 [J]. 上海汽车，2006 (12)：6-8.
[8] 郑津洋，欧可升，邵忠瑛，等. 氢燃料电池汽车全球技术法规研究 [J]. 标准科学，2010，439 (12)：52-57.
[9] 黄兴，丁天威，赵洪辉，等. 车用燃料电池系统氢安全控制综述 [J]. 汽车文摘，2019 (4)：6-10.
[10] 陈笃廉. 燃料电池客车氢系统与动力电池安全防护设计 [J]. 机电技术，2017 (2)：59-62.
[11] 严治国，孙骁磊，陈彦雷. 燃料电池客车高压电安全和氢安全设计 [J]. 客车技术与研究，2011 (5)：20-23.
[12] 黄伟科，万党水，凌天钧. 燃料电池轿车碰撞高压电安全的设计与评价 [J]. 汽车工程，2012，34 (6)：491-495.

第 5 章
氢燃料电池车安全

5.1 引言

汽车电动化可以减少内燃机汽车对人体有害的尾气排放，减缓气候变暖，是汽车技术发展的必然趋势。目前，电池电动汽车已经进入普及阶段，有逐步取代以汽油机为主的乘用车之势。但是，由于电池系统能量密度所限，电池电动汽车难以满足长距离、高功率、快速补能充电、宽温度适应性等大型商用车的要求。而燃料电池汽车（FCV）能够满足这些要求，是取代以柴油机为主的大型商用车的重要候选。但是，燃料电池汽车既需要使用氢气，也需要使用电池，对汽车产业来讲属于新生事物，在实用化、商业化及普及过程中面临诸多课题和挑战。

其中一个重要的挑战就是确保燃料电池汽车的安全性，解除消费者和社会上的疑问和顾虑。内燃机汽车经过百余年的发展，安全相关技术、检测、法规、保险等体系都已经建立、健全。而燃料电池汽车所搭载的燃料电池系统、给燃料电池补充氢气的加氢站，都是新型技术，还没有被充分认知和掌握，而且新知识、新技术还在不断进化和涌现之中。鉴于这些因素，一方面需要充分借鉴目前已经掌握的类似技术的安全保障做法，另一方面，对氢气由来的新的课题也要展开研究。例如，在确保氢气安全上，可以借鉴天然气管道的安全标准，借鉴运输天然气车辆的安全标准和检测方法。加氢站中高压气体的使用，可以借鉴 CNG、LPG 等可燃高压气体填充实践中所积累的经验，逐步建立、完善适用于氢气的安全设备和法规法律。

安全、卫生等公共性、公众性强的相关技术，客观上要求不论何时、不论何地都要采用同样的检测和处置，为此需要建立能够方便认定、确保统一技术水准的国际标准。现在，日本、美国和欧洲的燃料电池先进国家，不仅在车辆开发上处于领先地位，而且在加氢站的设计与建设技术，以及安全性的研究及国际标准建立等领域也处于领先地位。为了尽快缩小国内外安全技术标准的差距和差异，一方面可以采用已经达成共识的安全标准，另一方面，有必要积极加入和参与 ISO、GTR 等安全相关讨论。另外，在试验设备、试验方法上，通过引进吸收先进国家的设备和测试协议，也可以加快安全技术的研发和安全保障体系的构建。

本章首先简要介绍氢气安全相关的物理、化学特性；然后以日本为主，按燃料电池汽车设计、生产、运输、使用的顺序，介绍车辆相关安全技术；进而介绍多种使用场景下的事故与危害，社会安全管理体系的建立；最后就如何加快安全技术研发、促进安全保证体系建立提出建议。各节内容简介如下：

① 氢气安全　简要介绍氢气的物理和化学性质，特别是与安全性最紧密相关的氢气扩散特性、爆炸特性和发生火灾时的物理特性。在设计使用设备时，树脂材料的老化以及钢材的脆化是重要安全相关现象，所以，对于树脂材料（特别是密封圈类）的老化、金属材料的脆化现象和相关对策进行说明。

② 车辆设计安全　介绍燃料电池汽车最领先的国家——日本的相关法规、法律，着重说明法规中规定的重要设计条款及其背后的思想。尤其是对氢气安全、高电压的安全使用及其背后的技术思想加以解说。

③ 生产阶段的安全管理　对燃料电池汽车的安全生产管理及其技术背景进行解说，特别对高压气体容器的检测进行较为详细的说明。车辆的出厂检测工序属于企业秘密，公开信息极少，只对一般原理进行说明。

④ 出厂运输安全　将来，燃料电池汽车的进出口、远距离运输会大大增加，这样就不能再依靠直接驾驶燃料电池汽车，而必须把燃料电池汽车装入其他运输工具来运输。目前，只有少量试验限定汽车运载车辆在运输过程中出现火灾时的状况与应对，对燃料电池汽车出厂运输时充填气体的压力限定、在运输工具上的装载方式等尚没有明确的规定，也缺少对船舶和铁路运输时安全措施的研究。近年来，roll-on/roll-off（车辆摆渡）的船舶运输方式、铁路运输时旅客与车辆的混载情形（比如英吉利海峡的海底隧道）渐为增多。这些情况下，燃料电池汽车与内燃机车辆的混编、乘客的存在等，对确定合理有效的安全措施提出新的挑战。车辆摆渡运输时大规模的火灾、隧道中的火车火灾，都有可能导致发生重大灾难。这些问题必须及时解决，才能迎来燃料电池汽车的大规模普及。

⑤ 使用阶段的安全措施　燃料电池汽车装有高压氢气瓶，所以需要定期检测。另外，燃料电池汽车通常都搭载有作为辅助动力的锂离子电池，其安全确保技术仍处于进化之中。为了确保不熟悉高压气瓶、高能锂离子电池以及控制这些设备的电力电子器件的用户能够安全使用，需要对车辆进行定期检测，需要有车辆自我诊断系统，需要在出现异常状况时发出对用户的警示与导引。另外，为了预防事故发生，将车辆上装有的各种传感器的信息传送到数据中心，在那里对大数据进行处理，如果发现有异常前兆，再向车辆传送数据，通过车辆系统催促使用者修理或终止使用，也是提高安全使用的有效措施。现在召回通知不能及时、无漏地通知到使用者等问题，有望通过这种信息和计算机技术（ICT）加以解决。

⑥ 多种使用场景下的事故与危害　现在的交通基础设施是以燃油车辆发生火灾时的应对为中心进行设计、建设、运营的。隧道、桥柱等基础设施构筑物、含有停车场的建筑物的安全性规定，主要是针对设施内部消防设备的数量以及建筑材料的耐热性来提要求的。而氢气泄漏引起的爆炸与以往的火灾举动大不相同，比如极其快速的气体扩散使得留给避难的时间大为缩减，因此，有必要开发新的避难计划、增设新的可以快速避难的路径。而且，要注意气体的扩散方向。氢气有很强的向高处上升的倾向，因此，对于停车场在地下和下层的建筑物，应注意不要使气体停留在建筑物的上层。最有效的对策是设置气体泄漏时可以关闭的防火门和通向屋顶的专用的换气口。另外，也要注意爆轰产生的巨大冲击。这种冲击可能造成位于涵洞、建筑物上方的换气装置和标识牌等物品松动、落下，砸到通过的车辆或行人。加固、更新这些设施需要逐步展开，会持续较长时间，对于还没有更新的地段要采取限制通行等措施。

⑦ 社会安全管理体系的建立　汽车产业包含汽车、交通基础设施、用户等多种因素，是一个成熟的产业。但燃料电池汽车及其需要的基础设施，对用户和管理部门还是一个不甚熟悉的新生事物。本节讲述在燃料电池汽车普及过程中，需要编纂手册，对用户和管理人员

进行氢气与燃料电池汽车的基础知识及异常情况下应对方法等培训。同时，为确保燃料电池汽车的安全与便利，必须建立健全各种标准、法规、法律、检测设备、检测机构。现有的检查和监督机构是针对内燃机汽车建立的，并没有考虑高电压设备、高压气体，或者是内燃机和电池电动汽车、燃料电池汽车混在情形下的管理，因此有必要重组或建立新的管理体制。

5.2　氢气安全

关于氢气基本性质的详细说明，请参照本书第 1 章。这里，仅简要介绍与本节关联较紧的扩散特性以及燃烧/爆炸时的危害。

5.2.1　氢气扩散特性

与其他气体相比，氢气分子量小，非常轻，密度是空气的 0.07 倍。比空气重的汽油和丙烯会贴近地面扩散，而比空气轻的氢气和甲烷会从泄漏处上升到屋顶聚集。因为扩散系数很大，氢气容易靠通风稀释，但反过来，也因此会扩散到很远的地方，被引燃的概率也随之增大。氢气的扩散系数较大，同时与空气的比重也相差较大，这将导致氢气在水平方向和垂直方向的扩散存在较大的差异。

5.2.2　氢气燃烧/爆炸时的危害

氢气燃烧、爆炸的显著特征是可燃浓度范围与爆轰浓度范围宽，着火所需的最小能量小，但最大燃烧速度大。

在低浓度一侧，氢气与甲烷（城市燃气的主成分）相近，比丙烷高。因此，当氢气少量泄漏时，可以采取与城市燃气类似的应对措施。需要注意的是，在中到高浓度范围内，氢气也有可能发生燃烧、爆炸，因此也必须考虑当空气从外部渗入容器和管道时会引起的内部爆炸。而且，由于熄火距离非常小（不足 1mm），处于可燃浓度范围内的氢气，其火焰容易从地下管道和连接处的缝隙以及没有完全关闭的开关处通过，从而扩大燃烧和爆轰区域。随着氢气浓度增加，燃烧速度会增大。当浓度超过 10% 时会发生爆炸，带来的损失就会扩大，超过 18% 时则可能发生爆轰。极高的燃烧速度意味着几乎没有避难和灭火的时间。另外，一旦发生了爆炸，只要没有氢气持续喷出，原来泄漏的氢气都已经消耗殆尽。

图 5-1　氢气事故（氢气爆炸后紧接着福岛第一原子发电站没有发生大规模的火灾，而建筑物的损伤却很大。白烟是从原子炉中出来的水蒸气）
「氢爆炸後福岛核电站的美國衛星照片」
『朝日新聞』（2011/3/15 日）

图 5-2　燃油事故（炼油厂的石脑油品罐发生爆炸而引起火灾爆炸的危害很大，主要是来自火灾产生的大量热量）
京都市消防局「向北海道苫小牧市派出紧急消防队」

氢气的最小着火能量低，大约仅为其他可燃物的 10%。通常人体上衣服的静电、继电器和电动机发生的火花、氢气从安全阀大量喷出时与干燥空气摩擦产生的静电，都可能产生与氢气最小着火能量（0.02mJ）相当大小的能量。

与其他的可燃性气体、汽油相比，氢气的燃烧热和热辐射的值比较小，因此，氢气事故时由于放热带来的危害较小，主要危害来自爆轰引起的物理性破坏。图 5-1、图 5-2 显示了氢气事故与燃油事故的不同特征。

5.3 车辆设计安全

5.3.1 氢气安全的设计指南

（1）氢气排放方向、场所的要求

氢气罐安全阀启动放氢时、电堆冲扫排氢时，或者有其他原因需要将氢气或者混有氢气的气体排出时，排放的方向、场所需要满足一定的要求。由于氢气的爆炸范围（4%～75%）极宽，仅根据排放气体量和排放场所的容积比来判断是否安全是非常危险的。在下述器件、场所，需要特别注意：

① 轮胎房（tire house） 轮胎房是半封闭的空间，很容易积存气体。从刹车转置产生的火花、车胎破损后车轮与路面摩擦产生的火花等，容易成为点火源，这时轮胎房如果有氢气积存，就非常危险。

② 有裸露的电器接头、电源开关等可能成为点火源的设备所在场所 因为电火花很容易引发氢气爆炸，所以不要使氢气在这些地方积存。从本质安全设计的角度，电源开关、电器接头都应该采用防爆构造。

③ 高压气体存放处 其他气体容器及其存放处排放氢气发生火灾时，有可能进而引起其他正常容器破损而扩大危害。

④ 车辆前方 在行进中，向车辆前方排放氢气，可能会搅起尘埃或使周围空气凝结成雾滴（高压气体急速膨胀属于绝热膨胀，温度会降到很低），从而遮挡视线，妨碍及时安全停车。

（2）容器的配件（各种阀门及其控制器）

① 安装标准 阀门类配件内部存在可动部件，由于磨损或松动，是经常出现泄漏或发生故障的配件。需要采用冗余设计，在某些零件出现问题不能正常发挥作用的情况下，阀门也要保证安全性。在设计阀门的安装位置时要考虑，当有氢气从阀门泄漏到外面的时候，不要让漏出的氢气在局部积存，附近可能产生电火花的电器设备需要采用防爆构造。

② 配件按照位置 容器的配件要直接安装在容器上。安全阀、截止阀如果与容器分开，就不可能有效控制气体的排放，构成重大事故隐患。因此，这些配件必须直接安装在容器上，在使用中也不得分离。

③ 主截止阀 除了要求可靠性高外，主截止阀必须在驾驶座上能够操作。即使由于事故等原因司机不能离开驾驶位置，也要能及时停止氢气的供给。从可靠性、远距离操作、高速启动等多种要求考虑，现有技术中选用电磁阀比较合适。

④ 容器的防逆阀　防逆阀是防止空气与容器和管道中的氢气发生混合的装置。如前所述，氢气占75%的混合气体是可以发生爆炸的。与防止氢气外泄相同，也必须防止空气混入氢气罐或管道内。从一般常用的压力到使用后的最低压力范围内，防逆阀都要具备抑制逆向流动的功能。

⑤ 减压阀　考虑到减压阀可能出现故障，按照本质安全的设计思想，应该在减压阀和容器之间安装主截止阀。同时要在减压阀的两侧安装压力计。当高压侧压力超过设定的上限时（比如容器过充或者被过度加热），需要启动安全阀；当低压侧压力超过设定的上限时，需要设置泄压阀并启动泄压。

（3）容器（氢气罐）

氢气罐工作在满充下的最高压力与低充下的最低压力之间，所经历的压力差要远高于其他部件。氢气罐一旦破损，氢气将会大量甚至全部泄出，可能导致重大事故。因此，需要在容器的设计、制造、使用等各个环节都给予高度重视。

① 固定　与车体固定，使用者不能取下来。不能将氢气罐从车上取下充氢，也不允许在车上追加安装氢气罐。氢气罐频繁装卸，不仅可能造成容器或注氢口的损坏，也可能出现误操作，致使氢气泄漏或空气混入氢气罐达到爆炸浓度范围。

② 安装位置　不能安装在能够向乘员舱和货箱内泄漏氢气的位置。发生撞车时，不能使氢气罐与外部物体直接接触而发生破损，氢气罐不能被挤入乘员舱。另外，安装位置要避开可能产生电火花的部件，避开阳光直射或来自其他物体的热辐射。氢气罐前端要留出420mm的距离，后端要留出300mm的距离；在进行撞击试验时，要注意做好固定，不要让氢气罐脱离安装位置。

③ 储存室　设置储存室时，要设置换气装置和换气通路。当检测到氢气泄漏时能够迅速地换气，不至于使氢气浓度达到爆炸浓度范围内（4%以上）。安放位置要避开可能产生电火花的机器、避免阳光直射和来自其他机器的热辐射。

④ 对于振动和加速度的耐受性　因为氢气罐的重量和体积与其他部件比较是非常大的，所以在设计上一定要固定好以防止振动和冲撞以及横倒时的冲击。

（4）管道

管道的材质要能够耐受氢气脆化，强度最好是通常设计标准的1.5倍。支撑、固定管道部件的金属部分不要与管道直接接触，除非焊接在一起。这是因为，如果管道与支撑它的部件的材质属于不同种金属，则会出现局部电池反应而引发腐蚀。对于较长的两端固定起来的管道，每隔1m要安装支撑，同时注意避免管道受到热的影响。

（5）注气口

注气口是使用者直接操作的为数不多的高压气体设备，必须与裸露的电器接口、电闸开关等其他可能的着火源保持200mm以上的距离（现在燃料电池汽车的注气口都设置在车体外部，满足这些要求）。在设计时，还要考虑粗暴操作、误操作等可能，采取防呆（fool-proof）措施（现在的汽油机汽车时而会出现忘记拔掉加油枪而开动汽车的情况，造成漏油甚至火灾等事故）。

5.3.2　氢气安全的试验方法

前方碰撞试验[1]的基本设备要求和操作顺序沿用内燃机车辆的碰撞试验方法。这里只针对使用压缩氢气的车辆特有的试验操作方法和顺序进行介绍。在碰撞试验中要使用氦气代替压缩氢气做试验。

5.3.2.1 碰撞试验中各种阀门的状态

为了模拟实际事故，碰撞时要使主截止阀和其他阀门处于开放状态。如果试验中或者试验后这些阀门有可能被偶然关闭，需要采取措施使这些阀门处于开放状态再实施试验。但是，如果系统具备碰撞感知功能，并能随之将阀门关闭，则不必事先改变阀门的状态，而是让系统自主控制。

5.3.2.2 试验方法

速度为 (50 ± 2) km/h，如果超过这个速度时试验结果合格，那么也可以判定通过。为了测算泄漏量，可以对供试系统进行必要的改造，如安装传感器。

碰撞后要测量 5min 内泄漏出的气体量。要测量碰撞前和碰撞后 60min 后氢气罐内或者氢气罐下游第 1 个减压阀前端的气体压力和温度，算出气体的泄漏量。

5.3.2.3 合格与否的判断标准

根据氢气泄漏后 1min、60min 后的两个泄漏量来判断，这是因为有些情形下泄漏速度会随时间变化，应该满足以下标准。

① 以压缩氢气为燃料的汽车或其他类型的汽车，碰撞后从各部件排出或滴下的燃料量，最初的 1min 内要在 30g 以下，而且 5min 内要在 150g 以下。

② 以压缩氢气为燃料的汽车，按照以下程序算出的氢气泄漏量要低于 131L/min。泄漏气体量要通过压力差计算，由于氢气罐大小和试验时的气温会影响容器内压力，要算出气体泄漏的绝对量，需要按照以下程序计算。

第 1 步：碰撞前和碰撞 60min 后气体容器内或者容器下游第 1 个减压阀上侧的氦气压力换算为 0℃时的压力。

$$p_0' = p_0 \times [273/(273+T_0)] \tag{5-1}$$

式中，p_0' 为碰撞前的氦气压力换算为 0℃时的绝对压力，MPa；p_0 为碰撞前的氦气绝对压力测定值，MPa；T_0 为碰撞前的氦气温度测定值，℃。

$$p_{60}' = p_{60} \times \frac{273}{273+T_{60}} \tag{5-2}$$

式中，p_{60}' 为碰撞 60min 后的氦气压力换算为 0℃时的绝对压力，MPa；p_{60} 为碰撞 60min 后的氦气绝对压力测定值，MPa；T_{60} 为碰撞 60min 后的氦气温度测定值，℃。

第 2 步：用从第 1 步中算得的碰撞前和碰撞 60min 后气体容器内或者容器下游第 1 个减压阀上侧的氦气 0℃时的压力，求得碰撞前和碰撞 60min 后气体密度。

$$\rho_0 = -0.00621 \times (p_0')^2 + 1.72 \times p_0' + 0.100 \tag{5-3}$$

式中，ρ_0 为碰撞前氦气密度，kg/m³。

$$\rho_{60} = -0.00621 \times (p_{60}')^2 + 1.72 \times p_{60}' + 0.100 \tag{5-4}$$

式中，ρ_{60} 为碰撞后 60min 时氦气密度，kg/m³。

第 3 步：利用上面计算得到的气体密度，求得碰撞前和碰撞 60min 后氦气量。其中要用到的体积，如果压力是从容器内部测量的，应该使用容器的容积；如果压力是从容积下游第一个减压阀上侧测量的，应该使用容器容积加上到该减压阀的管道的容积。

$$Q_0 = \rho_0 V \times \frac{22.4}{4.00} \times 10^{-3} \tag{5-5}$$

式中，Q_0 为碰撞前的氦气量，m^3；V 为内部容积，L。

$$Q_{60} = \rho_{60} V \times \frac{22.4}{4.00} \times 10^{-3} \tag{5-6}$$

式中，Q_{60} 为碰撞 60min 后氦气量，m^3；V 为内部容积，L。

第 4 步：计算氦气的泄漏率。

$$\Delta Q = (Q_0 - Q_{60}) \times 10^3 \tag{5-7}$$

$$R_{He} = \frac{\Delta Q}{60} \tag{5-8}$$

式中，ΔQ 为碰撞 60min 后氦气的泄漏量，L；R_{He} 为氦气的泄漏率，L/min。

第 5 步：将氦气泄漏率换算为氢气泄漏率 R_H。

$$R_H = 1.33 R_{He} \tag{5-9}$$

5.3.3　高压防护

5.3.3.1　防触电措施

（1）限制高电压

直流必须在 60V 以下，交流必须在 30V（实效值）以下。

（2）电池包的安装位置

为了防止碰撞后电池包裸露出来，电池表面或电极接头与车体接触而引发触电，安装位置需满足以下要求：

① 距离车辆前端 420mm 以上，距离车辆尾部 65mm 以上，距离车辆外侧 130mm 以上。如果安装位置高于地面 800mm，不受以上要求的约束。

② 动力电池包固定部位要能够耐受与车辆中心线平行（直行）方向上的冲击加速度。

③ 在规定条件下碰撞试验后泄漏出来的电解液不要漏在乘员舱内。

（3）氢气排放

如果配备了排放氢气副产物的装置，则需要设置换气扇和换气管道，其位置要与供电部件距离 200mm 以上。

（4）导线和电插头

① 颜色：高压导线要用橙色，直流导线正极一端用红色包覆，负极一端用黑色包覆。高压导线一定优选橙色，红色和黑色包覆在导线末端。

② 绝缘保护：供电部满足保护等级 IPXXB。

③ 防呆设计：充电相关系统的保护需要牢固可靠。不使用工具就不能打开、分解或是从车体上拆卸下来。

5.3.3.2　防止触电相关的试验方法

（1）与电气火灾相关的注意点

电气火灾即使是燃油汽车也难以杜绝，只靠电池本身的保护措施是不能完全避免的。基本原理和防护手段如下所述。

① 电池的正极端要接上保险丝　与干电池不同，汽车用电池的容量很大，能够长时间

维持足够高的电流，烧损树脂制品，甚至引发火灾。电池负极端与车体连接，将车体作为导体利用。因此如果正极端引出的导线与车体接触就会发生短路。为此，需要在电池的正极一侧接上保险丝，如果有大电流通过，电路就会被切断（如图5-3所示）。

图 5-3　电池的正极端要接上保险丝

② 漏电（tracking）防止　当插线板等因灰尘聚集而处于半导电状态时可能产生火花而引起火灾，因此，要防止来自接线板接触不良而产生的漏电。但是，当电池的正极浸在盐水（海水）里时，通常的防止插电板漏电的机能不能发挥作用，就可能引起火灾。因此，防火的根本措施是在电线通过处使用难燃材料。但是，车辆内饰材料中有许多树脂类制品，即使是绝缘树脂其耐热性也是有限的，所以要杜绝火灾并非易事。

燃料电池汽车电器、电路示意图如图5-4所示。电路的地线是车体，电能变换系统对于燃料电池车来说包括燃料电池单元、电气再生制动系统，驱动系统是以电动机为代表的负载单元。

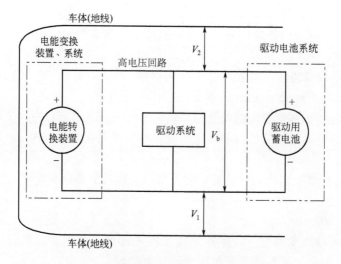

图 5-4　燃料电池汽车电器、电路示意图[2]

（2）高电压限制[2]

碰撞试验后 5～60s 间，高压电回路的电压（V_b、V_1 和 V_2）必须小于 60V（直流）或 30V（交流电压有效值）。需要通过切断电池或者燃料电池的输出回路来实现。

（3）防止接触

所有外露的导电部分与车体间的电阻，电流为 0.2A 以上时，必须低于 0.1Ω。

（4）绝缘电阻

直流高压回路与车体间的绝缘电阻要求每 1V 在 100Ω 以上；交流高压回路中要求每 1V 在 500Ω 以上。

（5）蓄电池和高电压回路的安装位置

蓄电池和高电压回路需要安装在距车辆前端 420mm 以上、距车辆后端 300mm 以上的位置。但当这些器件安装高度超过地面 800mm 以上时，不受这些约束限制。

（6）抗冲击性

按照规定的加速度进行碰撞试验，电池不得从固定的位置松脱，电池箱体、导线、端子等不得接触车体而造成短路。

5.3.4　保护机构的设计

5.3.4.1　氢气传感器的安装位置

要在容易探测到氢气泄漏的位置至少安装一个氢气传感器。在氢气罐附近必须安装一个。为了检测吹扫气体中的氢气浓度，最好在其排气路径上安装一个传感器。另外，最好也在可能发生泄漏的燃料电池电堆的安装箱体内设置传感器。在安装氢气传感器时，要注意选择位置、方式和传感器种类，传感器应该与被测定气流充分接触，且要避免结露、热干扰等导致测量结果不准确。

5.3.4.2　与警报器、截止阀的联动

传感器检测到气体泄漏时，应该与警报机构联动，使驾驶员在驾驶席上获得声音或光亮等警报信息。而且，如果必要，应该能在没有驾驶员介入的情况下自动启动截止阀。当传感器自身出现故障时，应该启动警示灯提醒驾驶员注意，并根据防呆设计原则启动截止阀。

5.3.4.3　压力表、余量表

在驾驶席上，必须安装可以显示第 1 个减压阀上游压力的压力表或余量表，余量根据第 1 个减压阀上游的压力加上温度校正后算出。而且，在向氢气罐加氢时，为了防止过度注入，要对气体压力和温度进行测量并自动算出注入的气体量。

5.3.4.4　注入操作时与注入装置间的协调联动机制

对氢气罐加氢时，需要与注入装置进行通信，实施以下操作：

① 确认注入连接机构的确切插拔状态　不充分的连接状态会造成气体泄漏，因此，需要根据车辆与注入装置两边的传感器来判断连接器是否连接充分。如果连接器没有完全连接好，那么注入装置就不能注入气体。另外，希望有这样的系统功能，确保在连接器卸下后如果注入口的盖子没有完全封闭时，车辆不能开动。

② 注满时的自动关闭　当氢气罐被注满时，从车辆一侧发出停止注入的信号，关闭注入装置的阀门，以防止过量注入。

③ 气体泄漏时的紧急关闭　当加氢站的气体泄漏报警器启动的时候，希望车辆上注入口的阀门能够关闭。

④ 吹扫氢气的管理　车辆行进中要监测尾气中氢气的浓度，控制其浓度不超过 4%。具体控制方法可以是用供给空气的一部分来稀释尾气中的氢气，或者降低氢气的供给量以减小尾气中的氢气含量，或者可以将氢气从尾气中分离出来作为燃料再次供给车辆使用。

另外，在发动机怠速工况下，因为车辆没有移动，尾气容易积存，只用空气稀释的方法很难防止氢气浓度的上升。在这种情形下，可以考虑将车辆动力源从燃料电池切换改为电池。

5.4 生产阶段的安全管理

国际标准化组织 ISO 负责制定燃料电池汽车的质量保证标准，日本国内产业界以此为依据也在制定相关的标准、法规以及设立认证机构、体系。认证体系要具备以下要素：

① 来自政府的检查　安全试验方法的确立，试验部门的设立，用法律、法规保证危险性的降低。

② 有关安全性的研究与开发　站在保护消费者的立场上，开展各种使用条件下危险状况的识别和对策的开发。

③ 追求本质安全　在企业内要实施追求本质安全的生产管理，要进行如下工作：

a. 导入统计方法；

b. 进行职员教育；

c. 投资、开发与稳定生产和产品质量管理有关的设备和技术。

④ 出厂检查　以法规为依据，各个公司要建立共通的出厂检查制度，包括出厂检查手续、检查装置，以及面向出厂检查的车辆上的诊断机能。

5.4.1 车载式诊断装置的开发

① 扫描式检查手段的开发和各个公司间错误代码的通用化。对车辆修理业的提供、销售和教育。

② 故障代码和通信及记录方式的统一。在电子控制装置（ECU）中记录下故障内容，有助于在诊断故障或召回时对车辆故障做出判断。现在故障代码在 ISO 15031-6、SAEJ 2012 等中有统一规定。可以在这些标准中增加燃料电池汽车特有的零件、特有的故障类型。

5.4.2 单体试验

要进行氢气罐制造时的抽查试验[3]。氢气罐的耐压试验、电子器件的绝缘试验等，由供应商负责实施。氢气罐试验因为要承受较高负载循环，所以试验品不可作为产品再利用。图 5-5 显示了氢气罐的耐压试验情形[4]。试验中气罐有破裂的危险，因而装置是由很厚的钢板制成的。

图 5-5　氢气罐的耐压试验情形

试验项目包括：

① 一般项目：材料化学成分试验、耐压试验、气密性试验、外观检查。

② 对于复合容器，增加以下项目：

a. 内衬试验；

b. 伸试验以及层间剥离试验；

c. 机械试验：常温下的循环试验、破坏试验；

d. 非破坏检查。

③ 对于焊接容器、超低温容器增加以下项目：

a. 机械试验：压碎试验、拉伸试验、撞击试验、压力循环试验；

b. 焊接部试验：焊接部拉伸试验、焊接部表面弯曲试验；

c. 放射线穿透试验。

5.4.3 模块试验、整车试验

业界团体和政府监督部门建立标准，汽车制造厂家进行试验。

5.5 车辆运输安全

5.5.1 船舶运输

　　船舶运输燃料电池汽车有两种方式：专用运输船舶和同旅客混运的渡船。使用专用船舶运输燃料电池汽车时，由于氢气罐内填充的气体种类和压力可以事先设定，危险性较低。具体可以考虑以下 3 种情况：

　　① 充填低压氢气　当气压低于大气压时，如果单向阀工作不良，空气就会混入氢气罐。因此，一般要求氢气压要高于大气压。将汽车移向运输船只时，使用动力电池而不使用燃料电池。

　　② 充填低压氮气　燃料电池汽车出厂检查最后一道工序是检查氢气罐的气密性，使用的是高压氮气。可以将高压氮气降到低压后，留在氢气罐中运输。这样能够将氢气所带来的风险降到零，但是需要在零售店将这些氮气置换成氢气。

　　③ 填充氮气　在成本上氮气充填是最便宜的，但是，氮气可能会对压力计和阀门等产生影响。

　　用渡船运输时，因为是乘客驾车而来，无法控制氢气罐中的氢气量。而且，渡船上会有燃油车和电池电动汽车等，各种车辆混杂在一起，再加上其中也有配有冷冻机的车辆或集装箱（搭载柴油发电机），预防火灾的困难增大。同时，上部甲板层是客室等居住区，也有必要安装和配置新的排气和换气设备。

5.5.2 铁路运输

　　用铁路运输高压气体货物为时已久，相关设备可以充分对应。存在问题的是欧洲的汽车载运列车，特别是通过英吉利海底欧洲隧道的列车上汽车和旅客混载，如何防止和应对在这样大而长的隧道内发生事故还需要进行深入的探讨。现在的运营中，旅客与乘用车、大客车一同运载，有时车内还有乘客，使得避难和初期灭火方面存在困难和隐患。

　　对于货物列车，在目的地车站要进行车辆操纵，司机需要留在卡车驾驶室中，同样在需要避难时可能存在问题。图 5-6 显示了燃料电池汽车、客车、卡车装入列车时的情形。

车辆开入铁路车厢　　　　装载大客车　　　　卡车装载在货物列车上

图 5-6　燃料电池汽车、客车、卡车装入列车时的情形

5.6　使用阶段的安全措施

5.6.1　报警、诱导、通报

① 报警　基于车辆自我诊断功能，综合各处传感器、零部件的信号，判断故障种类、等级，再将这些信息加工成使用者容易理解的形态，用图形、灯光等视觉信号通知使用者。

② 诱导　发生事故时，通过声音、图像等方式，指导使用者采取相应的处置措施。例如，氢气泄漏时，引导使用者从涵洞内开出后再停下车辆。

③ 通报　根据异常状况的危险程度通知相关部门，比如向服务部门请求援助，通报消防部门，通过交通管理部门疏散交通等。为此，有必要与全球定位系统（GPS）、交通设施等进行情报交换。

5.6.2　对于修理业人员的指导

在自动通报机能方面，加入故障具体种类等信息，以防止修理过程中发生事故（例如加入"可能漏电，不要触碰"等信息）。图 5-7 为车辆发生故障时对使用者实施救援的示意图。

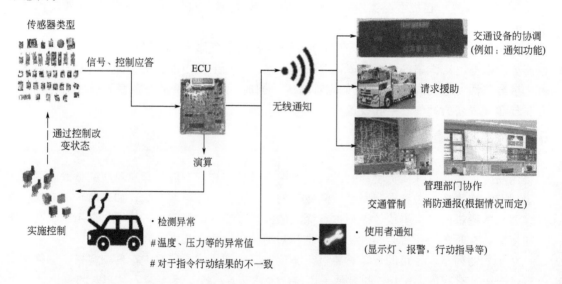

图 5-7　车辆发生故障时对使用者实施救援的示意图

5.6.3　定期检查制度

燃料电池汽车上除了与氢气有关的设备外，还搭载有电池、用于转弯和行驶的机械部件、用于控制的微型计算机等多种部件。单靠使用者自己的检查和维护保养难以确保安全，需要建立定期的维护和检查制度。以下介绍日本关于车辆检查维护的一些制度。

① 容器的复检　燃料电池汽车上搭载的氢气罐与其他高压气体容器一样，在破损时会造成巨大的破坏。现在日本对于高压气体容器的区分和定期检查（称为复检）的实际状况如表 5-1 所示。

表5-1 容器的种类与相对应的复检（指制造出来后的定期检查）要求[5]

焊接容器	使用时间/年	检查间隔/年	使用时间/年	检查间隔/年
一般用	＜20	5	＞20	2
LP①气体容器（＞25L）	＜20	5	＞20	2
LP 气体容器（＜25L）	＜20	6	＞20	2
LP 气体机动车用容器	＜20	6	＞20	2
耐压试验压力为 3.0MPa 下，容积＜25L	＜20	6	＞20	2
超低温容器	＜20	5	＞20	2
没有使用标记的容器				
一般容器		5		5
铝合金容器		5		5
复合材料容器［FRP（纤维增强复合材料）容器］				
一般复合容器（FRP 容器）		3	使用期限 15 年	
压缩天然气机动车用容器	第一回使用后	4	以后每 14 个月一次	使用期限 15 年
燃料电池机动车用氢气储存器	目视气密检查		使用期限 15 年	

① LP 为液化石油。

由于制造技术的提高，现在生产的容器和以前生产的旧容器复检时间间隔是不同的。燃料电池汽车是现在的制造技术生产出来的，因此，下面只介绍对于新技术产品采取的相对缓和的规定。

容器的种类如图 5-8 所示。

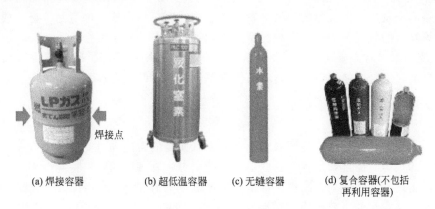

焊接点

(a) 焊接容器　(b) 超低温容器　(c) 无缝容器　(d) 复合容器(不包括再利用容器)

图 5-8　各种气体容器

其中，对于焊接容器，压力瓶体上有焊接的痕迹，可以据此判断；超低温容器很多采用不锈钢材质；没有焊缝的容器，除去非液化气体，其他气体是采用通常的钢瓶，没有焊接痕迹；复合容器的内外由不同材料构成。

② 检查项目　复检时的项目。

a. 重量检查：测量与出厂时的重量差异，表面和内部的磨损是重量减少的主要原因，不当使用也可以造成重量减少。

b. 耐压检查：对比空的状态的容积和所定压力下填充气体时的容积。材料疲劳会降低刚性，充填后钢瓶的膨胀量会增加。

c. 声音检查：与耐压试验同时进行，如果泄漏，泄漏处会发出声音。

d. 外观和内视检查：检查有无破损和腐蚀。单靠目视无法做出判断时，可借助探伤器探测损伤深度等非破坏性检查方法。

e. 泄漏试验：将钢瓶放在水槽中，向内填充空气，如果有泄漏，就会观察到水槽中有气泡冒出；也可以在钢瓶外侧涂上肥皂水，泄漏处会观察到气泡。也可以充填拟使用气体后用该气体的探测器检查，但是这种方法的可行性要看使用气体的种类，如果有危险，这种方法就不适用。

f. 压力下降检查：将气瓶充气到规定的压力，测量一定时间后压力下降量。

5.7　多种使用场景下的事故与危害

5.7.1　氢气泄漏事故可能发生的场景与危害

有必要设想各种各样状况下发生的燃料电池汽车事故，推测它的破坏规模，并制定应急对策。

① 泄漏气体的举动　气体向车外泄漏后，如何被稀释、如何扩散，是制订应对计划时要考虑的重要因素。扩散速度、浓度达到爆炸范围所需的时间，决定了抢救和避难所需的时间。

② 与燃油车的混合事故　氢气爆炸事故带来的热损伤较低，是一个利好因素。但当与燃油车辆发生混合事故时，由汽油引起的火灾带来的破坏是必须考虑的。汽油的火灾能够增加本来完好的氢气罐的内部压力，促使放出更多的氢气，从而增加危险。

③ 各种道路工况下的情形　汽车公司进行的碰撞或火灾的试验或模拟计算大都是假定在平坦的路面上发生，但实际的事故会发生在涵洞、停车场设施、加氢站等处，或者与其他车辆接近等复杂的状况下。这些事故类型也必须加以研究并确保安全。

④ 人的因素　有必要研究在紧急情况下人的反应和操作特征，研究事故后采取必要的处置所需要的时间。因使用者的年龄和熟练度不同，所需时间会存在较大差异。

5.7.2　安全研究机构与设施

对各种道路和各种复杂工况开展安全性研究，所需的费用和时间对各个汽车制造企业来说都是很大的负担。而且如果各个企业单独进行研究，管理当局难以得到全面、系统的相关信息，难以制定合理的标准、法规。日本采取产官学合作的方法，在 JARI（即日本汽车研究所）设置氢气安全的研究机构和试验设备（Hy-SEF），开展从危险度和费用上各个公司都很难单独进行的试验，为行政当局的法规制定和各个汽车生产厂家的安全技术开发提供支撑（见图 5-9）。

图 5-9 所示设备可以用于氢气罐的气体排出试验，观察排气时发生的火灾和爆炸现象。设置有专用的排气设备，即使试验中发生预料之外的大量气体排出也能保证试验安全进行（JARI 的爆炸火灾试验设施，是按照能够耐受 50kg TNT 的爆炸来设计的）。为了进行多辆车接近情形下的安全特性试验，可以模拟与燃油车的碰撞事故、停车场等实际利用中出现的多种工况（图 5-10）。汽车公司难以单独拥有这样规模的试验设施。

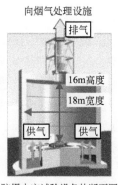

里面

防爆火灾试验设备与排烟处理设备的外观　　防爆火灾试验设备的断面图　　防爆火灾试验

图 5-9　位于日本汽车研究所的安全试验设备及排烟处理设备[6]

氢气压缩机

氢气蓄能器

测试坑

防爆温控室(容器)

大型恒温浴

气体增压器

图 5-10　各种试验设备[6]

　　因为安全试验不可避免要伴随燃烧、破裂、爆炸等极端过程，试验装置本身的耐久性也是个重要问题。而且，试验中还要确保燃烧、爆炸情况下人员、设备、设施的安全，因此，构筑整个试验环境花费高昂。负责安全试验的专门机构拥有这样的设备、设施，其高昂的设置、维持费用可以通过产学研分担而减轻各自的负担。而且，因为汽车厂家和氢气基础设施相关厂家可以使用同样的设备，数据也具有可比性、互换性，整个产业的研发效率从而也大大提高。

　　大学也不可能拥有这样耗资巨大的安全试验设备，难以期待在大学内像以往那样通过进行研究来培育相关人才。这种人才培养的功能可以由安全试验专门机构来承担，通过向外部提供各种安全试验设备，或者通过合作研究，一方面取得燃料电池汽车的安全技术进步，另一方面也为业界培养急需的安全相关人才。

5.7.3　研究实例

　　研究涵洞中的火灾，其试验方法包括实物等大模型试验、缩小模型试验、数值模拟等。

（1）实物等大模型

火灾试验在长 80m，内横断面积 78m² ［相当于山中 2 车道涵洞的断面，见图 5-11（a）] 的模拟涵洞中进行。实物等大模型试验，由于涵洞自身的耐久性、需要大量传感器等难以频繁进行，但因其最接近真实情况，所以必不可少。

由于试验次数上的限制，只对可以预见的最恶劣的状况进行模拟，即假定载有 4 辆燃料电池汽车的运输车辆发生火灾 ［见图 5-11（b）]。为了比较，也进行了相同条件下汽油机汽车、LNG 汽车的火灾试验。为了降低试验成本，卸掉发动机，剩下车体、内饰以及行驶机构，并在车体上搭载氢气罐。安全阀和截止阀等构成与实际车辆上使用的相同 ［见图 5-11（b）]。

(a) 模拟涵洞

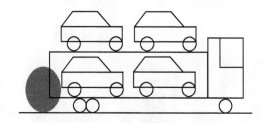

(b)试验的示意图(设置了汽油燃烧盆点火)

图 5-11　模拟试验涵洞和试验示意图[7]

具体的试验情况见表 5-2。

表5-2　试验事例[7]

案例	使用车辆（小型车）	台数	燃料种类	目标数量	现行限定数量
1	汽油车	4	汽油	50L ×4 辆	＜200L
2	模拟车辆	4	CNG(压缩天然气)	15m³ ×4 辆	＜60m³
3	模拟车辆	4	氢气	15m³ ×4 辆	
4	模拟车辆	4	氢气	15m³ ×4 辆	

试验结果：运载车辆发生火灾时，燃料电池汽车被加热，氢气罐的安全阀打开，氢气被引燃。氢气燃烧的热量又将旁边车辆的氢气罐加热，以此下去各个车辆的安全阀都打开了，随即起火。由此可见，像这种车辆被加热而引起的火灾，都是氢气罐排放气体进而被引燃，没有观察到爆炸和爆轰现象。

不管哪种状况，总发热量与车辆本身（燃料以外的因素）关系很大，只根据燃料多少预测出的热量进行安全设计是不合理的。另外，燃烧时间、达到最大气流温度的时间与 CNG 车辆的火灾试验的结果类似。因此，对于没有伴随爆炸的车辆火灾，可以借鉴 CNG 车辆安全保证所采用的技术和对策。具体的火灾试验车辆的设定条件及结果概要见表 5-3。

（2）1/5 比例尺寸的模型 （见图 5-12）

小尺寸的模型适用于考察氢气泄漏/着火试验，不适用于观察车辆的破坏和燃烧的影响。如果用实物大的模型做爆炸模拟试验，因为释放的能量极大，很难保证安全。

表5-3　火灾试验车辆的设定条件及结果概要[6]

试验案例	试验车条件 （车型：燃料量）	燃料的理论总放热量 /MJ	总放热量 （火盆/车辆） /MJ	最大放热速度 /MW	气流达到最大温度所需时间/min	燃烧时间 /min
1	汽油车：50×4=200(L)	6290 [100%]	12370 [100%] （1211/11159）	23.3 [100%]	23 [100%]	60 [100%]
2	CNG 车：16.1MPa 12.5m³×4=50m³	2052 [30%]	14275① [115%] （1211/13064①）	26.7② [115%]	14 [61%]	30③ [50%]
3	低压 FCV：13.1MPa 17.6m³×4=70m³	758 [11%]	8853 [72%] 12117/7641	11.5MW [49%]	15 [65%]	30 [50%]
4	高压 FCV：32.5MPa 43.5m³×4=174m³	1888 [27%]	11765 [95%] 1211/10553	21.6MW [93%]	14 [61%]	30 [50%]

① 与其他案例不同，因为卡车也燃烧，卡车的发热量也包含在内，数据缺失（239s）的辐射热没有累加在其中。

② 从数据缺失后测定开始的值算出来的。

③ 其中有 4min 的数据缺失。

注：[ ] 中数值为与案例 1 对比的百分数。

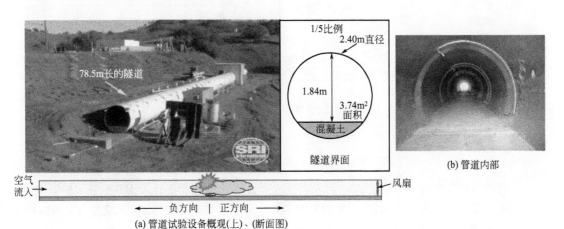

(a) 管道试验设备概观(上)、(断面图)

图 5-12　管道试验场景[8]

试验设备（试验管道）：泄漏设定量的气体后用电火花点火（0.5s 后开始，连续），换气量设定为现在涵洞中采用的 0.21m/s。

预想的场景可见表 5-4，依据试验比例大小调整这些数值。

表5-4　到着火时刻搭载或积存的氢气有 70%泄漏时的场景[8]

种类	储存池容积 (0℃，1atm)/m³	初期压力 /MPa	泄漏部位直径 /mm	泄漏时间 /s	泄漏氢气量 (0℃，1atm) /m³
燃料电池轿车	60	35	5	15.2	42
燃料电池公交车	300	35	5	75.9	210
储氢管束运输车（1 根）	140	20	10	15.5	98
储氢管束运输车（20 根）	3000	20	5	1329	2100

试验结果：

$$单独的燃料电池汽车 \rightarrow 不着火（无换气条件/有换气条件）$$

$$燃料电池公交汽车 \rightarrow 着火（即使有换气也不充分）$$

$$输送氢气管束 1 组 \rightarrow 不着火（有换气条件）$$

$$输送氢气管束 20 组 \rightarrow 着火（即使有换气也不充分）$$

图 5-13 显示了换气带来的气体浓度的不均匀分布。

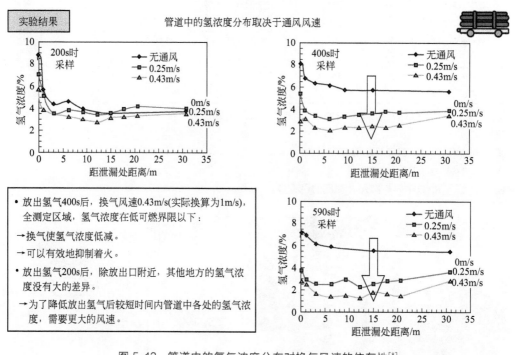

图 5-13　管道内的氢气浓度分布对换气风速的依存性[8]

虽然换气操作对抑制着火有效，但当氢气泄漏量较大时，现在的风速是不够大的。现在主要的试验都是针对充填压力为 35MPa 的氢气瓶，今后有必要增加 70MPa 充填压力下的试验。

（3）封闭空间内火灾

图 5-14 显示出封闭空间内火灾试验设备及结果。从图 5-14（b）中可以看出氢气最大浓

(a) 试验设备

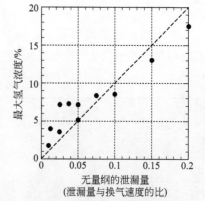

(b) 最大氢气浓度与无量纲的泄漏量(泄漏量与换气速度的比)成正比

图 5-14　封闭空间内火灾试验设备及结果分析[8]

度近似与无量纲的氢气排放流量成正比。

5.8 社会安全管理体系的建立

5.8.1 对使用者进行教育——驾驶培训制度

现在，日本还没有统一的燃料电池汽车驾驶培训制度。对于氢气的一般特性和紧急状态下的处理方法，还没有做到人所共知，今后的普及和异常时的安全处置都存在问题。而且，道路上燃料电池汽车和电池电动汽车、燃油汽车都混杂在一起，即使没有打算购买和使用燃料电池汽车的消费者，也有可能遇到燃料电池汽车的事故，所以有必要进行一定的培训。

（1）培训内容

① 物理化学特性（关于事故时氢气的扩散和爆炸）；

② 紧急状况下的对应手段（灭火、避难，警报的含义和对应，事故时的对应程序）；

③ 车辆的基本构造（比如氢气罐的安装位置等）；

④ 氢气填充操作。

在普及期（与现在内燃机车辆数量相当的时期），需要相当数量的加氢站和工作人员。不论是工作人员代为操作还是使用者自己填充，都有必要接受教育和培训。各国的最终目标都是确立使用者自己填充的方法，其难点在于既要充分调动使用者的积极性，又要确保安全。

（2）对于已经持有驾驶证的使用者的对策

如何激励司机主动或者强制要求接受培训，是今后要解决的课题。在日本，有人提议在机动车司机更新驾驶证时增加燃料电池汽车驾驶证的考试。但是，在像德国那样不需要驾驶证更新的国家和地区，这些做法是很难实施的。对没有打算驾驶燃料电池汽车的使用者来说，如何也让他们熟悉相关的安全事项是今后的课题。

5.8.2 社会教育

小学生和中学生的交通安全教育中有必要加入对氢气火灾的教育（例如氢气火焰是无色的，是否着火是很难用眼睛判断的，等等）。现在几乎没有任何国家着手做这件事。

5.8.3 对监督和管理者实施教育(消防当局、行政机关)

燃料电池汽车属于高压气体与电池组成的强电系统的复合体，与以往车辆火灾的灭火方法和可能的危险有很大的不同。因此，对于救助方法和器材的研发以及相关教育是当务之急。不可能指望消防当局和政府部门的研究机关来准备车辆和车辆的设计图，所以，需要汽车制造厂家的协作。具体来说，需要汽车厂家提供训练用的车辆、各种零件及其操作方法、强度和安全设计内容等。

图 5-15 显示了电动汽车的救助训练与演习。虽然不是燃料电池汽车，但是进行碰撞试验后的车辆就可以直接用来进行救助训练。图 5-15（a）中显示的是救助假人，图 5-15（b）显示了车厂对消防当局的讲解与演习。为了避免触电危险，车厂对配电线路和气体配管、救助时切断电路时的注意点等进行必要的说明。需要现场解答疑问，因为有许多疑问是车厂难以预先想到的，现场直接沟通是最有效的方法。

(a) 混合动力汽车的救助训练   (b) 车厂对消防当局的讲解和演习

图 5-15 电动汽车救助训练与演习

5.8.4 检查部门·设备的整备

① 气体安全定期检测设备和装置的开发 传统的高压气体容器检测要求取下容器单独进行检测。这样操作有可能出现配管脱落、错误安装或是安装不牢等问题，甚至造成氢气泄漏，因此需要开发在线（氢气罐及其周边的管道等安装在车上不拆下来）检测的设备和方法。在燃料电池汽车普及期到来之前，需要完成这些设备和方法的开发。

② 通过法令和法规实现检测和修理的标准化 为了保证普及期燃料电池汽车的安全性，需要建立明确的检测、修理的标准和程序，以及修理人员技术水平认证制度，使得不管是哪个制造商的商品、在哪个地域，都能进行同样的检测和修理。

③ 培养从业人员 当燃料电池汽车普及到内燃机汽车同等规模的时候，也需要同等规模的检测及修理人员。当前，熟悉燃料电池汽车、能够处置高压气体的修理人员存在严重不足，即使对于 LPG（液化石油气）汽车，也仅有少量公司能够对应。需要汽车厂家积极支持在职业训练学校的课程中添加有关燃料电池汽车的检修内容，构筑检修网络。

④ 气体回收系统 对车辆进行检修或者对泄漏气体的车辆进行救助作业时，回收氢气并加以保管，尚缺少规范和讨论。下面以 LPG 车辆为例进行说明（见图 5-16）。左侧是车载状态下 LPG 燃料瓶与发动机相连，右侧是回收状态下 LPG 燃料瓶与回收装置相连。回收装置的储存容器内先用氮气置换，再分别同燃料瓶的供给阀、回流阀（平衡压力用）相连。两个阀门打开后，LPG 容器底部的液体就会流入回收容器内，而回收容器内的氮气则通过回流阀门注入 LPG 容器，达到压力平衡。即便进行了氮气置换，也会有几升的 LPG 气体残留在 LPG 容器内。解除与回收装置的连接，将 LPG 容器接回车辆，并进行怠速运行消耗剩余的 LPG 气体。直到不能运行时，取下 LPG 容器，在换气充分的条件下充填氮气，然后运送到检测机构。

LPG 容器中燃料在压缩状态下呈液体状态，可以采用这种方法。但是高压氢气罐中的氢是气态，进入回容器一侧必须通过压缩输送，为此需要用到专门的泵。而且，在用氮气置换将近放空的氢气罐时排出的氢气如何处置也是有待研究的课题。不仅在检修时，而且在废弃燃料电池汽车时，也需要确立氢气回收方法才能确保安全。

5.8.5 监督部门的重组

燃料电池汽车的使用和普及，既是传统汽车产业技术的延伸，但也存在许多与以往不同的要素。有些领域无主管部门，有些领域有多个主管部门，相互要求还不一致，现有法律法

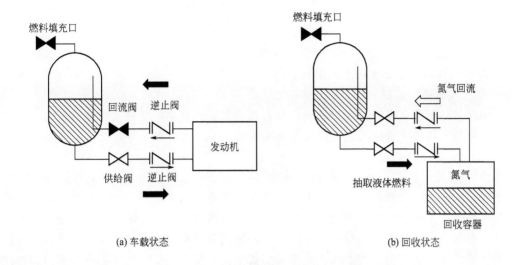

图 5-16　LPG 容器内燃料回收系统示意图

规、政府机构中难以妥当管理的地方很多。下面介绍一些日本面临的情况。

　　① 燃料电池汽车、加氢站存在多头管理的复杂局面。燃料电池汽车和加氢站的管理主要由政府中的消防部门、产业部门和交通管理 3 个部门负责。图 5-17 显示了日本政府部门对加油站、加氢站、燃料电池汽车的监管体系。传统的加油站只需要依据消防法取得认定和检查，但是，要在加油站内建设加氢站则需要遵循高压气体安全法。而且，加氢站内的从业人员除了需要取得危险物使用资格外，还需要取得高压气体使用资格。现在的法规是以高压气体的制造、填充、输送和销售等环节的独立为前提将操作使用者的资格加以区分的，如下

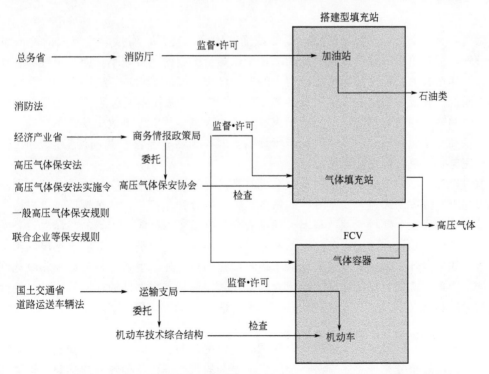

图 5-17　日本政府部门对加油站、加氢站、燃料电池汽车的监管体系

所示。

      a. 高压气体制造安全责任者＝制造设备

      b. 特定高压气体管理使用主要责任者＝填充设备

      c. 高压气体销售主要责任者＝销售业务

      d. 高压气体移动监管者＝车载管束输送

    对加氢站的经营者来说，培养和雇佣具有这么多专业资格的从业人员耗费巨大。而且实际上具有高压气体操作资格的人员本来就非常缺少。专业人才的不足很可能延缓加氢站建设的普及。

    ② 氢气罐检修要求、间隔与车辆不一致。现在，对 LPG 汽车中 LPG 容器进行安全检查需要将容器卸下，送到高压气体保安协会认可的专业公司来进行。燃料电池汽车中与氢气罐相关的检查，按现有规定也不允许在汽车产业机构内进行。另外，气体容器按规定每 2 年要进行定期检查，这与车辆本身的检验间隔不一致。为了应对各类检查需要频繁拆装，这无疑也增加了使用者的负担。为了减轻使用者的负担，非常有必要将气体容器和车辆的年检间隔规定统一起来。但是，现在双方主管部门所依据的法律规定不一致，而且，各个主管部门所监管的业界团体间很少有协作，加上改变经过多年检验的传统做法的阻力很大，相关法规的协调进展很慢。

    鉴于这种状况，丰田汽车公司只好自己取得高压气体检查资格的认定，对职工进行培训，在公司内建立检查、交换氢气罐的体制。

5.9　总结与建议

5.9.1　总结

    氢气具有分子量小、容易扩散、爆炸浓度范围宽的特征，而且爆炸造成的冲击波危害大。另外，因为绝大部分能量转换为动能，所以热量引起的危害较小。因为氢气容易在高处聚集，爆炸造成的物理性破坏很大，与天然气（城市燃气或 CNG）有很多相似之处，因此，应对泄漏的保安设备和防灾体制可以参考 CNG 车辆或管道气体配送业界的经验。这些设备和管理体制来自相关部门多年经验的积累，其中包含很多从实际事故中总结出来的措施，成熟度比较高。在此基础上，还要进一步考虑到氢气与天然气在特性和利用形态方面的不同，进一步完善针对氢气的安全对策。

    燃料电池汽车属于电动汽车，车上装配有高压电装置。本来可燃气体设备和电器设备存在电火花引起火灾的风险，安全设计的铁则是将它们分开。但是，从车辆原理上来说，这两种设备同时都存在于燃料电池汽车上，保证安全的挑战更加严峻。车辆的高压电设备基本上与电池电动汽车相同，因此，各种检测和应对碰撞的安全设计都可以借鉴电池电动汽车。

    生产线的设计和生产阶段的管理除了借鉴以往的经验外，也要充分考虑燃料电池汽车特有的危险因素。例如，在供应链上要建立健全氢气罐等特有零部件的检测体制。传统汽车生产厂家对高压气体设备、部件的检测和质量保证缺少经验，需要高压气体业界的协作和配合。

    日、美、欧等已经实施了多种安全性试验，但是，关于燃料电池汽车安全性的认识和对策还不能说已经十分充分。还有必要预想更加复杂的状况进行各种各样的试验，探讨出更加行之有效的对策。同时，氢气罐安全的初期试验主要针对 35MPa 的充填压力，现在充填压力增高到了 70MPa，需要重新开展相关试验。

为了保证燃料电池汽车的便利性和安全性，有必要在世界范围内推动知识和经验的共享以及标准的统一。现在，ISO 和 GTR 等国际组织在推进共同标准的建立，同时，各个国家也在完善国内相应的法律和法规、健全相应的组织。

5.9.2　建议

与燃料电池汽车宏伟的普及计划相比，安全保障的知识、经验、体制欠缺甚多。为确保燃料电池汽车普及过程中的安全，首先要充分应用已有经验，同时要加紧开发针对氢气安全的试验设备与试验方法，应该预想更加复杂的状况进行试验，特别应该尽快开始针对70MPa 充填压力的安全试验。

汽车和交通产业里 ICT 技术发展迅猛，出现了许多以往没有的技术和服务。这些技术更多的是用在提高汽车的便利性和商用性方面，其实它们对提高安全性也是非常有效的。传统汽车制造部门和管理部门对这些新技术的理解和应用还不够充分，有必要加强与 IT 企业及其产业团体的协作。

需要综合制造者、法律制定部门、消防现场的意见、使用者的需求，还有安全试验机构的数据和知识，才能建立起合理的安全对策。为了加快进程，需要协调政府、企业、学术团体以及消费团体等非政府组织（NGO）来共同推进。

日、美以及欧洲的一些国家在燃料电池汽车安全性试验、标准、法规等领域有很多地方比中国先行一步。可以预见将来会有越来越多的燃料电池汽车及其零部件的进出口贸易。为了实现顺利的贸易和跨越国境的燃料电池汽车安全利用，需要在世界范围内建立协调体制。为了减少国内外安全技术、标准的差距和差异，中国需要投入更多的资源。

参 考 文 献

[1] 国土交通省.「衝突時等における燃料漏れ防止の技術基準」//道路運送車両の保安基準の細目を定める告示. 2009.

[2] 国土交通省.「高電圧からの乗車人員の保護に関する技術基準」//道路運送車両の保安基準の細目を定める告示. 2019.

[3] 高圧ガス保安協会. 容器検査マニュアル［機-60102-20］. P8-20（2018/4/10 改訂版）.

[4] 栃木県産業労働観光部工業振興課 発行　平成 30（2018）年度高圧ガス製造施設等 保安に関する説明会資料（2019/2/28）.

[5] 法令番号：昭和四十一年通商産業省令第五十号（布告日 1966 年 5 月 25 日），法令名称：容器保安規則，最終更新，令和二年経済産業省令第三十七号（2020 年 4 月 10 日）. https：//elaws. egov. go. jp/search/elaws Search/ elaws＿search/lsgo500/detail? lawld＝341 M 50000 4 000 50　239.

[6] 氢气燃料电池汽车安全测试设施. http：//www. jari. or. jp/tabid/641/Default. aspx.

[7] 一般財団法人国土技術研究センター発行 JICE REPORT Vol. 8（2005）Page 47-52 燃料電池自動車のトンネル内における安全性に関する研究　田中救人.

[8] 石本祐樹. エネルギー総合工学研究所における水素拡散、燃焼基礎物性の研究について［R］//福岡水素エネルギー戦略会議研究分科会発表資料. 2008/7/30.

第6章
氢燃料电池船舶安全

环境污染、能源缺乏，以及气候变暖是全球能源领域面临的共同问题。2018年4月，国际海事组织（IMO）制定了航运业温室气体减排初步战略，提出到2050年航运业温室气体排放相比2008年至少降低50%，这也是全球航运业首个关于温室气体减排的战略。《中国制造2025》直接将绿色船舶和新能源技术上升到了国家先进制造技术发展战略的层面。

从船舶低碳排放实现手段来看，目前造船界还没有成熟的解决方案，由挪威船级社（DNV）和德国劳氏船级社（GL）合并组建的全球最大船级社DNV GL集团此前曾表示，航运业要实现国际海事组织（IMO）的温室气体减排50%的目标难度很大，潜在的技术措施包括液化天然气（LNG）燃料、碳中性燃料、燃料电池动力等。其中，燃料电池技术以其高效率、零排放，兼具绿色环保、能量密度高、稳定性好、安静无噪声和不受环境因素影响等优点，在续航力上也要高于现在的蓄电池船。可以预见，氢燃料电池是未来航运业的首选。

目前，阻碍氢燃料电池动力发展的主要原因之一为氢气的高危险性。氢气的易燃易爆特性和历史上的数起重大氢气爆炸事故令人们"谈氢色变"。在燃料电池船舶领域，尤其是客船这种有可能率先进行燃料电池应用的船型，安全性是船东和乘客优先考虑的问题。安全性的好坏将是决定氢燃料电池船舶有没有市场，能不能推广的核心问题。

6.1 氢燃料电池船舶安全规范和设计原则

6.1.1 氢能安全标准规范

氢能安全标准规范是进行氢安全研究和氢气系统设计时的重要依据。当前参加氢能标准规范制定的国际组织有：国际标准化组织ISO、国际电工委员会IEC、美国机械工程师协会ASME、美国航空航天局NASA、美国消防协会NFPA和国际氢安全协会等。主要规范对象是加氢站、氢燃料电池汽车，以及氢气输运管道等。国际标准化组织ISO的最新标准是ISO/TS 19880-1：2016，规范了包括氢的生产、运输、压缩、储存，以及燃料加注等方面，并对氢气的物化特性、燃烧特性、存储要求、系统组件和爆炸危害进行了描述。国际电工委员会IEC标准的规范对象是燃料电池技术，包括IEC/TS 62282系列，描述的内容有术语定义、燃料电池模块、燃料电池动力系统性能测试方法和燃料电池动力系统安全等。美国机械工程师协会ASME发布的ASME B31.12—2014标准的规范对象是氢气的管道输运技术，该标准对氢气管道的管材选择、管道设计、敷设、测试、维护和泄漏检查等方面进行了详细的规定。

我国由国家标准委发布了一系列的氢安全标准规范，GB/T 29729—2013《氢系统安全的基本要求》，以国际标准化组织 ISO 的标准 ISO/TR 15916:2004 为参照，对氢气的制、储、输、金属相容性和燃烧与爆炸风险控制等做了详细的规定，是现行最具代表性的一部标准。此外，现行的标准还有 GB/T 34872—2017《质子交换膜燃料电池供氢系统技术要求》、GB/T 34584—2017《加氢站安全技术规范》等，在进行氢气系统管路设计时，还应参考 GB 50251—2015《输气管道工程设计规范》。

6.1.2　船舶气体燃料规范

燃料电池客船要实现营运和推广，除了要符合国家标准化规范外，其氢气系统还必须要满足船级社的有关规定。2015 年国际海事组织通过了《国际使用燃气或其他低闪点燃料船舶安全规则》。该规范涉及了船舶设计与布置、消防安全、防爆、通风、电气控制以及安全检测等方面，并对燃料气罐的围护、管道材料以及燃料加注给出了详细的规定。美国船级社（ABS）发布的《气体燃料船舶推进和辅机系统》规范也对储罐、管路、加注和通风等方面进行了规定。挪威船级社规范[1]中，对燃料电池动力装置的设计原则、材料要求、布置和控制系统设计、安全系统设计等方面进行了详细的规定。

中国船级社 CCS 也发布了一系列气体燃料船舶规范指南，包括《气体燃料动力船检验指南》《船舶应用替代燃料指南》《天然气燃料动力船舶规范》《液化天然气燃料加注作业指南》《液化天然气燃料加注趸船规范》，以及一些液化气运输船舶规范如《散装运输液化气体船舶构造与设备规范》和《液化天然气运输船营运检验和审核指南》等。所涉及的规范内容包括[2]：供气系统的材料、管路设计、围护、加注、消防、防爆、通风、电气和监测控制等方面。2017 年的《船舶应用替代燃料指南第 2 篇》直接将船用燃料电池系统作为规范对象，为燃料电池客船的氢气系统提供了最有针对性的参考。所涉及的内容包括[3]：①燃料电池处所、储罐连接处所和储罐舱室的布置；②气体安全燃料电池设备处所的管系、紧急切断保护的燃料电池设备处所内的管系以及燃料充装系统规定；③结构防火、通风、灭火以及火灾探测和报警消防系统规定；④危险区域划分和防爆规定；⑤监测控制、气体探测，以及燃料供给系统的安全保护规定。

6.1.3　氢安全设计原则

氢气系统在设计时要遵循一定的设计原则，包括防泄漏、防高温、防超压、防静电和电气防爆等，具体为以下几点：

① 储气瓶、阀和管道的选型应为耐高温、高压和抗腐蚀的型号，并具备安全防爆等级，材质上与氢有良好的相容性。对电磁阀和减压阀等部件进行冗余设计，增加可靠性，防止部件失效导致氢气的泄漏。

② 各组件及管路的安装应符合相关的国家规范，所有连接处都应采用无缝焊接。安装前管路及储气瓶需经过水压测试，检查气密性。整个系统安装完成后进行设计最高压力下保压试验，确保整个系统不存在任何泄漏点。

③ 要有一定的防撞能力。气罐支架和管道固定要有足够的强度，防止船舶停靠或碰撞时出现过大的结构位移，或者管道变形、断裂，造成氢气泄漏。

④ 要有过流保护和自动泄压能力。当气瓶内部的温度和压力异常上升时，可以自动打

开泄压阀将氢气通过放空管排空；当管道、阀件或控制系统出现故障，管道流量或压力异常增大时，自动切断氢源并打开安全阀泄压。

⑤ 在整个系统的气瓶端、燃料电池端和放空管处应设阻火器，防止氢气着火后出现回火，放空管应安装在船舶顶部，并符合相关规范。

⑥ 氢气系统处所应安装氢泄漏监测报警系统和通风系统。当检测到氢气泄漏量达到危险值时自动报警，并切断氢源，同时通过强制通风手段降低氢气的聚积量。

⑦ 应具备应急解决方案。通过电磁阀和手动截止阀的双重保险，实现危险的迅速解除。配备自动化消防设备，在火灾发生时能够自动灭火。

⑧ 严禁点火源。对系统多处采取防静电接地措施，防止静电聚积。所有电气设备包括风机、传感器、电磁阀和报警器等要选择符合标准的防爆型设备。船舶顶部应装有避雷针。

6.2 氢燃料电池船舶布置安全性设计

6.2.1 船体布置安全性原则

氢燃料电池船舶的船体与舱室布置设计时，需充分考虑燃料电池动力系统的特殊性，特别应满足如下要求：

① 考虑到船舶的安全操作以及与船舶相关的其他危险，燃料舱应布置成使其在碰撞或搁浅后的受损概率降至最低；

② 燃料围护系统、燃料管系及其他燃料释放源的设置和布置应能使释放的气体通向露天的安全位置；

③ 进入含有燃料释放源的处所的通道或其他开口，应布置成可燃气体、窒息性气体或有毒气体不会逸入设计时未考虑存在这些气体的处所；

④ 燃料管系应予以保护，以防止机械损伤；

⑤ 推进系统和燃料供应系统应设计成任何气体泄漏后的安全动作不会导致不可接受的动力损失；

⑥ 应将设有用气设备的处所内的气体爆炸概率降至最低；

⑦ 排气系统应安装适当的爆炸压力释放装置；

⑧ 对于客船，应采取物理隔离或等效防范措施，以防止营运期间乘客或其他非授权人员进入燃料舱、加注站。

6.2.2 燃料舱

目前可供燃料电池客船选择的氢气来源共有两种方式，即船载储氢和船载制氢。无论采用哪种供氢方式，其氢气瓶均需满足如下要求：

① 压缩或液化的氢燃料通常应储存在主甲板以上位置。位于主甲板以下的燃料储罐最大设计压力一般不超过 1MPa。

② 氢气瓶应予以保护，以防止机械损伤。

③ 位于开敞甲板上的燃料罐和/或设备的设置应确保有足够的自然通风，以防止逸出的气体积聚。

④ 燃料罐处所不应与 A 类/重要机器处所相邻。如采用隔离空舱隔离时，则在靠近 A 类/重要机器处所的一侧应采用 "A-60" 级防火分隔。

⑤ 燃料罐处所应有显著而永久的"严禁吸烟""严禁明火"等警示标志。

⑥ 压缩氢气燃料罐处所内不应设有可能的起火源，如设有电气装置则应采用氢气状态下的合格防爆类型。

⑦ 氢气瓶除满足上适用要求外，还应符合下述要求。

a. 如船上每种气体有两瓶或以上，则应为每种气体配备独立的储存室。

b. 储存室应为钢质材料建造，不应位于露天甲板以下。通风良好，且有通向开敞甲板的出入口，通风布置应独立于船舶的通风系统，通风出口宜布置在船舶最高处并应远离火源和热源。

c. 气瓶紧固装置应能易于快速地松脱，以便在发生火灾时能将气瓶迅速移走。

d. 如气瓶存放在露天场所，则应采取下列措施：保护气瓶及其管路免受损坏；暴露于烃类气体中的可能性减至最小；确保适当的排水；避免暴晒。

6.2.3　燃料电池室

燃料电池设备应位于独立的舱室内，该舱室应为钢质气密围蔽。燃料电池设备的安装处所应位于起居处所、服务处所、机器处所和控制站之外，并且应与这类处所相独立。燃料电池处所形状应尽可能简单，以避免可燃气体积聚。可能存在氢气的燃料电池处所，其上部不应有任何阻碍结构，且应以平滑天花板向上倾斜至通风口。梁和加强筋之类的支撑结构应布置在外部。不应采用薄板覆盖甲板下支撑结构的布置形式。

如燃料电池系统位于机器处所，则燃料电池设备及其燃料供给系统应安装在一个气密罩壳内，并配备抽提式机械通风系统，提供整个舱室的有效通风，同时考虑到燃料气体泄漏，需配备气体探测和自动切断系统。

6.2.4　空气闸

空气闸是由气密舱壁所围蔽的处所，该舱壁上设有两扇能确保气密的钢质门，其距离至少为 1.5m，但不大于 2.5m。门为常闭式，无任何门背扣装置。空气闸应在相对邻近的危险区域或处所的正压状态下进行机械通风。空气闸应设计成当其所隔开的气体危险处所内发生最严重的事件时，不会有气体释放至安全处所。空气闸应具有简单的几何形状。其应提供方便和无障碍的通道，且其甲板面积应不小于 $1.5m^2$。空气闸不可用作储藏室等其他用途。

空气闸的安全监控设计需满足如下要求：

① 空气闸应设置一个能在其两端发出警报的听觉和视觉报警系统，用于指示是否有一扇以上的门从关闭位置移动。

② 应监控空气闸空间的易燃气体。

③ 对于设有通向甲板以下危险处所通道的非危险处所，如果通道由空气闸保护，则非经认证的安全类型的电气设备在空间失去过压时应断电。

④ 对于从危险空间进入的非危险空间，如果通道由空气锁保护，则未经安全认证的电气设备在失压时应断电。

⑤ 在恢复通风之前，应限制进入危险空间。应在有人值守的位置发出声音和视觉报警，以指示压力损失和压力损失时空气闸的打开。

⑥ 经认证的安全类型的电气设备无需断电。

⑦ 维护船舶主要功能或安全功能所需的电气设备不得位于空气闸保护的空间内，除非

设备是经过认证的安全类型。

6.3 材料安全性

氢气对金属材料的氢脆效应，会导致管道和阀件的材料性能和力学性能下降，从而影响整个管路系统的安全运行。氢脆是指氢以原子状态渗入金属内部，通过重聚合造成应力集中，导致金属塑性降低，诱发裂纹或断裂的现象。管道或阀件产生裂纹甚至裂开，会严重影响气体流速和管道压力，从而导致氢气大量泄漏，酿成重大事故。氢气系统材质的选择应十分慎重，严格按照第 6.1.1 章节所述规范执行。

在进行氢气系统部件选材时应符合以下原则：

① 所选材料应符合相应船级社规范的要求；

② 所选材料要满足强度要求，并具有良好的塑性和韧性；

③ 金属材料应是含碳量低的钢材，如奥氏体不锈钢和铝合金等氢脆敏感性低的材料；

④ 部分位置的非金属材料应有良好的抗氢渗透性能。

对于金属材料，工业金属管道分为无缝管和焊接管，或不锈钢管、低温钢管、高合金管和有色金属管。根据相关标准的建议，300 系列奥氏体不锈钢符合氢气系统的管道、阀门、仪表及附件的性能要求，其中，316/316L 材料与氢气的相容性最佳，既不会产生氢脆，也能保证超高的承压强度，即使在高压氢气的环境条件下，也有不错的表现，其性能要优于304L 和 321 型钢。而对于低熔点材料，如铝、铜、黄铜和青铜等抗氢脆性能较好，但在高压或特定温度下强度不够，不予考虑。对于塑性材料，仅在无法使用金属材料的地方使用，如螺旋连接处可采用聚四氟乙烯薄膜作填料。

因此，在船舶氢气管路系统中，所有金属部件（包括管道、阀门和法兰等）都应采用供氢性能最好的 316/316L 奥氏体不锈钢，即分别对应我国标准的 0Cr17Ni12Mo2/00Cr17Ni14Mo2 牌号钢，后者为前者的超低碳钢型，工艺上选择无缝管。

6.4 压力容器和管路安全性设计

6.4.1 压力容器

压力容器，如反应堆、热交换器、燃气管加热器和锅炉、电锅炉、冷却器、蓄能器和类似容器，以及相关的压力释放机构，如减压阀和类似装置，应按照适用的区域或国家压力设备规范和标准建造和标记。

不属于国家压力设备标准范围的容器，如储罐及类似容器，应按照 6.3 章节中的规定用合适的材料建造，并应符合国际电工委员会 IEC 的 IEC 62282-3-100 标准中 4.4 条的要求[4]。压力容器及其相关的接头和配件，在设计和建造时应具有足够的强度，以保证其功能性和抗泄漏性，防止意外泄漏。氢气储存在金属氢化物组件中时，应符合国际标准化组织 ISO 的 ISO 16111 标准。

6.4.2 管路系统

管路及其相关的接头和配件应符合 ISO 15649 的适用条款。内部压力设计为 0～105kPa，处理不易燃、无毒、无害的液体，且设计温度为 -29～186℃ 的管路系统，不属于国际标准化组织 ISO 的 ISO 15649 的标准范围。

管路系统应按照 6.3 章节的规定，选择合适的材料建造。管路及其相关的接头和配件，在设计和建造时应具有足够的强度，以保证其功能性和抗泄漏性，防止意外泄漏。

刚性和柔性管件的设计和施工均应考虑以下几个方面。

① 材料应符合 6.3 章规定的要求。

② 管路内表面应彻底清洁，以清除松散的颗粒；管道末端应仔细铰孔，以清除障碍物和毛刺。

③ 如果气体管道内的液体冷凝水或沉积物积聚在启动、停机和/或使用过程中可能导致水锤、真空坍塌、腐蚀和不受控制的化学反应，损坏管道，制造商应提供从低区域排水和清除沉积物的方法，并在清洁、检查和维护期间进行检修。特别是采取措施，确保防止燃料气体控制中的沉积物或冷凝水积聚。应安装沉积物疏水阀或过滤器，或在产品技术文档中提供适当的准则。

④ 制造商应采取措施，确保液体燃料控制系统中不积聚沉积物。应安装沉淀池或过滤器，或在产品的技术文件中提供适当的指南。

⑤ 用于输送可燃气体的非金属管道应受到保护，防止过热和机械损坏。应提出相应措施，以防止输送可燃气体的部件的温度超过其设计温度。

⑥ 液体燃料电池动力系统应包括捕获、回收或安全处置释放的液体燃料的规定。防漏盘、防漏罩或双壁管的设计应防止无控制的泄漏。

6.4.3　排气系统

燃料电池装置应配备排气系统，将重整过程和燃料电池反应中产生的废气安全地排放至与起居、机器及服务处所的开口具有足够距离的露天区域。制造商应提供符合要求的通风管道，或在产品技术文档中提供充分说明，以便选择符合这些要求的通风管道。排气系统需符合如下要求：

① 材料应符合 6.3 章节的规定，特别是排气系统应该采用耐冷凝腐蚀的材料。非金属材料应根据其温度限制、强度和耐凝结水的作用进行判断。

② 燃料电池装置的排气系统部件应经久耐用。排气系统部件，包括燃料电池系统内的部件，在允许不安全的燃料电池动力系统运行的情况下，不得断裂、拆卸或损坏。

③ 排气管道应适当支撑，并应配置防雨帽或其他不会限制或阻碍气体流动的装置。

④ 应采取排水等措施，防止水、冰和其他杂物在排气管内积聚或堵塞排气管。

⑤ 燃料电池动力装置的排气系统应该是无泄漏的。

⑥ 排气出口卡箍的尺寸应该能够容纳商用的连接器，或者能够容纳制造商安装说明中规定的管道。

⑦ 使用用于监测废气流量的压力开关，应由工厂设置，或由制造商自行决定，由施工现场的服务人员设置，调整后需进行确认。压力开关应该有一个标记，清楚地表明器具制造商或经销商的零件编号或与锁定压力设置相关的适当文件。

⑧ 与排气冷凝液接触的压力开关部件应在正常工作温度下耐排气冷凝液腐蚀。

⑨ 燃料电池动力系统在正常稳定运行条件下排入大气的排放物中，CO 的体积浓度不得超过 300×10^{-6}，排气样本中的 CO 浓度应经数值计算校正到零过量空气的状态。

⑩ 当燃料电池动力系统设有排气系统时，排气系统所传送的废气温度不得超过用于建造排气系统的材料所能接受的温度。

⑪ 排气系统长度应在规定的测试范围内。

6.4.4　气体传输部件

输送气体的部件应具有气密性，在正常的运输、安装和使用中不应破坏气密性。

对于在环境空气压力下的所有操作条件下运行的气体回路的部件或部分，没有外部泄漏要求。

如果控制功能确保气体回路在环境空气压力下工作，则确保安全的措施应符合第1章规定的相关应用标准的要求。

6.5　供氢系统安全设计

6.5.1　氢气储存

目前可供燃料电池客船选择的氢气来源共有两种方式，即船载储氢和船载制氢。制氢技术一般要用到化石类燃料（如甲醇、乙醇和天然气等），然后再通过制氢系统将燃料进行裂解、重整和变换产生氢气，供燃料电池发电。无论选择何种方法供氢，氢气的储存罐需满足如下要求：

① 压缩氢气燃料罐及其支撑结构应按照船级社相关规范的要求或公认标准进行设计；当使用可移动式氢气瓶时，需满足规范对可移动式燃料罐的适用要求。

② 燃料罐与燃料接触部分的材料应与储存燃料相容。对于氢燃料储存系统，应考虑氢脆现象对使用寿命的影响。

③ 瓶体结构安全要求：

a. 气瓶的设计应符合相应标准的规定；

b. 气瓶的制造及试验应符合《气瓶安全技术监察规程》及国际标准委员会 ISO 的 ISO 11120《气瓶——水容积 150～3000L 的可重复使用的无缝钢制气瓶的设计、结构和试验》相关标准要求；

c. 高压气瓶瓶体及缠绕气瓶的金属内胆应采用无缝结构，低压气瓶瓶体采用焊接结构或无缝结构；

d. 无缝气瓶瓶体与不可拆附件的连接不得采用焊接方式；

e. 无缝气瓶底部结构的类型和尺寸，除应符合相应标准的规定外，还应符合下列要求：凸形底与筒体的连接部位圆滑过渡，其厚度不得小于筒体设计厚度值；凹形底的环壳与筒体间有过渡段，过渡段与筒体的连接圆滑过渡。

④ 气瓶附件安全要求：

a. 瓶阀结构和材料应符合《气瓶安全技术监察规程》的相关规定。任何与气体接触的瓶阀材料，应与瓶内所充装的气体具有相容性。

b. 气瓶应装设安全泄压装置，如可熔塞或安全膜片。安全泄压装置应符合《气瓶安全技术监察规程》的规定。

c. 气瓶安全泄放装置的泄放量及泄放面积的设计计算应符合相关标准的规定，其额定排量和实际排量均不得小于气瓶的安全泄放量。

d. 安全泄放装置的气体出口应连至船舶气体燃料透气系统，气体燃料透气系统的出口设置应符合船级社相关规范的要求。

6.5.2　氢气加注

（1）加注站

加注站应位于露天甲板上，以使其具有足够的自然通风。围蔽或半围蔽加注站应进行风险评估，评估报告应经船级社同意。

在压缩气体加注作业时，如可能有逸出的冷气喷射到周围的船体结构，应考虑采取防护措施防止低温损伤。

在加注操作时，应能从安全位置对其进行控制。在此位置，应能对燃料罐的压力和/或液位进行监测，且能进行高压和/或液位报警和自动切断。

（2）加注总管

燃料加注总管应设计成能承受燃料加注作业期间的外部载荷。燃料加注接头应适合燃料加注作业，且能承受设计温度和设计压力。

（3）加注系统

加注系统的布置应能使加注时不会有气体排放到空气中。

对于燃料加注管路，每一加注管路靠近接头处应串联安装 1 个手动操作截止阀和 1 个遥控关闭阀，或安装 1 个手动操作和遥控组合阀。应能在加注操作控制位置和/或其他安全位置释放遥控阀。

如燃料电池燃料加注管路周围导管内通风停止，则应在加注控制站发出报警。如在加注管路周围的导管内探测到可燃气体，则应在加注控制站发出听觉和视觉报警。

应设有在加注完成后排空加注管内燃料的措施。加注管路应布置成可对其进行惰化和除气。加注管路未进行加注作业时应处于除气状态。

如加注管路的布置存在交叉情况，则应设置适当的隔离装置以确保不会有燃料被意外驳运至未用于加注作业的船舶一侧。

6.6　消防安全设计

氢燃料电池船舶的消防安全设计需满足入级船级社的规范要求，燃料电池处所内的灭火系统以及用于燃料电池及其部件冷却的水雾系统设计需经船级社批准。

按照《国际海上人命安全公约》要求[5]，燃料电池所处舱室应视为 SOLAS Ch. II-2 规定的 A 类/重要机器舱室，具备相应的耐火完整性要求。灭火系统应符合氢燃料电池的特点。燃料电池舱室内的可燃物应尽可能减少。

6.6.1　防火

氢燃料电池船舶的防火要求如下：

① 任何含有泵、压缩机、热交换器、蒸发器或压力容器等燃料制备设备的处所，应视为 A 类/重要机器处所。

② 燃料电池舱室应与周围所有舱室（包括燃料电池舱室之间的隔离舱）保持 A60 级舱壁分隔。如果能够以合适的方法对燃料电池进行气密封装，可视为满足了分隔要求，可以安装在机器处所内。

③ 燃料电池处所的限界面包括出入门（如设有）应为钢制气密型。

④ 安装有燃料处理系统的处所应与燃料储存处所以钢质舱壁进行分隔，处所间不允许设有门。

6.6.2　灭火

燃料传输管路和设备安装处所及其他包含燃料的设备处所，应安装符合《国际消防系统安全规则》要求的固定式压力水雾灭火系统。

对两舷均设有加注站/加注总管的船舶，固定式干粉灭火系统或大型推车式干粉灭火设备应能覆盖左右两舷的加注站/加注总管区域。

空气进口和出口应设有防火闸，该防火闸应在燃料电池舱室外操作。灭火系统释放前，应关闭防火闸。

6.6.3　火灾探测和报警系统

设置在甲板下的燃料罐处所和其通风管道、燃料电池处所以及其他可能出现可燃气体的处所，均应安装认可型的固定式探火系统。探测系统具体类型应根据燃料和可能出现的可燃气体种类来确定。氢燃料系统的火灾探测应特别注意，因为氢燃烧时，无烟、热辐射小、肉眼白天几乎看不见火光，火灾的探测比较困难。

固定式自动探火和失火报警系统中不应仅设置烟雾探测器。

如探火系统不具备远程识别各个探测器的功能时，每个探测器应设置成单独的回路。探测器应与所使用的气体所产生的火焰相适应。

燃料电池舱室和燃料罐位置探测到火灾后，应采取安全措施，且应自动停止通风并关闭挡火闸。

6.7　电气系统安全性设计

一般不应在危险区域中敷设电缆和安装电气设备。如无法避免，在危险区域中安装电气设备时，应根据安装位置危险等级的不同，选择与之相适应的类型。

电气设备的选型和设计需按照国际电工委员会 IEC 的 IEC 60079-10 和 IEC 60092-502 规定的危险区域进行确定。

按照国际电工委员会 IEC 的 IEC 60079-20 要求，氢燃料电池船舶的电气设备的防爆类别和温度类别应不低于 IIC 和 T1。

6.7.1　危险区域划分

氢燃料电池船舶的危险区域划分如下：

（1）危险区域 0

缓冲罐、燃料罐和管路的内部，储存低闪点燃料或重整燃料、用于减压的管路或其他通风装置。

其中，与气体或液体接触的仪器和电气设备应为适合区域 0 的类型。安装在热井中的温度传感器和没有额外分离室的压力传感器应适合安装在 0 区。

（2）危险区域 1

① 燃料电池舱室；

② 设置通风的燃料泵和压缩机所在的处所；

③ 距离任何燃料罐出口，气体或蒸气出口，加注总管阀门，其他燃料阀，燃料管法兰，燃料泵、压缩机和重整装置所在处所通风出口，1 区通风出口和燃料罐压力释放口 3m 以内的开敞甲板上的区域或甲板上的半围蔽处所；

④ 距离燃料泵、压缩机和重整装置所在的处所入口和通风进口，以及通向 1 类危险区域处所的其他开口 1.5m 以内的开敞甲板上的区域或甲板上的半围蔽处所；

⑤ 开敞甲板上的包括加注总管阀门的集液盘以内及挡板向外延伸 3m 且不高于集液盘底部以上 2.4m 的处所；

⑥ 燃料管路所在的围蔽和半围蔽处所，例如燃料管路周围的双壁管、半围蔽的燃料加注站；

⑦ 在正常运行情况下 ESD 防护型机器处所视为非危险区域，但当探测到气体泄漏后仍需要继续工作的电气设备应为适用于 1 类危险区域的合格设备；

⑧ 在正常运行情况下被气闸所保护的处所视为非危险区域，但当被保护处所与危险区域之间的压差失效时仍需要继续工作的电气设备应为适用于 1 类危险区域的合格设备。

（3）危险区域 2

① 距离 1 类危险区域的开敞或半围蔽处所 1.5m 的区域；

② 空气闸。

通风管道的区域分类应与通风舱室相同。未通过区域 1 认证的燃料电池在气体检测时需要断电。

6.7.2　危险区域内的电气设备和电缆选型

（1）电气设备选型

用于可能出现混有氢气的爆炸性气体环境的防爆设备的防爆类别和温度组别应不低于 IIC 和 T1。各类不同危险区域内允许安装的电气设备如下：

① 可用于 0 区的设备

a. 本质安全型设备 "ia"；

b. 包含在本质安全 "ia" 电路中的简单电气设备和元件（如热电偶、光电管、压力计、接线盒、开关等），但储存和产生电能不超过 IEC 60079-14 所规定的极限值；

c. 其他经主管机关认可的特别设计的适合 0 区的设备；

d. 潜液式燃料泵，至少设有两种独立的在出现低液位时能自动切断供电的方式。泵的构造和安装及其相连电缆以及采取的其他措施，应能使其在未潜入或在爆炸性气体环境中时不予通电。

② 可用于 1 区的设备

a. 可在 0 区使用的设备；

b. 本质安全型设备 "ib"；

c. 包含在本质安全 "ib" 电路中的简单电气设备和元件（如热电偶、光电管、压力计、接线盒、开关等），但储存和产生电能不超过 IEC 60079-14 所规定的极限值；

d. 隔爆型设备 "d"；

e. 正压型设备 "p"；

f. 增安型设备 "e"；

g. 浇封型设备 "m"；

h. 充砂型设备"q";

i. 特别认可型设备"s";

j. 测深仪或计程仪的传感器、外加电流阴极保护系统的阳极或电极，这些设备均应安装于气密围蔽处所，并且不应毗邻燃料舱舱壁;

k. 路经敷设电缆。

③ 可用于2区的设备

a. 可在1区使用的设备;

b. "n"型设备;

c. 正常操作不产生火花、电弧和热点的设备。

危险区域的设备应由本社认可的有关权威机构进行评估并发证或登记。不合格易燃气体探测设备的自动隔离不能替代合格设备的使用。

（2）电缆选择和敷设

对于电缆的制造和试验应满足经船级社认可的标准中的有关要求。电缆及其附件应适用于安装的危险区域，并应考虑机械、化学和腐蚀等因素。电缆穿越气体危险区域的甲板或舱壁时，应保持甲板或舱壁原有的密性。

6.8　监控系统和安保系统设计

6.8.1　概述

燃料电池动力装置的控制、监控和安全系统应符合下列功能要求:

① 对气体燃料/蒸汽泄漏进行监测和报警;

② 根据相关船级社规范要求，设置燃料安全系统，在出现可能发展过快且无法人工干预的故障情况和系统故障时，自动关闭燃油供应系统并隔离火源;

③ 设置监控系统和安保系统，以避免燃料供应系统的虚假关断;

④ 操作人员应可获得手动操作的信息和手段。

每个燃料电池动力装置都应配备专门的控制器，用于气体/蒸汽检测、燃料安全功能以及燃料控制和监控功能。气体检测系统和燃料安全系统被认为是保护性安全系统，气体控制和监视系统以及燃料安全系统应设置单独的传感器。

应在驾驶台、燃料补给控制位置和当地设置气体/蒸汽探测报警。如果报警依赖于网络通信，则应通过单独的网络段来处理功能，以实现燃料电池动力装置的安保功能。在适用的情况下，应在下列位置能进行手动远程紧急停机:

① 驾驶室;

② 船上安全中心;

③ 集控室;

④ 消防控制室;

⑤ 燃料电池所在舱室内部和附近的出口。

应对燃料电池所有可能出现的影响操作和安全的故障进行故障模式及影响分析，并基于分析的结果确定监测和控制的范围，应至少包括以下内容:

① 燃料电池电压;

② 燃料电池电压波动;

③ 排气温度；

④ 燃料电池内部温度；

⑤ 输出电流；

⑥ 空气流量；

⑦ 空气压力；

⑧ 冷却介质流量、液位、压力、温度；

⑨ 燃料流量；

⑩ 燃料温度；

⑪ 燃料压力；

⑫ 排气中的气体检测；

⑬ 水系统的液位、压力、纯度；

⑭ 影响和反映燃料电池寿命或衰减所必须监测的参数。

6.8.2　监控系统

（1）气体/烟雾监测

应提供永久安装的气体/烟雾监测系统，用于：

a. 燃料电池室；

b. 空气闸；

c. 膨胀罐或加热/冷却回路中与燃料接触的排气管；

d. 初级燃料/重整燃料可能积聚的其他封闭舱室。

监控系统应持续监测气体/烟雾。易燃产品的监测系统可测量0%～100% LEL（爆炸下限）范围内的气体/烟雾浓度。每个舱室布置的探测器数量应考虑到空间的大小、布局和通风，应覆盖足够数量的传感器，可根据表6-1进行选取。

表6-1　监控系统状态

项目		报警状态
气体检测	燃料电池室 20%LEL	HA
	膨胀罐、加热/冷却系统中的排气管	HA
	空气闸	HA
	初级燃料/重整燃料可能积聚的其他封闭空间	HA
	舱底水井燃料电池空间	HA
	燃料电池空间的通风减少	LA
其他报警状态	空气闸，多扇门从关闭位置移动	A
	空气闸，门在通风不足时打开	A

注：A=报警；　LA=低值报警；　HA=高值报警。

探测器应放置在气体/蒸汽可能积聚的地方和/或通风出口。应使用气体扩散分析或物理烟雾测试，以找到最佳的布置。

（2）通风

为了验证通风系统的性能，需要一个通风流量监测系统和一个燃料电池室负压力监测系统。通风风扇电机的运行信号不足以验证性能。低于要求的通风能力应报警。

（3）舱底水井

燃料电池舱的舱底水井应配备液位传感器。舱底水井应在高位报警。

6.8.3 安保系统

（1）气体、烟雾或液体安全检测

应该配置能够快速监测燃料电池舱室内液体初级燃料泄漏的装置，安保系统应能关闭受液体泄漏影响的燃料电池动力系统，并断开燃料供应源。

在燃料电池舱室中进行气体/烟雾检测，当两个自监测探测器指示气体或烟雾浓度为40%爆照下限（LEL）时，应关闭受影响的燃料电池动力系统并断开燃料供应源，并应自动关闭隔离泄漏所需的所有阀门。这将要求燃料舱中向燃料电池舱室供应液体或气体燃料的阀门自动关闭。

（2）失去通风时的安全保护

燃料电池舱室通风不足将导致燃料电池在有限时间内通过过程控制自动关闭。过程控制停机时间应在风险分析的基础上逐案考虑。

（3）手动关闭按钮

在燃料电池舱室、集控室和驾驶台上，应提供手动紧急关闭燃料电池舱室的燃料供应和燃料罐主阀的方法。激活装置应设置为一个物理按钮，适当地标记并防止误操作。手动停机由安全系统处理，并进行回路监控。

（4）安全操作

当燃料电池系统出现安全故障后，需采取表6-2所示的安全措施。

表6-2 安全故障应对措施

参数	报警	燃料罐主阀关闭	燃料电池舱燃料供应阀关闭	注释
燃料电池室内的液体检测	X	X	X	
燃料电池室内气体浓度高于40% LEL	X	X	X	
双壁管中的气体检测	X	X		
燃料电池室内通风失效	X			燃料电池应通过过程控制自动关闭
双壁管中通风失效	X			燃料电池应通过过程控制自动关闭
火灾探测	X	X	X	关闭通风，释放灭火系统
紧急释放按钮	X	X	X	

注：X表示执行动作。

参 考 文 献

［1］ DNVGL. RULES FOR CLASSFICATION OF SHIPS. 2018.
［2］ CCS. 天然气燃料动力船舶规范. 2017.
［3］ CCS. 船舶应用替代燃料指南. 2017.
［4］ IEC 62282-3-100. Fuel cell technologies: Stationary fuel cellpower system-Safety. 2019.
［5］ IMO. 国际海上人命安全公约. 2016.

第 7 章

氢其他应用安全

7.1 氢氧混合发生器

7.1.1 氢氧混合发生器概况

7.1.1.1 氢氧混合气原理

氢氧混合气是水电解后的氢气和氧气的混合气。因为含有氢气,故氢氧混合气可以燃烧。因为含有氧气,所以燃烧的效果要比纯氢气的好。因为氢氧混合气的氢气和氧气的体积比为 2∶1,在氢气爆炸浓度范围内,因此比纯氢气更危险。

7.1.1.2 氢氧混合气生产设备

氢氧混合气生产设备主要由电解槽、电解电源、安全阀与阻火器、火焰调节罐、氢氧火焰枪组成。它的核心部件是水电解槽,与水电解制氢的电解槽的原理一样,结构类似,但没有分离氢气和氧气的隔膜。由于氢氧混合气的组成是在氢气易于爆炸的范围内,故氢氧混合气的生产设备有自己的特点。特点之一是设备的安全措施更严格,电器部分与产气部分隔离,防止气体泄漏、静电火花;特点之二是储气容积尽量小,以降低万一发生事故时的爆炸强度。我国已经有多家生产氢氧混合气设备的公司,有时其产品的名称不同,如氢氧发生器、水电解氢氧发生器、水焊机、氢氧汽车积炭清洗机等。

7.1.1.3 氢氧混合气应用

在毛宗强、毛志明编著的《氢气生产与热化学利用》一书中,比较详细地介绍了氢氧混合气的利用[1],可分述如下。

(1)切割领域

我国不仅是世界钢材消耗大国,也是一个世界钢铁制造业大国。钢铁连铸技术发展非常迅猛,连铸机保有量和连铸坯产量已占世界第一。钢铁连铸技术的推广带动了连铸设备及工艺的不断进步和升级,火焰切割连铸坯已逐渐取代传统的连铸坯切割工艺,不但减少了设备投资,降低了维护费用,还大大提高了钢坯断面质量,利于二次加工。

切割气源以乙炔、丙烷、天然气、氢氧混合气等气体为主,在这几种燃气中,氢氧混合气在切割作业中,尤其是钢铁企业连铸连轧工艺中厚型板坯、方坯的切割,CNC 数控自动化切割，钢结构和模具的加工中表现出较含碳燃气更加独特的优势：

① 高效　利用氢氧混合气切割钢材，燃气费用仅为乙炔的20％，丙烷、丙烯等燃气的30％～40％，是液化气成本的50％；使用氢氧混合气切割不增加切割氧消耗，并可省去预热氧消耗；无需搬运和更换气瓶，减轻了工人劳动强度，提高了工时利用率；氢氧混合气火焰集中，割缝较其他燃气窄30％～50％，减少金属损失，节省原材料；切割金属表面光洁、挂渣少，节省了清理和后序加工时间；原有火焰切割设备仍可使用，只需更换割嘴，技术更新简单。

② 安全　氢氧混合气发生器使用气体压力低，不属于压力容器，管理要求低，并设有多级安全保护装置，确保操作安全性。气体不储存，即产即用，避免了在运输、存储中发生或存在的安全问题。

③ 节能　氢氧混合气发生器生产氢氧气只需消耗电和普通水，成本低廉，每产生 1m³ 氢氧混合气，耗电 3.5kW·h。而乙炔主要由电石、水和丙酮制取，电石是高耗电能的产品，每生产 1kg 电石耗电 3.6kW·h，而生产 1m³ 乙炔需电石 4.4kg，即生产 1m³ 乙炔耗电 15.84kW·h。用氢氧混合气取代乙炔可节约大量能源。

④ 环保　氢氧混合气生产过程无污染，燃烧后产物为水，无毒、无味、无烟，给工人一个清爽的工作环境，不会使工人吸入大量黑烟和烟尘，确保身体健康，是真正的绿色燃气，已经应用的钢铁厂实例很多。

（2）焊接领域

氢氧混合气在焊接领域替代现有的气焊燃气，不仅实现了高效、环保、节能，在焊接效果上也有很大改进。由于氢氧火焰可达 2800℃，可以在 1s 左右迅速将焊点位置加热至熔点完成焊接。由于氢氧火焰集中不发散，可以实现精密器件的焊接。由于氢氧火焰燃烧时不产生炭化物，无黑斑污点产生，免除清洗、抛光等二次处理。

氢氧混合气在首饰和电子等行业的焊接应用越来越广泛。首饰行业，适合铂金、黄金、白银、紫铜等各种首饰链、丝熔焊。首饰浇铸件修补砂孔、砂眼及首饰维修。电子行业：适合电机电极多股漆包抽头线高效可靠熔合；LED 晶片熔合，IC 半导体封装，电线去皮；线路板火焰预处理；铅蓄电池极板焊接。汽配、汽保行业，汽车配件的铜焊及汽车保养。制冷行业，冰箱及空调配件的铜焊。

（3）医疗制药领域

随着国家药品质量强制推行 GMP（良好生产规范）认证，在医用安瓿瓶拉丝封口中氢氧混合气凸显了独一无二的优势。目前大多数药厂在水针剂拉丝封口生产线上采用液化气为燃料，氧气助燃的方式对水针剂和安瓿瓶进行封口处理。这种方式存在成本高、封口合格率低、药品质量受液化气燃烧产生的污染所影响等问题。氢氧混合气技术已经成功地应用于水针剂和安瓿瓶拉丝封口领域。

（4）汽车除炭领域

利用氢氧混合气的催化、助燃、高温等特性，经由发动机进气歧管输入发动机燃烧室，待氢氧混合气充满发动机燃烧室后，点火引燃，在高温燃烧过程中产生 O、H 和 OH 等活性原子，促进汽油中中长碳氢链的高温裂解，使氧化反应的速度加快，对发动机积炭进行全面、彻底清除，恢复汽车动力，并且不会对发动机造成任何损害，避免了传统化学除炭剂的不足，是汽车养护领域一次质的飞越。

氢氧汽车积炭清洗机已经有国家标准。2012 年 8 月 1 日商务部发布《氢氧汽车积炭清洗机》（SB/T 10741—2012），于 2012 年 11 月 1 日起执行。该标准对氢氧汽车积炭清洗机的术语、分类、试验方法、检验规则、标志、使用说明书、包装、运输、储存等均做了明确的规定。

（5）焚烧领域

利用催化燃烧特性，氢氧混合气还可广泛用于煤的清洁燃烧、危险废物焚烧处理和工业加热炉等领域，具有显著的节能降耗、抑制二噁英等大气污染物排放的功效。

国家推广使用新型节能燃烧器，产业政策的倾斜说明中小型燃油燃气两用炉及油气混合燃烧系统具备其特有的节能、环保优点，而且氢氧混合气发生器额外提供了强化燃烧、促进完全燃烧等功能，在催化燃烧领域开辟了一个全新的市场。

7.1.1.4 结论

综上所述，环境生态保护、节能和人类的可持续发展迫切要求清洁能源的开发利用，氢氧混合气的研究开发进展给我们带来了机遇和挑战，无论是从能源需求还是从氢氧混合气的特点考虑，作为一种氢能的开发利用，替代传统能源都具有现实性、可行性。

氢氧混合气可以进入家庭，作为取暖的燃料。这主要是因为氢能的热值高，远高于其他材料。它燃烧后可以放出更多的热，是理想的供热材料。除了能用于家庭取暖外，也可以作为做饭的燃料。目前城市居民主要用天然气做饭，虽说天然气是一种较好的能源，但是天然气的主要成分是甲烷，甲烷燃烧后也会生成温室气体二氧化碳，况且，我国的天然气严重短缺。使用氢氧混合气作为燃料，就能减少温室气体的排放量。

我们相信氢氧混合气的应用范围必将不断扩大，不久的将来一定能够走进我们生活的方方面面。

7.1.2 氢氧混合发生器安全要求

7.1.2.1 对氢氧混合发生器的研究

氢氧混合发生器的安全极为重要，所以对其研究也比较多。初步查阅，已经有近100项国家专利。如宁波和利氢能源科技有限公司的高崧、何林、梁宝明、李生平等人于2012年获批的"一种用于安瓿灌封的氢氧焰安全熄火装置"专利；陕西华秦新能源科技有限责任公司的折生阳、王彦东、杨炎、庄新东、田涛、成雨超等人于2016年获批的"一种轨梁火焰切割装置及切割方法"专利等。

相关的研究文章不及专利多。1985年6月株洲硬质合金厂文树德在《工业安全与防尘》发表《氢氧混合爆炸事故及其预防》[2]，作者在调查国内1970～1982年发生的几起氢氧混合爆炸事故的基础上，结合多年的工作经验，对氢氧混合爆炸时的特点、引起爆炸的原因以及防范措施等进行初步的探讨。

2007年1月通辽市锅炉压力容器特种设备检验所杨金翠和吴志刚在《内蒙古科技与经济》杂志发表《对氢气与氧气混合发生爆炸的分析》[3]的文章，详细介绍了氢气与氧气混合发生爆炸的条件、爆炸的特点及危害，并给出预防爆炸的措施与对策。

2008年，中国工程物理研究院流体物理研究所冲击波物理与爆轰物理实验室的王建、段吉员、黄文斌、谭多望和文尚刚等人发表的《氢氧混合气体爆炸临界条件实验研究》（刊登在"流体物理"2008-10-10）指出[4]：可燃气体的燃烧、爆炸是工业生产中常见的灾害性事故，危害极大。通过爆轰管实验装置，采用疏密分布的压力传感器测量氢氧混合气体的爆轰特性，并依据压力和波速在燃烧转爆轰瞬间发生突跃，判断混合气体爆炸的临界条件。实验结果表明，爆炸压力随氢气初始浓度呈∩形变化，50％氢气体积分数为爆炸最佳浓度值；在常温常压下，氢氧混合物爆炸的临界氢气体积分数是15％和90％；化学计量比的氢氧混合气体发生爆炸的临界初始压力为0.01MPa；氮-氢-氧三元混合气体爆炸的临界氮气体积分数为60％。

7.1.2.2 氢氧混合发生器安全要求

为了推动氢氧混合发生器的安全使用，中国氢能于2017年发布了国家标准GB/T 34539—2017《氢氧发生器安全技术要求》[5]，因此，现在氢氧混合气有了国家标准作为设计、生产和使用的依据。下面，概括国家标准的主要内容。读者在实际应用时仍需仔细阅读，认真执行现有的GB/T 34539—2017《氢氧发生器安全技术要求》（以下简称"标准"）及其未来的修订版。有关氢氧混合发生器第一个技术标准是2012年颁布的GB/T 29411—2012《水电解氢氧发生器技术要求》国家标准[6]，该标准将氢能混合发生器的安全置于最高等级，为安全推广、使用氢氧混合发生器奠定了基础。

"标准"主要内容为基本要求、氢氧发生器安全等级、环境要求、供气系统和设备、电气装置、安全防护装置、试运行、运行和维护及应急处理等几个部分，最后还有附录。

（1）基本要求

为了保证氢氧发生器的使用安全，标准给出的建议和要求适用于氢氧发生器的设计、制造和安装过程。

其指导思想在于极力避免氢氧混合气体在密闭空间积聚，要求有正确的操作规程，为此要求氢氧发生器设备的制造商应协助使用方制定设备相应的操作流程，操作流程主要包括：

① 氢氧发生器操作员正确的操作行为和严格禁止的操作行为；

② 危险情况和事故的应急处理办法；

③ 配置必要的消防灭火器材。

（2）氢氧发生器安全等级

氢氧发生器应按照下面两种安全等级中的一种进行设计：

① 一般安全等级，当失效的结果可能导致人身伤害，或者造成经济损失和产生社会影响时，采用这一等级；

② 特殊安全等级，当安全要求取决于局部调整和/或由制造商和用户协商双方决定时，采用这一等级。

为了达到安全要求，氢氧发生器必须有质量保证，并且贯穿氢氧发生器及其零部件设计、采购、安装、运行和维护的组成部分。质量管理体系宜按照GB/T 19001—2016《质量管理体系 要求》执行。

氢氧发生器的安全标志是必不可少的。安全标志的文字和图形应贴或刻在不易破损的介质上，且其内容意义应明确，不得产生歧义。安全标志应符合GB 2894—2008《安全标志及其使用导则》中的规定。

① 氢氧发生器设备间内应有醒目的禁火标志。

② 氢氧发生器电源进线端和大功率接触器附近应有防触电警示标志。

③ 在具有紧急停机功能的部件处应有醒目的提示标志。

（3）环境要求

氢氧发生器有一定的环境要求。氢氧发生器、配套用气设备以及设备间的安装、组装应有明确的安装图纸和安装规范，并严格按照安装图纸和安装规范实施。同时，氢氧发生器设备、管道和设备间周围应设置标明氢氧气危险性的文字和/或图案的标志。

氢氧发生器的运行环境要求如下：

① 环境空气温度为 $0\sim40℃$，最大相对湿度为 90%。

② 使用场所应无严重影响发生器使用的气体、蒸汽、化学沉积物、尘垢、霉菌及其他爆炸性、腐蚀性介质，并无剧烈振动和颠簸，并应符合 GB 4962 和 GB 9448 的有关规定。

③ 设备间内应设置配电柜并可靠接地，每台氢氧发生器设备宜独立供电，配电柜应设置便于操作的应急断电开关。

④ 设备间内应设置供水管道、排水管道和气体排放管道。

⑤ 氢氧发生器设备与氢氧混合气体管道应进行可靠接地。

氢氧发生器对安装位置有严格要求。

① 确保氢氧发生器设备间区域内无其他杂物，通道畅通。

② 氢氧发生器设备宜布置在不可燃烧的实体围墙内，并远离明火或散发火花的地点，设备与明火点间距不应小于 10m。

③ 氢氧发生器的区域通风要保持良好，以避免可燃气体积聚。

④ 采用机械通风时，进风口应设在建筑物下方，排风口设在上方，并朝向安全地带。

⑤ 自主通风时，换气次数不少于每小时 4 次，并应确保排尽氢氧混合气体。

⑥ 建筑物屋顶内平面应平整，不得导致氢氧混合气体的积聚。

⑦ 建筑物顶部或外墙的上部应设气窗或排气孔。

⑧ 设有氢氧发生器的房间地面应平整、耐磨，并应采用不发生火花的材料。门窗宜采用撞击时不起火花的材料制作，亦可在门窗撞击部加装不起火花材料制作的护垫。

氢氧发生器产品必须符合：

① 氢氧发生器应符合 GB/T 29411—2012《水电解氢氧发生器技术要求》的相关要求，并应按照规定程序批准的图样及技术文件制造。

② 供电输入电压值应由用户确定，电压等级宜为交流 220V（±10%）、交流 380V（±15%）。

③ 冷却水的水压宜为 0.2～0.4MPa。

④ 仪表或气动用压缩空气的气源压力应按相关要求确定，其质量应符合 GB/T 4830—2015《工业自动化仪表气源压力范围和质量》的规定。

⑤ 氢氧发生器的基本参数应符合 GB/T 29411—2012《水电解氢氧发生器技术要求》中表 1 的规定值。

（4）供气系统和设备

为了保证氢氧发生器的安全使用，特别要求满足下列条件：

① 氢氧发生器生产的氢氧混合气体应即产即用，禁止任何对氢氧混合气压缩和存储的行为。

② 氢氧混合气体不应在室内排放；排放管接自屋面上至少 1.0m。

③ 氢氧混合气系统应设置自动熄火装置和/或吹扫装置。

④ 氢氧混合气系统应设置压力表、安全泄放装置（包括安全阀、爆破片和辅助泄压装置）、氢气泄漏报警装置、阻火器等安全附件。

对氢氧发生器设备的要求是：

① 氢氧发生器的最大产气量不应超过 GB/T 29411—2012《水电解氢氧发生器技术要求》中表 1 的规定值。

② 氢氧发生器的储气容积应不大于 30L。

③ 氢氧发生器最高工作压力应不大于 0.2MPa。在满足用户使用要求的条件下，设备工作压力宜小于 0.1MPa。

④ 氢氧发生器应至少配置一级机械式气体压力控制装置，当气体压力达到设定值时，应停止产气。氢氧发生器宜配置二级气体压力控制装置，一级机械式，一级电子式。

⑤ 氢氧发生器至少应配置一级安全泄压装置，安全泄压装置压力应不大于设备额定工作压力的 1.25 倍。

⑥ 氢氧发生器配置两级以上阻火装置，至少一级湿式阻火器，实现有效阻止回火。

⑦ 氢氧混合气体发生回火时，发生器及阻火器应无损坏或失效。

⑧ 氢氧发生器内部不应使用可燃性化学助燃剂，如酒精、汽油、正己烷、液化石油气等。

对氢氧发生器管道及附件要求：

① 氢氧发生器在 5 倍额定工作压力条件下保持 1min，设备内部零部件及管路不应有永久性变形和泄漏现象，设备应满足 GB/T 29411—2012《水电解氢氧发生器技术要求》中表 1 的密封性要求。

② 氢氧混合气主管道应采用无缝不锈钢金属管道，内径小于 20mm，总长度应小于 100m。

③ 设备的连接管道宜选用金属或金属软管，管道的材料应耐压、耐温、耐腐蚀，并且与氢氧混合气具有良好的相容性。

④ 氢氧混合气管道的连接应采用焊接或其他有效防止氢氧混合气泄漏的连接方式。

⑤ 氢氧混合气主管道上最低点应设排水装置。

⑥ 终端使用明火的设备，设备与氢氧混合气主管道之间应设置阻火器。

⑦ 氢氧混合气管道与附件连接的密封垫，应采用不锈钢、有色金属、聚四氟乙烯等材料。

⑧ 氢氧混合气主管道上应采用不锈钢材质的三通阀门、球阀、截止阀和附件，并应密封性能良好。

⑨ 主管道应架空敷设，且不得与电缆、导电线路、高温管线敷设在同一支架上。

⑩ 氢氧混合气管道支架应采用非燃烧体制作。

⑪ 氢氧混合气管道连接的法兰间应以金属线材跨接并应可靠接地。

⑫ 氢氧混合气排放管宜采用不锈钢，不得使用塑料管或橡皮管。排放管口应有防止雨雪侵入、水气凝集、冻结和外来异物堵塞的措施。

⑬ 管道上应标明氢氧气流动方向。

⑭ 氢氧发生器内部零部件及管路宜采用耐腐蚀材料或采取防腐蚀措施，管路应耐温、耐压、耐腐蚀，密封性好，连接可靠。

氢氧发生器的电解槽宜分三个使用寿命等级，即在额定工作条件下：

① 一级电解槽应满足累计运行时间不少于 36 个月的要求；

② 二级电解槽应满足累计运行时间不少于 24 个月的要求；

③ 三级电解槽应满足累计运行时间不少于 12 个月的要求；

④ 氢氧发生器应设置自动控制装置，实现设备气体工作压力、温度、电解电流、冷却循环和注水等正常运行、故障报警和停机，实现无人值守运行和远程实时监测控制。

（5）电气装置

对氢氧发生器电气装置的基本要求如下：

① 氢氧发生器设备间附近宜设有直观的断电点，以方便维修人员检修。

② 敷设电缆或导线用的保护钢管，应在电缆或导线引向电器设备接头部件前和相邻的不同环境之间做隔离密封。

对氢氧发生器的直流电源的要求是：

① 每台电解槽应单独配置直流电源，宜采用高频开关电源。

② 直流电源应设有调压功能和自动稳流功能。

③ 电解槽用整流器的额定直流电压应大于电解槽工作电压，调压范围宜为 0.6～1.05 倍电解槽额定电压；额定直流电流应大于电解槽工作电流，宜为电解槽额定电流的 1.1 倍。

对氢氧发生器的照明要求：

① 设备间照明灯宜采用荧光灯等低温照明灯，且安装高度应不超过 2.5m，低于设备间顶部 0.5m 以上。

② 不得在氢氧气源正上方布灯。

③ 氢氧发生器设备间内的照明和应急照明设施，还应符合 GB 50058—2014《爆炸危险环境电力装置设计规范》的相关规定。

对氢氧发生器的接地要求：

① 水电解槽应按结构特点进行电气接地，对两端分别接入支流电源正负极的水电解槽，对地电阻应大于 1.0MΩ。

② 氢氧混合气设备、管道的法兰、阀门连接处应采用金属（铜质）连接线跨接。

③ 防爆电器、配线接地电阻应小于 0.1Ω。

（6）安全防护装置

对氢氧发生器的安全防护装置应该：

① 氢氧发生器应具有安全泄放装置、阻火器等安全附件。

② 氢氧发生器应具有单容错或多级容错功能。

③ 氢氧发生器的控制系统应具有控制压力的能力，检测到氢泄漏时，应能自动采取相应的安全措施，包括关闭截止阀、开启通风装置、关停设备等。

④ 氢氧发生器应设置自动控制装置，实现氢氧气随产随用的基本要求。

氢氧发生器要有安全泄放装置，其安全泄放装置（包括安全阀、爆破片和辅助泄压装置）应满足以下要求：

① 安全泄放装置应能保证系统的压力始终不高于系统的最大允许工作压力，其尺寸应适应压力源的最大流量，且在极端条件下仍应有足够的泄放能力；

② 安全泄放装置的材料应能适应氢氧发生器的工作温度，且与氢氧气有良好的相容性；

③ 安全泄放装置和被保护的容器或管道之间不应安装截止阀。

氢氧发生器要有安全泄放装置，其中安全阀应满足以下要求：

① 安全阀的最大泄放量及开启压力应符合 JB 4732—1995 附录 E 中 E6 的规定；

② 安全阀的可动部分在不均匀加热或冷却时应灵活可动，且不应使用可能妨碍安全阀正常工作的填料；

③ 应选用全封闭式安全阀，并应有产品合格证和/或质量合格证明，经校准合格后，方可安装；

④ 安全阀应垂直安装在便于观察和检修的排放管路上且靠近被保护容器的位置。

氢氧发生器要有安全泄放装置，其中爆破片应满足以下要求：

① 爆破片的标定爆破压力应大于系统的工作压力，爆破片与安全阀的并联装置应符合

JB 4732—1995 附录 E 中 E8 的规定；

② 爆破片爆破时不应产生火花和金属碎片；

③ 应根据爆破片的使用寿命，定期更换；

④ 爆破片应设有安全保护盖。

阻火器是防止氢气火焰反向传递的重要装置，氢氧发生器一定要有阻火器：

① 氢氧发生器的氢氧混合出气管道及用气设备前管道，应装设阻火器，防止回火导致设备损坏及保护连接管道。

② 阻火器应安装在靠近氢氧混合气出气口处，宜采用外置或外挂形式安装。

③ 阻火器材质应选用耐压、耐腐蚀材料。

④ 阻火器可采用干式阻火器或湿式阻火器，并应经阻火性能检测合格。

⑤ 阻火器在连续回火（10 次以上）的情况下，应能有效阻止火焰返回氢氧发生器，阻火后氢氧发生器及阻火器应无损坏或失效现象。

⑥ 阻火器阻火时噪声不应超过 60dB。

氢氧发生器的报警装置：

① 设有氢氧发生器的房间应设置氢气泄漏检测报警装置和火焰探测报警装置，报警装置应提供声和/或光报警。

② 氢气泄漏报警应在氢气爆炸下限的 20％时发出声光报警。

③ 氢氧发生器的防护罩内设置风机时，宜设氢气报警装置进行控制。

（7）试运行、运行和维护

氢氧发生器的试运行：

① 试运行前，应确定现场的生产环境、所有氢氧发生器的零部件及其附属装置均已符合设计要求。

② 试运行中，氢氧发生器的工作压力、工作温度、氢氧气产气量应达到设计工况，且稳定运行。

氢氧发生器的运行：

① 操作人员应经过岗位培训，考试合格后持证上岗。

② 操作人员应无色盲、无妨碍操作的疾病和其他生理缺陷，且应避免服用某些药物后影响操作或判断力的作业。

③ 氢氧发生器运行中，应定期评估操作程序以确保其有效性。

④ 氢氧火焰不易察觉，应防止意外烧伤。

⑤ 严禁在禁火区域内吸烟、使用明火。

⑥ 氢氧发生器运行时，不应敲击、带压维修和紧固，不得使用易产生火花的工具。

⑦ 氢氧发生器运行时，不得超压，也不得在负压状态下运行。

⑧ 氢氧发生器设备停止使用时，首先进行停机操作，后断开设备电源，使设备停止产气，然后排空设备和管道内的气体，宜用氮气或压缩空气进行吹扫、置换。

氢氧发生器的维护：

① 定期检查更换电解槽中的电解液，电解液更换周期应小于一年。

② 定期检查更换干式阻火器、燃烧嘴、过滤器滤芯等。

③ 定期检查电解槽、阻火罐等壳体是否有变形及液体泄漏，循环泵、注水泵、阀门和连接管路等密封情况是否良好。

④ 定期检测、校验压力表、压力传感器、温度传感器和安全泄放装置。

⑤ 定期检测、校验燃气检测报警仪、火焰探测报警仪等。

⑥ 对泄漏点检测、检查时，应使用中性肥皂水或携带式燃气检测报警仪。不得使用明火进行漏气检查。

⑦ 进行焊割作业时，应首先放空管道中的氢氧混合气体，并用氮气对管道进行吹扫、置换后，再进行焊割作业。

⑧ 设备修理、改造后系统应进行耐压、吹扫和泄漏检测，符合要求后方可投入使用。

⑨ 氢氧混合气管道、阀门及湿式阻火器等出现冻结时，作业人员应使用热水或蒸汽加热进行解冻，且维修人员应戴面罩进行操作。不得使用明火烘烤或使用锤子等工具敲击。

⑩ 氢氧发生器检修或检验作业应制定作业方案及隔离、置换、通风等安全防护措施，并经过设备、安全等相关部门审批。未经安全部门主管书面审批，作业人员不得擅自维修或拆开氢氧发生器设备、管道系统上的安全防护装置等。

（8）应急处理

氢氧发生器应急处理的一般要求：

① 氢氧发生器应急处理规定在氢氧发生器发生泄漏、着火、不正常运行和未按规定参数运行时的应急处理。

② 应急处理还应符合 GB/T 29729—2013《氢系统安全的基本要求》中的相关规定。

氢氧发生器的泄漏处理：

① 应及时切断泄漏源，并对泄漏污染区进行通风，避免燃气发生持续泄漏或聚集，排除泄漏污染区可能存在的点火源。作业人员进入泄漏污染区时，应佩戴个人防护装置。

② 若无法切断泄漏源，应立即疏散泄漏污染区人员，保持泄漏污染区的通风，并立即通知消防部门和报告上级部门。

氢氧发生器的火灾和爆炸：

① 应及时切断氢氧气气源。若不能立即切断氢氧气气源，应使氢氧发生器保持正压状态，并使用消防水雾强制冷却着火设备。

② 应采取有效措施，防止火灾扩大，并用消防水雾喷射其他引燃物质和相邻设备。

③ 氢氧发生器机体、管道等发生超压失效或火灾导致的爆炸时，应立即疏散危险区域的人员，并立即通知消防部门和上报上级部门，迅速组织救援。

氢氧发生器对消防及救援人员要求：

① 消防人员应采用相关部门推荐的处理方法，立即采取救援措施，并建立警戒区域，及时疏散警戒区域内的非救援人员。

② 不应在警戒区域内使用无防爆设施的电气设备、无防火装置的燃油机动车等可能导致二次事故的救援设施。

③ 火灾发生时，消防人员应佩戴个人防护装置进入现场，并预防外露皮肤烧伤。

④ 紧急情况下，受过意外事故处理培训的现场人员可协助消防人员进行援救工作。

⑤ 医疗救护人员应及时对烧伤或在爆炸中受伤的人员进行应急医疗处理，情况严重者应立即送医院治疗。

7.2 氢锅炉

7.2.1 氢锅炉概况

最近看到有报道说：荷兰罗森堡项目是荷兰乃至全球首个100％氢气供暖示范项目。该项目与北部海上风电制氢、盐穴储氢以及格罗宁根氢燃料电池列车一道构成了荷兰氢能利用蓝图的雏形。

喜德瑞集团首席执行官 Bertrand Schmitt 说："纯氢锅炉的开发是我们脱碳供热解决方案的一部分，工作原理与天然气锅炉相同。我们目前提供一系列的技术，如高效燃气锅炉，热泵，现在还提供纯氢锅炉和燃料电池。可持续的绿氢是未来重要的能源载体。"

2019 年 6 月份，世界上第一台纯氢家用锅炉在荷兰罗森堡投入使用[7]。

该锅炉由喜德瑞集团（BDR Thermea, www.bdrthermeagroup.com）于 2018 年 10 月研制成功。喜德瑞集团（BDR Thermea）作为世界三大暖通集团之一，向全球提供先进的供暖及生活热水系统服务。该公司于 2009 年由 Baxi 和 De Dietrich 合并而成。当前，这个开创性的锅炉燃烧的是来自风能或太阳能电解产生的绿氢，不释放任何二氧化碳。

罗森堡氢能供暖项目是此前荷兰 P2G 试点的延续，项目周期 2018 年—2023 年，是全球首次采用 100％氢气用于房屋供暖。2010 年，荷兰阿莫兰岛的 P2G 项目正式启动，通过可再生能源制氢掺入天然气管网测试。2014 年该项目首次在罗森堡启动 P2G 试点，光伏面板安装在居民区，电解制取氢气送入与公寓直接连接的天然气管网，但受制于 20％的掺氢比例。2018 年底，该项目再次升级，传输改用纯氢管道，公寓终端采用纯氢锅炉，从而实现 100％氢气供暖测试，初始阶段供暖量将满足总热量需求的 8％。该项目由鹿特丹市政府、Bekaert Heating、Remeha、DNV GL、房屋协会 Ressort Wonen 和天然气管网运营商 Stedin 联合开展。

将氢气用于建筑供暖很有潜力，但仍需要进一步研究。毕竟，氢气的生产、分配和使用尚未获得大规模的应用。荷兰本地的天然气管网运营商认为，当前到 2030 年的工作重点应放在工业级绿氢的开发以及开展规模化的试点应用上。

现有的燃烧器可以处理最多高达 30％的掺氢天然气。由于氢气与天然气的热值不同，如开展纯氢燃烧，需要对锅炉进行改进。喜德瑞集团开发的纯氢锅炉是一个里程碑式的成就，这源自于此前天然气掺氢锅炉的实践。除了在卢森堡的试点项目外，喜瑞德同时在英国参加一个大规模的示范项目，未来两年将会安装超过 400 个氢气锅炉。

其实，要确定谁第一个使用纯氢气锅炉是比较困难的。笔者就在 Yahoo 搜到其他公司，比如意大利 Giacomini 集团（https：//www.giacomini.com/en/giacomini-group）成立于 1951 年，一直从事这方面的生产与销售氢锅炉 H2ydroGEM。该锅炉是世界上第一台以氢气为动力的家用锅炉，是以氢气为燃料的催化式燃烧器为基础的。在反应通道内，一种自引发催化剂激活氧化过程，不需要电。低浓度的氢与周围空气中的氧结合，这个反应产生热能，换句话说就是热。热能通过一个交换系统回收，并用于加热水和内部环境。采用氢气催化燃烧的优点是催化反应是无焰的，不产生二氧化碳，在大约 300℃ 的温度下进行，这意味着也避免了有害的氮氧化物（NO_x）。反应的唯一副产品是水蒸气，它可以毫无问题地释放到大气中。产生的热量足以满足家庭取暖的需要，特别是如果热卫生系统配备了辐射元件，可在任何时候确保舒适的温度和最大的效率。

意大利 Giacomini 集团的 H2ydroGEM 氢锅炉在功能和设计上都进行了优化：重量只有 40 公斤，它的名义热功率为 5kW。此外，Pure Energy® 中心[8]在 2012 年 5 月 23 日和 24 日的 All Energy 大会上宣布在英国推出和展示一种新型氢锅炉。这将是第一个用可再生氢（H_2）为建筑物加热的同类型锅炉。可再生氢将在 H_2 Office 办公地点生产。该锅炉将演示如何将来自可再生能源的多余能量储存为氢燃料，然后用来为苏格兰的房屋和建筑物供暖[9]。

7.2.2　氢锅炉安全要求

氢锅炉安全要求同时满足两个方面即氢安全和锅炉安全的要求。

许多锅炉事故表明，无论其规模或范围如何，当燃料系统和燃烧设备出现问题时，破坏可能是巨大的。如果能够更好地理解和执行已经制定的准则和标准，许多此类悲剧本来是可以避免的。

当然，与100年前相比，使用燃油设备的工业厂房和制造设施的安全性有了显著提高，当时锅炉爆炸和相关的大事故几乎每天都会发生。然而，与燃料系统和燃烧设备有关的事故仍然发生得过于频繁。在燃料和燃烧设备安全方面，我们似乎遇到了瓶颈。也许是因为基础设施老化，或者是现有法规和标准缺乏执行。或者，这可能与经济有关——经济衰退通常会对安全、培训和维修费用造成损失。

不管原因是什么，当生命安全受到威胁时，借口就不重要了。燃烧设备的安全对所有设施的日常运行和每个员工的安全都至关重要。这方面的安全是复杂的，往往被忽视，但注意了锅炉安全标准，你将更好地了解锅炉。

网站[10]发布有关锅炉规范和标准的介绍和书籍。可免费下载最新的机械工程、消防安全、管道、建筑和锅炉规范和标准。如：BS 1113：1999 standard，NFPA 85 Boiler and Combustion Systems Hazards Code，BS 5970 Code of practice for thermal insulation of pipework and equipment in the temperature range of $-100℃$ to $+870℃$，APIRP 556 (1997) Instrumentation and Control Systems for Fired Heaters and Boilers，National board inspection code 2015，等等。

国内有关锅炉安全的文献也不少，其中《锅炉安全技术监察规程》（TSG _ G0001—2017）是最新的监察规程[11]。

该规程适用于符合《特种设备安全监察条例》范围内的固定式承压蒸汽锅炉、承压热水锅炉、有机热载体锅炉，以及以余（废）热利用为主要目的的烟道式和烟道与管壳组合式余（废）热锅炉及锅炉范围内管道的设计、制造、安装、使用、检验、修理和改造。汽水两用锅炉除应符合本规程的规定外，还应符合《热水锅炉安全技术监察规程》。本规程不适用于如下设备：①设计正常水位水容积小于30L的蒸汽锅炉；②额定出水压力小于0.1MPa或者额定热功率小于0.1MW的热水锅炉；③为满足设备和工艺流程冷却需要的换热装置。

氢锅炉的氢气部分包括氢气制备、储存、输送、点燃等各环节。由于氢锅炉处于开发阶段，目前没有专门适用于氢锅炉的安全规程。有关氢锅炉的氢气部分的安全可参考氢气的相应规范。

7.3　氢燃气轮机

7.3.1　氢燃气轮机概况

氢燃气轮机是零 CO_2 排放燃气轮机最重要的技术。许多国家和公司都加紧研究与开发。

燃气轮机是内燃机的一种。空气被吸进进气口，并由压缩机段压缩。然后，通过将燃料（在我们的例子中是氢）引入燃烧室中的空气中，并点燃它，从而使燃烧产生高温流，从而增加能量。这种高温高压气体进入涡轮，在那里膨胀，在这个过程中产生轴功输出。

氢是元素周期表中的第一个元素和最轻的元素。当氢燃烧时只产生水。然而，由于氢气的燃烧温度较高，涡轮出口气体（温度约为900℃）可以通过使用回热器对进入燃烧室的空气进行预热，这大大提高了整个系统的效率。即使在回收器之后，废气仍然足够热，可用于热电联产系统。热气体可用于任何工业过程的加热，产生蒸汽驱动汽轮机或加热水供家庭加热使用。

燃气轮机：压缩机级

通常，燃气轮机的压缩机级是一个1级离心式，将空气带到4.5bar的压力。转子将采用钛3D打印，钛是一种强度高但重量轻的材料。已经对整个压缩机级进行了广泛的CFD测试。

燃气轮机：燃烧室

传统的燃气轮机燃烧室不能燃烧纯氢。氢燃料的燃烧特性与天然气、煤油等传统燃料有很大的不同。与传统的碳基燃料相比，氢具有更高的绝热火焰温度和更高的层流燃烧速度。正因为如此，纯氢的燃烧带来了更高的问题风险，如火焰回闪，这可能会对燃料喷嘴造成灾难性的损害。所有这一切意味着你不能简单地修改现有的传统燃烧器。一个全新的设计，从零开始，必须为燃烧纯氢的燃气轮机燃烧室。

燃气轮机：涡轮级

涡轮部分将采用单级径向设计。为了保持几何形状简单，转子内部没有复杂的冷却通道。然而，由于进口温度较高（1300℃），径向涡轮转子将采用耐热性高但强度高的技术陶瓷材料氮化硅。所有这些都是在没有任何二氧化碳排放的情况下实现的。

各种燃料发电1kW时的单位二氧化碳排放为：

标准燃煤发电：863g $CO_2/(kW \cdot h)$

超超临界燃煤发电：820g $CO_2/(kW \cdot h)$

燃气轮机联合循环（GTCC）发电：340g $CO_2/(kW \cdot h)$

氢30％混合燃烧燃气轮机：305g $CO_2/(kW \cdot h)$

由于MHPS（Mitsubishi Hitachi power systems，三菱日立动力系统）已经成功实现了30％氢气混合燃烧发电，公司的下一个目标是无二氧化碳发电，即100％氢气发电技术。然而，随着氢浓度的升高，氢气闪回的风险会增加，NO_x 的浓度也会增加。氢燃料发电的燃烧室需要能够实现氢与空气的有效混合和稳定燃烧的技术。MHPS计划到2023年实现100％氢燃气轮机技术[12]。西门子公司一直进行氢燃气轮机研究。Jenny Larfeldt是位于瑞典芬斯邦的西门子透平机械公司的教授和高级燃烧技术专家，十多年来她一直在研究将氢作为燃气轮机的燃料。在此期间，西门子成功地提高了燃料中氢的比例。但该公司的最终目标和承诺是到2030年使用100％绿色氢燃料[13]。2019年1月，西门子与行业组织EUTurbine签署了一项承诺，逐步提高燃气轮机燃料的 H_2 比例，到2020年至少达到20％，到2030年达到100％。

美国AP公司已经通过基于扩散燃烧器技术的湿低排放（WLE）系统实现了2030年的目标，但它们需要水来减少氮氧化物的排放。对于干式低排放（DLE）系统，最近在SGT-600到SGT-800燃烧器上的测试结果表明，在未来几年内能够实现100％氢气燃烧。这些最近在燃烧器技术上的进步已经通过增材制造成为可能，这也确保了燃烧器组件与以前的模型保持兼容。

通用电气（GE）有近30年的燃气轮机经验，在各种含氢燃料上运行，总计超过400万小时的氢燃料燃气轮机使用浓度从5％到95％（体积分数）。这包括合成气（syngas）、各种钢厂气体（即焦炉气和高炉气）和炼厂废气。这一经验帮助GE成为燃气轮机含氢燃料应用的世界先行者。作为美国能源部高级 IGCC/氢燃气轮机项目的一部分，GE 开发了一种低 NO_x 氢燃烧系统。这种新型的燃烧系统是基于燃料和气流的小尺度射流-横流混合的工作原理。

特别值得指出的是日本川崎重工已经开发出一项专有的燃烧技术，该技术只使用氢或天然气以及它们的任何比例混合物。新开发的燃烧技术使现有的天然气轮机可以在不改变其主体的情况下使用，使整个涡轮系统能够适应氢独特的燃烧特性。

2018 年春，川崎重工成功完成在一个城市地区示范，仅以氢为燃料的燃气轮机发电系统，同时为附近的 4 个公共设施提供热、电。这是世界上第一个 100% 氢气的氢燃气轮机[14]。笔者多次参观每年春天在东京举办的 H&FC 展览会，在智能电网馆可以看到川崎重工的展品和介绍，发现每年氢燃气轮机都有新的进展。这对未来可再生能源发电占电网的统治份额时，用大规模氢能燃气轮机发电，保障电网安全至关重要。

7.3.2 氢燃气轮机安全要求

氢燃气轮机安全要求同时满足两个方面即氢安全和燃气轮机安全的要求。目前我国尚没有发布氢燃气轮机安全的国家标准，只能分别查询燃气轮机的安全标准和氢安全标准。

我国于 2016 年 8 月 29 日发布 GB/T 32821—2016《燃气轮机应用 安全》（Gas turbine applications Safety）。该标准自 2017 年 3 月 1 日实施。本标准规定了使用液体或气体燃料，用于各类型的燃气轮机以及相关的控制、检测系统和必要的辅助设施的安全要求[15]。

国际上，指导燃气轮机应用的安全性的标准 ISO 21789：2009《燃气轮机应用 安全》由国际标准化组织（ISO）开发。该国际标准为燃气轮机应用程序的设计、包装和安装中应该考虑的主要安全问题提供了指南。

ISO 21789：2009《燃气轮机应用 安全》为与安全相关的控制和检测系统以及所有类型开式循环燃气轮机的基本辅助设备提供指导。该标准涵盖了陆上和海上应用的涡轮机，包括浮动生产平台[16]。该标准详细描述了与燃气轮机相关的可能的重大危害，并指定了适当的预防措施来减少或消除这些危害。该标准也可被设计者和制造商作为参考，以符合欧洲法规中燃气轮机应用的相关要求。欧洲法规中有关工作场所、电磁兼容性、污染预防、环境噪声、危险物质分类、包装和标签的某些安全要求也提供了合规方法。ISO 21789：2009《燃气轮机应用 安全》由技术委员会（TC）192 燃气轮机小组发布。美国国家标准协会（ANSI）是 ISO 的美国官方成员机构，拥有 TC192 秘书处，其行政职责授予西门子发电公司。美国 Benjamin Wiant（Siemens）担任 TC192 主席。ASME 是美国国家标准协会（ANSI）的成员和公认的标准开发人员，是 TC192 的美国技术咨询小组（TAG）的负责人，负责将美国的立场提交给该委员会。有关 ISO 21789：2009 的更多信息，请参见 ISO 网站[17]。

标准 ISO 21789：2009《燃气轮机应用 安全》最初于 2009 年 2 月发布，不过，最后一次审核确认是在 2014 年。因此，这个版本仍然是最新的。

氢燃气轮机的氢气部分包括氢气制备、储存、输送、点燃等各环节。

氢气的反应性很强，因此有很高的层流燃烧速度。当加入燃烧速度较慢的燃料中时，氢会扩大可燃性极限，增强火焰传播。这可以导致更有效的燃烧，减少有害空气污染物和温室气体的排放。要在燃气轮机中正确、安全地使用氢，必须考虑到天然气和氢之间的差异。除了这些燃料燃烧特性的差异外，还必须考虑对所有燃气轮机系统的影响以及对工厂的整体平衡。在一个有一个或多个氢燃料涡轮的发电厂，可能需要改变燃料附件、最低循环组件和工厂安全系统。

　　由于燃气轮机具有固有的燃料灵活性，因此可以将其配置为使用绿色氢燃料或类似燃料作为一个新单元，甚至在使用传统燃料（如天然气）后进行升级。将燃气轮机配置为以氢为动力运行所需的修改范围取决于燃气轮机的初始配置和工厂的总体平衡，以及燃料中所需的氢浓度。

　　通常，燃烧系统被配置为在一组燃料上运行，这些燃料有一个确定的火焰速度范围。由于差异显著，在甲烷和氢气的火焰速度下，配置在甲烷（或天然气）上运行的燃烧系统可能不适合使用高氢燃料。在许多情况下，运行高氢燃料需要专门设计的燃烧室。

　　首先，氢火焰的光度很低，因此很难被肉眼看到。这需要专门为氢火焰配置火焰检测系统。其次，氢可以通过可能被认为是密封或不渗透的其他气体密封扩散。因此，传统的密封系统与天然气可能需要用焊接连接或其他适当的部件来代替。再次，甲烷（在空气中）的可燃性下限是5%，而氢的可燃性下限是4%。因此，氢气泄漏会增加，需要更改工厂程序、安全/排除区域等的安全风险。此外，可能还存在其他工厂层面的安全问题评估。转换到100%氢燃料可能需要改变燃气轮机的控制，这可能会影响燃气轮机的性能、输出和热率。燃料的变化也可能影响工厂规模的更大平衡。例如，增加燃料中氢的浓度可能会导致氮氧化物排放大幅增加。燃气轮机的排气能量也可能发生变化，这就需要重新设置排放标准。

　　由于氢燃气轮机处于开发阶段，目前没有专门适用于氢燃气轮机的安全规程。有关氢燃气轮机的氢气部分的安全可参考关于氢安全的相关章节。

参 考 文 献

[1]　毛宗强，毛志明. 氢气生产与热化学利用 [M]. 北京：化学工业出版社，2015.

[2]　文树德. 氢氧混合爆炸事故及其预防 [J]. 工业安全与防尘，1985.

[3]　杨金翠，吴志刚. 对氢气与氧气混合发生爆炸的分析 [J]. 内蒙古科技与经济，2007.

[4]　王建，段吉员，黄文斌，等. 氢氧混合气体爆炸临界条件实验研究 [J]. 流体物理，2008.

[5]　GB/T 34539—2017 氢氧发生器安全技术要求 [S].

[6]　GB/T 29411—2012 水电解氢氧发生器技术要求 [S].

[7]　喜德瑞集团官网. www.bdrthermeagroup.com.

[8]　Pure Energy® 中心官网. www.pureenergycentre.com.

[9]　Pure Energy 中心新闻官网. https://pureenergycentre.com/hydrogen-boiler-pure-energy-centre-product-launch/.

[10]　国际锅炉信息网站. https://boilersinfo.com/books/codes-and-standards/.

[11]　TSG_G0001—2017 锅炉安全技术监察规程 [S]. https://wenku.baidu.com/view/526075d2cd1755270722192e-453610661fd95a27.html.

[12]　三菱日立动力系统公司. https://www.mhps.com/special/hydrogen/article_1/index.html.

[13]　西门子公司氢燃气轮机. https://new.siemens.com/global/en/company/stories/energy/hydrogen-capable-gas-turbine.html.

[14]　日本川崎重工氢燃气轮机. http://global.kawasaki.com/en/stories/hydrogen/.

[15]　GB/T 32821—2016 燃气轮机应用-安全 [S]. https://wenku.baidu.com/view/24e2814359fb770bf78a6529647d27284a733742.html.

[16]　ISO 21789:2009, 燃气轮机应用-安全 [S]. Gas turbine applications-Safety, ISO 21789-2009, ISO/TC 192, 2009-02.

[17]　国际燃气轮机安全标准网站. https://www.reliableplant.com/Read/18455/new-stard-guides-safety-for-gas-turbine-applications.

第8章
加氢站安全

8.1 加氢站安全设计

加氢站是给氢能燃料电池交通工具提供氢气或掺氢燃料加注服务的场所，作为一种新兴的能源基础设施，其安全性是政府和公众非常关心的问题，而安全设计和合理的选址及布置是加氢站安全的首要前提。

8.1.1 安全设计理念及相关标准

加氢站的设计应严格遵循五层安全防范设计理念，五层设计理念之间的关系为层次递进。

第一层：确保加氢站内氢气不泄漏。而要想实现氢气不泄漏，就要求加氢站工艺系统与设备本身的设计合理并安全。

第二层：若加氢站内设备泄漏可及时检测到，并预防进一步泄漏扩散。这需要加氢站设计严格的安防控制，设置可燃气体检测报警系统及紧急切断系统等。

第三层：加氢站即使发生泄漏，也不产生积聚。这要求加氢站内的建筑/构筑物设计合理，加氢站内尽量不留氢气易集聚死角。易发生可燃气体泄漏的房间均应设置机械排风系统并应与可燃气体检测报警系统连锁控制。

第四层：杜绝点火源。加氢站需建立严禁烟火制度，相关氢气设备采用防爆设计，所有可燃介质的设备管道及其附件采取防静电措施，以消除或减少静电积累的可能性。

第五层：万一发生火灾也不会对周围产生影响或影响小。这需要相应的安全缓解措施来实现。如设计防爆墙、采用合理的防火间距、配备相应的消防设施等。

五层安全防范设计理念的关系为层次递进，即：首先保证加氢站尽量不发生氢气泄漏事故；一旦发生泄漏事故，加氢站内安防系统也能发生检测到，防止氢气进一步泄漏扩散；若没有及时制止氢气泄漏，也要求氢气不能集聚，可以快速逃逸，而不产生可燃气云；即使有可燃气云产生，也要严格杜绝点火源，防止从泄漏事故升级为火灾事故；万一存在点火源发生火灾，也要尽量把影响降至最低。

目前我国已制定了一系列与加氢站相关的标准，加氢站设计应严格执行这些标准，具体的标准如表 8-1 所示。

表8-1　与加氢站相关的标准

序号	技术标准项目名称	标准类别	标准号
1	氢气站设计规范	国家标准	GB 50177—2005
2	加氢站技术规范	国家标准	GB 50516—2010
3	压缩氢气车辆加注连接装置	国家标准	GB/T 30718—2014
4	液氢车辆燃料加注系统接口	国家标准	GB/T 30719—2014
5	汽车用压缩氢气加气机	国家标准	GB/T 31138—2014
6	移动式加氢设施安全技术规范	国家标准	GB/T 31139—2014
7	氢能车辆加氢设施安全运行管理规程	国家标准化指导性技术文件	GB/Z 34541—2017
8	加氢站用储氢装置安全技术要求	国家标准	GB/T 34583—2017
9	加氢站安全技术规范	国家标准	GB/T 34584—2017
10	燃料电池电动汽车加氢枪	国家标准	GB/T 34425—2017
11	质子交换膜燃料电池汽车用燃料氢气	国家标准	GB/T 37244—2018
12	加氢车技术条件	行业标准（汽车行业标准）	QC/T 816—2009
13	燃料电池汽车加氢站技术规程	地方标准（上海市工程建设规范）	DGJ08-2055—2017, J11330—2017

8.1.2　加氢站站址选择和平面布置要求

根据 GB 50516—2010《加氢站技术规范》的规定，在选择氢气加氢站的站址时，应将符合城镇规划、环境保护和防火安全的要求作为前提或基本要求，在满足这些要求的情况下充分考虑输送距离或输送过程增加的能量消耗，应设置在交通方便的位置，不应设在多尘或有腐蚀性气体及地势低洼和可能积水的场所，并尽力做到节约能源的要求；加氢站站址的选择应充分考虑交通方便的条件，合理解决加氢、加油、加气、充电的关系，在合适条件下优先考虑加氢站与加油站、天然气加气站、充电站合建，以减少建设投资和方便运营管理。此外，与充电站合建的加氢合建站与站外市政道路之间宜设置缓冲距离或缓冲地带，便于电动汽车的进出和充电等候。

鉴于一级加氢站或一级加氢加气合建站或一级加氢加油合建站的储罐容量（积）大，加氢、加气、加油量大，若建在城市建成区内时，对密度较大的周围建筑物、构筑物及人群的安全度的有害影响较大；当车流量较大时，还可能造成交通堵塞等问题。因此 GB 50516 中明确规定在城市建成区内不应建立一级氢气加氢站、一级加氢加气合建站和一级加氢加油合建站。同时为使氢气加氢方便和有利于氢能汽车的推广运营，加氢站和加氢加气合建站、加氢加油合建站宜靠近城市道路建设。但是为了不增加城市交通拥堵现象的发生和避开人流密集的场所，不应将加氢站等设在城市干道的交叉路口附近。

而在加氢站平面布置方面，有以下要求：

① 加氢站、加氢加气合建站与加氢加油合建站站内设施之间的防火距离应符合现行国家标准 GB 50516《加氢站技术规范》和 GB 50156《汽车加油加气站设计与施工规范》规定。

② 氢气加氢站的围墙设置应符合下列规定：氢气加氢站的工艺设施与站外建、构筑物

之间的距离小于或等于 25m 以及小于或等于 GB 50516《加氢站技术规范》中表 4.0.4 的防火间距的 1.5 倍时，相邻一侧应设置高度不低于 2.2m 的不燃烧实体围墙；氢气加氢站的工艺设施与站外建、构筑物之间的距离大于表 4.0.4 中的防火间距的 1.5 倍，且大于 25m 时，相邻一侧可设置非实体围墙；面向进、出口道路的一侧宜开放或部分设置非实体围墙。

③ 氢气加氢站的车辆入口和出口应分开设置。

④ 站区内的道路设置应符合下列规定：单车道宽度不应小于 3.5m，双车道宽度不应小于 6m；站内的道路转弯半径按行驶车型确定，且不宜小于 9m；道路坡度不应大于 6%，汽车停车位处可不设坡度。

⑤ 加氢岛应高出停车场的地坪 0.15~0.2m，其宽度不应小于 1.2m。

⑥ 在加氢加油合建站内，宜将柴油罐布置在储氢罐或压缩天然气储气瓶组与汽油罐之间。

⑦ 加氢加气合建站、加氢加油合建站的加油岛、加气岛等的布置应符合现行国家标准 GB 50156《汽车加油加气站设计与施工规范》的相关规定。加氢加气合建站中的加氢岛与加气岛可合为同一场所。

⑧ 与充电站合建的加氢合建站的充电工艺设施安装位置应距爆炸危险区域边界线 3m 以外，爆炸危险区域的划分按现行国家标准 GB 50516 的有关规定进行。

⑨ 加氢站及各类加氢合建站站内的加氢、加气、加油、充电等不同介质的工艺设施，不宜交叉布置。

⑩ 加氢站内的氢气长管拖车的布置应符合下列规定：应设有固定的停放车位，其数量应根据加氢站规模、自备制氢装置生产氢气能力和氢气长管拖车规格以及周转时间等因素确定；氢气长管拖车停车位与站内建、构筑物的防火距离应按 GB 50516《加氢站技术规范》中氢气储罐的防火距离确定；氢气长管拖车的储气瓶卸气端应设钢筋混凝土实体墙，其高度不得低于长管车的高度，长度不应小于车宽的 2 倍，该墙可作为站区围墙的一部分。

此外，GB 50516 中参考相关的加油站及加气站标准，对加氢站站内设备之间及站内设备与站外建、构筑物之间的防火间距进行了明确规定，可视作相关的安全距离。实际上，安全距离不是保证绝对安全（即零风险），但可以确保安全距离以外的人和物的风险水平在某一限值以下。国际上对加氢站的安全距离有不同的定义。如欧洲工业气体协会对安全距离的定义是：安全距离是危害源和物体（人力、设备或环境）之间的最小间隔，这将减轻可能的可预见事件的影响，并防止小事件升级到更大的事件。而美国桑迪亚工作室则将安全距离定义为：分离或安全距离用于保护公众和其他设施免受与设施运行有关的潜在事故的后果。安全距离也用于减少设施一部分的轻微事故传播到设施另一部分从而加重后果的可能性。我国标准中规定了站内设施对外界和相互之间的防火间距，这些值参考了传统加油站及相关标准。

国际化标准组织 ISO TC197 第 24 工作小组在其加氢站标准草案（Gaseous hydrogen fueling stations-General requirements）中，则根据危险来源和保护目标定义了以下 5 种类型的安全距离[1]。

（1）限制距离（restriction distances）

限制距离是指距离氢设备或周围地区的最小距离，其中某些活动受到限制或受到特殊预防（例如没有开放的点火源，如火焰、热加工、电气火花、使用火花工具、烟雾等）。

（2）清空距离（clearance distance）

清空距离是加氢站设备和加氢站站点边界内易受伤害目标之间的最小距离。这里，氢装置被认为是危险来源，而周围的人或物体被认为是保护目标。

可能暴露的目标示例包括加氢站人员、加氢站用户以及加氢站其他设施，如氢气储存、分配和输送设施。

（3）装置布局距离（installation layout distances）

装置布局距离是氢装置各种设备之间所需要的最小距离，以防止在某种情况下危险升级到其他设备。装置布局距离可以因氢设备组合的变化而变化。

（4）防护距离（protection distances）

防护距离是为了防止在装置布局距离中未考虑的外部危险（例如火灾）对氢气安装设备的损坏。注：在此情况下，外部情况是指与氢设备无关的非现场事件和现场事件。

防护距离可以防止非现场和非氢事件逐步升级到氢设备。防护距离可以随加氢站设备的具体内容的变化而变化。

危险的外部来源往往涉及火灾和碰撞。来源包括易燃物的存在（如氢气存储区）、加氢站现场使用非氢部分的车辆、附近道路的车辆。

（5）外部风险区域（external risk zone）

外部风险区域是指保护加氢站免受加氢站所引起危害以外的距离（或区域）。此处，加氢站是风险来源，而区域外的人员和建筑被认为是保护目标。例如非现场目标包括在加氢站附近居住的市民或工作人员。表 8-2 总结了这 5 种类型的安全距离的特性。图 8-1 是对这些安全距离的说明。

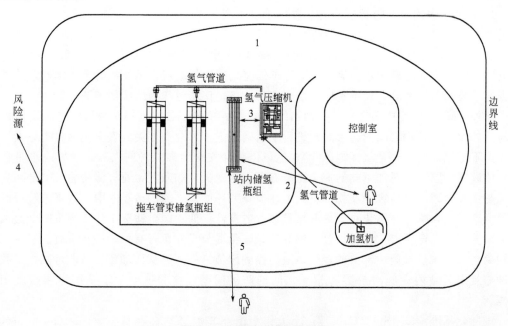

图 8-1　加氢站安全距离示意

1—限制距离；2—清空距离；3—装置布局距离；4—防护距离；5—外部风险区域

表8-2　各种类型安全距离概要

安全距离的特征	目的	危险来源	保护目标
限制距离	设备相邻区域风险的最小化	加氢站的设备	氢设备相邻的开放区域
清空距离	避免加氢站的人员和设备受到与加氢站有关的危害	加氢站的设备和物体	加氢站的人员和设备

续表

安全距离的特征	目的	危险来源	保护目标
装置布局距离	防止危险升级到其他装置	加氢站的设备	加氢站的设备
防护距离	防止加氢站受到外部危害的损坏	外部危险源	加氢站的设备
外部风险区域	缓解非现场与加氢站有关的危害	加氢站的设备	加氢站以外周边的人员/资产

8.1.3　加氢站关键设备的安全考量

8.1.3.1　加氢机

　　加氢机系统通常主要由高压氢气管路及安全附件、质量流量计、加氢枪、控制系统和显示器等组成，其典型流程框图如图 8-2 所示。

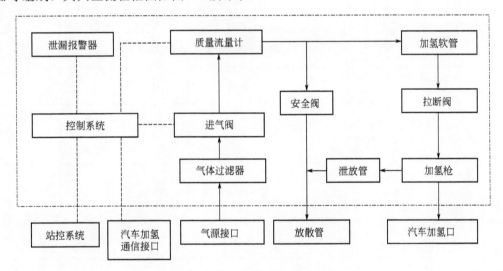

图 8-2　加氢机典型流程图

　　图 8-2 中虚线框内为加氢机的主要组成部分，虚线框外是加氢机与外部的主要接口。氢气从气源接口进入加氢机进气管路，依次经过气体过滤器、进气阀、质量流量计、加氢软管、拉断阀、加氢枪后通过汽车加氢口充入汽车储氢瓶。加氢机的控制系统自动控制加氢过程，并与加氢站站控系统、汽车加氢通信接口等实时通信。

　　一般气体在进行快速增压过程时均会有明显的温升现象，但氢气在快速加注增压过程中除压缩放热外，由于其负的焦耳汤姆逊效应，在管路阀口等处节流过程中也会产生热量，因而温升更为剧烈。因此，对于加氢站加注系统，需要相应的安全设计及合理的加注策略来保证安全。

　　对于加注过程及加注结束时的储氢瓶温度变化规律及如何在保持温度不超过限定值的情况下缩短加注时间的研究，主要有实验及数值仿真两种，实验与仿真各有其优缺点。

　　① 实验方法可得到车载储氢瓶在燃料加注过程中测点的温度变化数据，真实记录加注过程的温度变化规律。但氢气加注实验系统设备复杂，实验所用氢气的制取、存储、安全防护及回收等相关问题较多，实验成本高，不便于进行。

② 数值仿真作为实验的重要补充手段，可以大大降低研究成本，缩短研究时间等。通过对储氢瓶系统建立数值模型，模拟加注氢气过程的内部温度场、压力及速度场的分布情况，得到各种数据值并以此制定合适的加注策略，确保加注结束时的温度不超过安全范围。

各国学者和研究机构针对不同体积、不同材料和不同加注压力的储氢瓶进行加注温升的研究，例如，Christian PERRE 对 9L 的储氢瓶进行加注，3s 内加注至 30MPa，气体中心温升达 125℃。该过程加注时间很短，整个过程近似绝热，这一结果可认为已接近加注氢气至 30MPa 时的温升极限。国内外各个研究机构对储氢瓶加注的研究主要有实验和数值计算两种手段，研究结果见表 8-3。

表8-3　国内外机构对储氢瓶加注的研究

研究机构及主要人员	研究手段	加注压力/MPa	容器类型	瓶内最高温度/℃
GDATP, John A. Eihusen,2002	实验	70	111L Ⅳ	131.2
GTI, W.E. Liss 等,2003	实验	35	190~220L Ⅲ 或 Ⅳ	106
法液空 AirLiquid, E. Weren 等，2003	实验+数值计算	35	47L Ⅲ	65
欧盟一体化氢计划第二阶段 EIHP2, Christian PERRE,2004	实验	30	9L	125
日本自动车研究所 広谷龍一,伊藤裕一等,2006	实验+数值计算	35 40 35	34L Ⅲ 65L Ⅳ 74L Ⅲ	92 115 80
加拿大英属哥伦比亚大学, C. J. B. Dicken, W. M erida,2007,2008	实验+数值计算	35	74L Ⅲ	53
浙江大学 刘延雷等,2009	实验	35	150L Ⅲ	93
浙江大学 赵磊等,2010	实验+数值计算	35	150L Ⅲ	89.98
荷兰能源研究所 M. Heitsch 等，2010	数值计算	35	74L Ⅲ和Ⅳ	67
韩国中央大学、庆一大学 Sung Chan Kim 等，2010	实验+数值计算	35	72L Ⅳ	88
同济大学 孟曦等,2012	实验+数值计算	35	28L Ⅲ	73
同济大学 王希震等,2015	实验+数值计算	35+70	40L Ⅲ	82.3

同济大学氢能与燃料电池实验室在加氢站运行及氢气加注方面积累了大量数据和宝贵经验。早期，先是针对 35MPa 高压氢气加注进行了实验研究。实验采用观光车用 28L 储氢瓶，考察了不同条件下加注对储氢瓶温升的影响，同时以实验与仿真结合的方式验证了前期开发的 35MPa 高压氢气加注策略，加注时，实验和仿真的温度变化对比如图 8-3 所示。后来，又使用实验和仿真相结合的方法分析了 40L 储氢瓶在 70MPa 高压氢气加注过程中的温度变化规律，探索了气源温度、加注流量、环境温度以及储氢瓶材料等储氢瓶温升的影响。

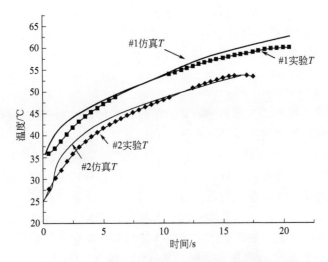

图 8-3   28L Ⅲ型瓶瓶阀处实验和仿真温度比较

为有效控制加氢过程中的气瓶温升，美国汽车工程师协会（SAE）组织制定了燃料电池汽车氢燃料加注协议 SAE-J2601《轻型汽车气态氢加注协议》（Fueling Protocols for Light Duty Gaseous Hydrogen Surface Vehicles），SAE-J2601 规定了轻型车辆气态氢加注的协议和过程限制，这些过程限制（包括燃料温度、最大燃料流速、压力增加率和最终压力）受诸如环境温度、燃料温度以及车辆压缩氢存储系统的初始压力之类的因素影响。加氢站应按照该指南，采用相关算法和设备来执行燃料加注程序，并且，汽车制造商也要按照该指南所规定的加注协议进行合适的设计。此外，J2601 系列标准的 J2601-2 规定了《重型汽车气态氢加注协议》（Fueling Protocols for Gaseous Hydrogen Powered Heavy Duty Vehicles），J2601-3 规定了《工业用车辆气态氢加注协议》（Fueling Protocols for Gaseous Hydrogen Powered Industrial Trucks），其中包含对叉车等特种车辆的加注协议。这些协议对规范各类车辆的氢气加注过程，保障加氢站安全起到了良好的作用。目前，我国也制定了氢气加注协议的团体标准，相关的国家标准也在立项制定过程中。

除加注协议方面的考虑外，加氢机的安全性要求应参照国家标准 GB/T 31138—2014《汽车用压缩氢气加气机》执行，一些主要规定如下：

① 加氢机应设置紧急停车按钮，在出现紧急情况按下该按钮时，应能关闭阀门，停止加气，并可以向加氢站内控制系统发出停车信号。

② 加氢机内部氢气易积聚处应设置氢气检测报警装置，当发生氢气泄漏在空气中含量达 0.4% 时应向加氢站内控制系统发出报警信号，当发生氢气泄漏在空气中含量达 1.6% 时应向加氢站内控制系统发出停机信号，并自动关闭阀门停止加气。

③ 加氢枪、加氢软管与加氢机应可靠连接并导电良好。

④ 加氢软管上应设置拉断阀。拉断阀的设置要求如下：

a. 拉断阀的分离拉力为 220～1000N；

b. 拉断阀在外力作用下分开后，两端应自行封闭；

c. 拉断阀在外力作用下自动分成的两部分，可以重新连接，保证加氢机继续正常工作。

⑤ 加氢枪应能与被加注车辆加氢口匹配良好，连接可靠，不泄漏。加氢枪的设计应确保其只能与更高工作压力等级的加氢口连接使用，避免与更低工作压力等级的加氢口相连。

⑥ 加氢机电气设备的设计、制造与检验应符合 GB 3836 系列标准的相关要求，并应取

得国家指定的防爆检验单位颁发的整机防爆合格证。

　　⑦ 加氢机上宜设置人体静电导释装置，并良好接地，接地电阻不大于 10Ω。人体静电导释装置也可安装于加氢机旁易于接近的地方。

8.1.3.2　压缩机

　　压缩机是压缩系统的核心，其性能的好坏直接影响到加氢站运行的可靠性和经济性。

　　对于加氢站中氢气压缩系统的设计和布置，有以下要求：

　　① 加氢站的氢气压缩工艺系统应根据进站氢气输送方式确定，并应符合下列规定：长管气瓶拖车供应氢气时，加氢站内应设增压用氢气压缩机，并按氢气储存或加注参数选用氢气压缩机和一定容量的储氢罐；氢气管道输送供氢时，应按进站氢气压力、氢气储存或加注参数选用氢气压缩机和一定容量的储氢罐；用于氢燃料汽车或氢气天然气混合燃料汽车时，应根据所需氢气参数和储存或加注参数选用氢气压缩机和一定容量的储氢罐。

　　② 自产氢气采用压缩机进行高压储存时，氢气进入氢气压缩机前应设缓冲罐。

　　③ 氢气压缩机的安全保护装置的布置，应符合下列规定：压缩机进、出口与第一个切断阀之间应设安全阀；压缩机进、出口应设高压、低压报警和超限停机装置；润滑油系统应设油压过低（膜式压缩机应设油压过高、过低报警）或油温过高的报警装置；压缩机的冷却水系统应设温度和压力或流量的报警和停机装置；压缩机进、出口管路应设有置换吹扫口；采用膜式压缩机时，应设膜片破裂报警和停机装置。

　　④ 氢气压缩机的布置，应符合下列要求：设在压缩机间的氢气压缩机，宜单排布置，其主要通道宽度不应小于 1.5m，与墙之间的距离不应小于 1.0m；当采用撬装式氢气压缩机时，在非敞开的箱柜内应设置自然排气、氢气浓度报警、事故排风及其联锁装置等安全设施；氢气压缩机的控制盘、仪表控制盘等，宜设在相邻的控制室内。

　　目前加氢站常用的压缩机类型主要有隔膜式、增压泵式和离子式。

　　隔膜式压缩机采用薄的金属膜片将被压缩氢气与液压油完全分离并实现氢气压缩。隔膜式压缩机进气压力范围大，单级压缩比大，容积效率较高，但排气量较小，对于多级（含 2 级）压缩的隔膜压缩机，压缩机前后条件相对稳定是保障压缩机无故障平稳运行的基本要素，所以不能频繁启停，也不适用于带载启停。

　　氢气增压泵（气驱或液驱）采用传统活塞结构，但是活塞与缸体之间的密封采用高分子耐磨材料，不使用润滑油，也不会给氢气带来污染，同时采用活塞结构相较于金属膜片结构不需要严密的压差控制。增压泵的单级压缩比小，排气压力低，需另配液压或气压驱动单元，但可多级串并联达到大排气量，且进气压力范围较宽，允许压缩比在一定范围内变化，可以直接启动，适合频繁启停。

　　离子液体压缩机是采用一种近零蒸气压的液体作为工质和润滑介质，实现氢气的无污染压缩。离子压缩机可以通过设置多级气缸，实现合理的压缩比和较为宽的压缩范围。液压驱动也提高了系统整体的安全性，并且整个压缩系统的压缩效率比传统压缩机高约 25%。

　　一个加氢站选配什么类型的压缩机，应该结合加氢站的运行特点以及压缩机的特点来确定，而不能一概而论。

8.1.3.3　储氢装置

　　根据氢的三种不同状态，可将储氢方式分为高压气态储氢、低温液态储氢和固态材料储氢三类。目前全球加氢站中主要都是采用高压气态储氢和低温液态储氢两种方式。

高压气态储氢具有简单易行、成本低、相对成熟、充放气速度快和使用温度低等优点，是一种较为成熟的储氢方式。因此，加氢站中采用最多的储氢方式就是高压气态储氢。

与高压气态储氢相比，低温液态储氢具有体积密度高和储氢量大等优点。在常温常压下，液态氢的密度是气态的845倍。因此，在氢气需要量比较大的加氢站，采用液态储氢是一种不错的方式。

固态材料储氢是通过物理吸附作用或化学反应将氢气储存于固态材料中。仅有很少数量的加氢站示范固态材料储氢，如位于日本Takamatsu和Osaka的加氢站，但这些加氢站同时也采用高压氢气储存作为辅助。

在加氢站内配备高压大容量的固定式储气装置，可以实现在短时间内给车辆加满气。另外，固定式储气装置作为缓冲装置还可以避免压缩机的频繁启动，优化氢气加气站的操作。对于加氢站中氢气储存设施的布置，有以下要求：

① 加氢站内的氢气储气设施宜选用专用固定式储氢罐或氢气储气瓶组。储氢罐或氢气储气瓶组应遵守现行国家标准《固定式高压储氢钢带错绕式容器》《钢制压力容器——分析设计标准》（JB 4372）及相关国家标准、规范的规定。

② 加氢站内的储氢罐或氢气储气瓶组，压力宜按2~3级分级设置，各级容量应按各级储气压力、充氢压力和充装氢气量等因素确定。

③ 加氢站内宜选用同一规格型号的固定式储氢罐或长管氢气储气瓶组。当选用小容积氢气储气瓶时，每组氢气储气瓶组的总容积（水容积）不宜大于4m³，且瓶数不宜多于60个。

④ 固定式储氢罐的安全设施的设置，应符合下列规定：应设有安全泄压装置，如爆破片；罐顶部应设氢气放空管，放空管应设2只切断阀和取样口；应设有压力测量仪表、压力传感器；缠绕式储氢罐应设置氢气泄漏报警装置；应设有氮气吹扫置换接口。

⑤ 氢气储气瓶组应固定在独立支架上，宜卧式存放。同组氢气储气瓶之间净距不宜小于0.03m，氢气储气瓶组之间的距离不宜小于1.5m。

⑥ 储氢罐、氢气储气瓶组与站内汽车通道相邻一侧，应设安全防护栏或采取其他防撞措施。

8.1.3.4　站控及安防系统设计

加氢站需要设计相应的站控系统和安防系统，对现场的运行设备进行监视和控制，以实现数据采集、设备控制、测量、参数调节以及各类信号报警等各项功能。

加氢站内应设置可燃气体检测报警系统，可燃气体检测报警系统应配有不间断电源。可燃气体检测器应安装在最有可能积聚氢气的地点或位置，可燃气体报警器宜集中设置在控制室或值班室内。可燃气体检测报警系统检测到空气中的氢气含量达到0.4%时应触发声光报警信号，当空气中的氢气含量达到1%时应启动相应事故排风风机，当空气中的氢气含量达到1.6%时，应触发加氢站紧急切断系统。可能发生可燃气体泄漏的房间均应设置排风系统，正常排风7次/h，事故排风换气次数不少于15次/h，每次排风时间不低于3min，并应与可燃气体检测报警系统联锁控制。

加氢站应设置中央监控和数据采集系统，实时采集和记录各主要工艺设备的运行状态及参数。在加氢站及各类合建站进出口、氢气储存区、储气区、氢气加注区、加油加气区、充电区、主控室及总电力配送室应设不间断视频监控，并把监控视频上传数据采集系统并做数据备份。加氢站周围宜设置周界报警装置，报警信号应纳入监控系统。监控与数据采集系统所有的核心单元应设有不间断备用电源，该备用电源可以在断电后 60min 内保持供电。

加氢站应设置紧急切断系统，该系统应能在事故状态下迅速切断站内各工艺设施的动力电源和关闭重要的管道阀门。紧急切断系统应具有失效保护功能。加氢站及各类合建站内氢气压缩机、LPG 泵、LNG 泵、LPG 压缩机、CNG 压缩机、加油泵、加氢机、加油机、加气机、充电机等设备的动力电源和站内管道上的紧急切断阀，应能由手动启动的紧急切断按钮远程控制。加氢站及各类合建站内紧急切断系统应至少在下列位置设置紧急切断按钮：

① 距加氢站或加气站卸车点 5m 以内。

② 在加氢、加油、加气、充电现场工作人员容易接近的位置。

③ 在控制室或值班室内。

加氢站及各类合建站紧急切断系统应可与可燃气体检测报警系统或火灾探测器报警信号联动。

8.2   加氢站安全运行与事故防范

8.2.1   安全运行管理体系

安全管理体系是加氢设施安全运行的重要保障条件，也是安全运行管理的基础。加氢站安全管理包含人员管理、设备管理、加氢管理和安全管理等，可参照 GB/Z 34541—2017 国家标准化指导性技术文件《氢能车辆加氢设施安全运行管理规程》执行。

8.2.1.1   人员管理

保证从业人员的培训是加氢设施安全运行的重要保障，也是降低出险概率的重要措施。

（1）全员安全教育

加氢设施运行单位应当对从业人员进行必要的安全生产知识教育培训，使全员熟悉有关的安全生产规章制度和安全操作规程，掌握本岗位的安全操作技能。督促从业人员严格执行本单位的安全生产规章制度和安全操作规程，并向从业人员如实告知作业场所和工作岗位存在的危险因素、防范措施以及事故应急措施。安全教育的内容和学时安排应按照安全教育管理规定的有关内容执行。

（2）专业技术培训

加氢设施运行单位应当组织对运行操作人员进行专业技术教育和培训，并确认工作人员取得相关岗位的作业资质。涉及加氢设施运行的操作人员，应持有效的操作证书方可上岗操作。严禁没有充装证或操作证不符的人员进行相关操作。工作人员操作证与作业内容不符、操作证过期等均视为没有本作业操作证。加氢设施运行单位管理人、技术负责人、设备管理及操作人员等需到相应的专业培训机构进行专业技术培训，并取得相关部门颁发的上岗证书。

（3）考核、检查

根据安全教育培训管理规定，对员工的消防、危险物品安全和加氢运行等方面的知识及实际操作进行检查并考核。考核不合格的应下岗进行再培训，培训合格后方可持证上岗；未经安全生产教育和培训合格的从业人员，不得上岗作业。

8.2.1.2   设备安全管理

加氢设施运行单位必须遵照国家有关设备安全规范标准、规定和制度，制定和完善本单位设备安全管理制度、规定，制定设备安全操作规程。

（1）许可确认

加氢设施相关设备的使用、维修、更换等，必须符合国家关于《特种设备安全监察条例》《危险化学品安全管理条例》《安全生产许可证条例》等相关的许可管理规定。

使用需要生产许可、使用许可等管理的压力容器、安全装置等设备，必须具备有效合格证明。更换、新增安全相关设备，必须按照相关安全管理规定进行。委托外单位进行设备检修、安装等施工作业前，应确认施工单位、人员等资质，不得容许不符合资质条件的单位、人员为本单位进行安全相关作业。

（2）运行使用

设备操作人员应接受有关设备使用培训和安全教育，熟知设备的使用操作要求和流程，并严格按照设备操作规程进行操作。设备操作人员应确认所使用的设备功能正常、技术状态良好，不得使用损坏、缺失部件等有安全隐患的设备。

设备维修操作人员应接受有关设备使用和维护培训以及安全教育，熟知设备的使用操作要求，维护保养、故障排除等的要求和流程，并严格按照设备维修规程进行维修。设备维修人员应确认维修后的设备功能正常、技术状态良好。

（3）检验标定

应按照规定的检验周期对相关运行设备进行有效检验，记录相关检验信息并保留原始凭据。要在设备上以不易擦除的描述明示下次检验时间或有效期。

（4）维护保养

应根据维护保养规程及计划，对加氢设施的相关设备进行维护、保养和定期检查，及时发现、消除安全隐患，确保设备的技术状态良好。

（5）报废

对报废的安全相关设备，应及时登记相关信息。可对设备进行相应处理，使其不易被直接再次使用。

8.2.1.3　气体质量管理

加氢设施运行单位自产氢气或外购氢气，气体质量需符合氢燃料电池所需氢气质量要求。氢内燃机或氢混合燃料车辆所需气体质量，按用户要求确定。

加氢设施运行单位外购氢气厂家，应具备相关部门颁发的氢气生产或销售许可资质，并提供产品质量证明文件。

8.2.1.4　生产作业管理

加氢设施运行单位应制定相关的安全运行管理制度、流程、规范等，并严格遵照执行。制度规范的编制要以保障人的安全为主要编制原则。

根据不同加氢设施的结构、配置、规模等特点，科学合理制定各项安全管理制度、规范，做到制度合理、有效、可行。

8.2.1.5　安全运行管理制度

（1）运行现场安全管理制度

应根据本单位加氢设施的结构特点、设备要求、加注模式和加注规模等，结合高压氢气或液态氢的理化特点，制定运行现场安全管理制度，对运行操作、巡检、记录、交接班等提出要求，规范运行人员的安全行为。

（2）消防安全管理制度

按《消防安全管理规定》要求，制定灭火预案、防火档案、教育方案，配置义务消防员，配备相应消防器材，定期开展消防演练等内容。

（3）设备安全管理制度

根据特种设备及危险化学品等的管理规定及本单位加氢设施的特点，对主要生产设备、安全设备的运行使用、维护保养、应急修复、更换、停止运行、恢复运行、报废、备品备件管理等提出安全规定、管理流程等。

（4）工作人员安全管理制度

结合本单位加氢设施特点对工作人员提出安全要求，制定工作人员安全管理制度，以规范安全要求、监督落实情况。

（5）安全检查管理制度

制定安全检查管理制度。根据设施特点，确定检查内容、方式、周期、范围、处理流程等。

（6）事故上报处理流程

加氢设施运行单位需针对加氢设施运行过程中人员伤亡、重大设备损坏等事故的发生，制定出相关的事故上报处理流程，对生产中发生的安全事故要及时按照规定流程上报，不得漏报、瞒报、假报事故。

（7）定期检验制度

加氢设施使用的消防设备、氢泄漏监测设备、压力容器、压力管道、安全附件、防雷设施、防静电设施等设备、装置，必须进行定期检验，以保证其有效性、安全性及使用精度。

确保所有相关设备在有效期内使用、备用。制定定期检验制度，并编制定期检验目录，规范检验工作包括制订计划、拆检、送检、恢复、失效处理等全过程。

（8）安全保卫工作管理制度

建立加氢设施运行单位进出人员、进出车辆、反恐防暴等日常和紧急情况安全保卫管理制度。

8.2.2　事故应急防范

加氢设施运行单位应建立事故应急处理小组，制定紧急情况下的处理预案。

需要制定包括设备故障处理、险情处理、险情汇报、紧急避险等内容的应急预案。就人员受伤、地震及余震、暴雨及洪水、失火、大风、停电、氢严重泄漏、人为潜在危害和非法行为等情况制定相应的处理措施、应对流程等。

应急处理预案及处置应包括但不限于以下内容：

① 发生火灾、爆炸事故应急预案及处置。

② 重点部位发生严重气体泄漏事故应急预案及处置。

③ 移动供氢车辆在行驶道路中发生事故应急预案及处置。

④ 设备故障、操作失误造成事故应急预案及处置。

⑤ 人员发生伤亡事故应急预案及处置。

⑥ 加氢设施运行单位必须对全体员工进行应急预案培训，应定期演练并有演练记录。

可以具体从以下四个方面入手，进行应急防范。

（1）加强防灾管理

防灾管理的主要任务是防止加氢站氢气灾害事故发生，以及事故发生后，能迅速处置，把灾害损失减小到最小程度。加氢站应严格执行安全制度，加强对氢气储存、销售设备的检查，确保设备正常运行、无泄漏。

（2）加强培训管理

把加强加氢站设施保护及氢气的安全操作纳入全员安全教育工作范围内，定期召开安全例会，做好氢气设备安全保护和氢气的安全操作宣传教育。加氢站要对职工进行专业培训、消防培训、岗位培训。

（3）加强防灾网络

加氢站应急处置组织（业余消防队）要与该地区公安、消防、卫生、交通、电力、通信等社会公共部门加强联系，将上述部门的联系人、通信地址编成联系册，建立防灾网络。

（4）加强预警演习

加氢站应建立应急预警演习制度，定期组织应急处置演习（每年一次），不断提高抢险救灾能力，确保负责应急抢修的队伍始终处在预警状态。

事故案例分析：

2019年6月10日，挪威首都奥斯陆Sandvika地铁站附近的KJØRBO加氢站发生着火爆炸，导致附近一辆非燃料电池车的安全气囊被激发，造成两名乘客震伤。这是继2019年5月韩国江原道氢燃料储存罐爆炸、2019年6月初美国加利福尼亚州（简称加州）圣塔克拉拉储氢罐泄漏爆炸之后，两个月之内发生的第三起加氢站和燃料电池领域的爆炸事故。

事故发生后，加氢站系统提供方NelASA公司已经暂时关闭了在挪威的所有加氢站和德国的四座加氢站，在挪威有燃料电池销售的丰田和现代也暂停了燃料电池车在挪威的销售。

事故过程回顾：

2019年6月10日下午5：30分，KJØRBOUno-X加氢站开始发生氢气泄漏并着火。

2019年6月10日下午5：37分，紧急响应人员到场。

2019年6月10日下午5：40分，NelASA接到事故报告。

2019年6月10日下午5：41分，加氢站附近的E18和E16高速公路关闭。

2019年6月10日下午5：47分，加氢站周边500m安全区划定。

2019年6月10日下午7：28分，消防机器人进驻加氢站进行降温作业。

2019年6月10日下午8：14分，E18公路Sandvika段重新开放。

2019年6月10日下午8：14分，消防局确认加氢站火势得到控制。

第三方安全调查顾问机构Gexcon的初步调查结论显示，高压储氢单元插头的接口处，四个螺栓中有两个螺栓因为装配误差造成扭力不足，导致氢气从密封区域逐渐泄漏，随着漏气加剧，泄漏的氢气量超过了泄气孔的容量，造成内部密封区域气压增大；压力增大而螺栓的预紧扭力不足，造成了螺栓塞翘起，最终导致密封失效，氢气大量扩散泄漏并着火爆炸。

如果定期检查，这起事故很可能不会发生。即使发生氢气泄漏事故，如果被及时检测到并触发紧急切断，也可能不会造成后续的火灾事故。

8.3　加氢站风险评价

风险评价，又称安全评价，是指在风险识别和估计的基础上，综合考虑风险发生的概率、损失幅度以及其他因素。得出系统发生风险的可能性及其程度，并与公认的安全标准进行比较，确定相应的风险等级，由此决定是否需要采取控制措施，以及控制到什么程度。氢能基础设施风险评价已成为近年来国际氢安全领域的研究热点。

风险评价关注的内容通常包括人员伤亡、设备损害、财产损失及环境影响等。目前加氢站尚处于发展阶段，人的安全问题是第一位的，所以目前更多关注的是人员伤亡。按评价的方法分类，风险评价可分为定性评价、定量评价及半定量评价三大类。这三种方法都已用于加氢站的风险评价中，如加氢站发展初期使用的加氢站快速风险评级方法就是一种定性风险评价；半定量风险评价通过打分评估风险，提供了介于定性风险评价的文本评价和定量风险评价的数值计算之间的中间水平；而定量风险评价近年来已成为国际氢安全领域的研究热点，主要原因在于该评价方法不仅能系统地评价氢能基础设施的安全性并为其风险减缓措施提供指导意见，还能直接用于加氢基础设施相关标准的制定（如安全距离）。

ISO/TC 197 在其最新版本的加氢站标准草案中提出[1]，加氢站应按照各国家或地方当局标准，对加氢站进行风险评价，并给出了推荐的加氢站定量风险评价流程图。

8.3.1　加氢站定性风险评价

加氢站定性风险评价（qualitative risk assessment）是指利用特定的分析方法，对加氢站的事故发生概率和后果严重程度进行分析。评估结果用定性专用词语如高、中、低或者可忽略来描述。常用于加氢站定性风险评价的手段有故障模式和影响分析（FMEA）及危害和可操作性研究（HAZOP）等。可使用 FMEA 评估加氢站系统组件故障导致的潜在事故场景，使用 HAZOP 评估外部因素（如地震和邻近火灾）造成的危害。

加氢站定性风险评价的评价结果通常以风险矩阵的形式展示，风险矩阵是严重性（severity）和发生频率（frequency）的组合。严重性标准参考表 8-4，发生频率标准参考表 8-5。

表8-4　严重性标准

等级		描述
V	灾难	对站外的建筑和设施造成严重破坏导致站外人员死亡
IV	重大	对站外建筑和设施造成重大破坏导致站内人员死亡
III	一般	对站外建筑和设施造成一定破坏导致站内/站外人员受伤
II	较小	对站外设施造成微小破坏导致站内/站外人员轻微受伤
I	可忽略	对站外设施造成可忽略的破坏人员受伤可忽略

表8-5　发生频率标准

等级	发生频率/（次/年）
V	1~10
IV	0.1~1
III	0.01~0.1
II	0.001~0.01
I	小于 0.001

加氢站发展初期使用的快速风险评级方法就是一种粗略的定性风险评价。它是由一组有

经验的专家对氢能设施分析讨论得到的结果。欧洲氢能一体化计划阶段二（European Integrated Hydrogen Project phase 2，即 EIHP2)[2]给出了 RRR 方法在加氢站评估应用方面详细的操作步骤，并且用此方法对氨裂解制氢、甲醇重整制氢、甲烷重整制氢和电解水制氢等四种不同类型的站内制氢加氢站进行了评估[3]。类似这样的评估可以把重要的危险源和风险辨识出来，还可以根据专家经验找出最为危险的事故。例如，针对不同类型站内制氢加氢站的 RRR 评估表明，高压氢气泄漏是最危险的情形，它将导致较大的危险距离。RRR 最后给出的是通过与风险矩阵（表 8-6）比较得出的风险评价结果，通过把专家讨论得出的后果和概率与风险矩阵比照，可以得出高、中、低三种风险等级。

表8-6　EIHP2 推荐风险矩阵标准

后果严重程度	概率/（次/年）				
	A	B	C	D	E
1. 灾难（数人死亡）	高	高	高	高	高
2. 重大（一人死亡）	中	高	高	高	高
3. 严重（终身残疾）	中	中	高	高	高
4. 一般（需医疗救助）	低	低	中	中	高
5. 较小（较小伤害）	低	低	低	低	中

8.3.2　加氢站半定量风险评价

半定量风险评价通过打分评估风险，提供了介于定性风险评价的文本评价和定量风险评价的数值计算之间的中间水平。半定量风险评估提供了一种按照风险概率、严重性或综合二者（危险程度）对风险进行评级，并对其缓解方案进行效力评级的结构化方法。这种评估方法通过预定的评分体系完成，评分体系将识别的风险归类，各类之间存在逻辑上的、明确的层次结构。通常，在尝试优化可用资源分配，以便最大程度降低一组风险的影响时，采用半定量风险评价法。

半定量风险评价可以通过以下两种方式实现：

① 将所有风险放置到一个风险排序图中，使得最重要的风险和次重要的风险相区别；

② 通过比较采取风险减缓措施前后风险的总分，评价缓解策略是否有效以及是否值得采取此策略。

执行半定量风险评估并非总是需要一个完整的数学模型，具有在有限时间内评估较大数量不同种类风险的优势。Moonis[4]和 Jafari[5]等人采用半定量风险评价的方法对氢能基础设施进行过风险评价。

8.3.3　加氢站定量风险评价

定量风险评价（quantitative risk assessment，QRA）是采用定量化的概率风险值（如个人风险和社会风险）对系统的危险性进行描述的风险评价方法。该方法针对化工装置开发，用来分析和确定易燃易爆和有毒物质泄漏引起的火灾、爆炸和中毒等安全问题。定量风险评价的目的是判断系统当前的安全状态，通过降低风险的措施，将风险控制到可接受水平。

个人风险是指因危险化学品生产、储存装置各种潜在的火灾、爆炸、有毒气体泄漏事故造成区域内某一固定位置人员的个体死亡概率，即单位时间（通常为一年）内的个体死亡率。通常用个人风险等值线表示。对于个人风险，一般考虑以下三方的风险：

第一方风险：加氢站内部员工面临的风险，也称为职业风险。

第二方风险：加氢的顾客如司机和乘客等面临的风险。

第三方风险：加氢站周边道路行人或居民等面临的风险，也称为站外风险。

社会风险是对个人风险的补充，指在个人风险确定的基础上，考虑到危险源周边区域的人口密度，以免发生群死群伤事故的概率超过社会公众的可接受范围。通常用累积频率和死亡人数之间的关系曲线（F-N 曲线）表示。

QRA 不仅能系统地评价氢能基础设施的安全性并为其风险减缓措施提供指导意见，还能直接用于加氢基础设施相关标准的制定（如安全距离）。如美国国家消防协会（NFPA）在氢技术规范（NFPA2）的最新修订中，通过 QRA 实现了安全距离的显著降低[6]。

8.3.3.1　加氢站定量风险评价流程

一般来说，定量风险评价包含风险辨识、概率分析、后果量化、风险度量、与风险可接受标准比较几大模块。我国在 2013 年颁布的安全生产行业标准 AQ/T3046—2013《化工企业定量风险评价导则》中给出了定量风险评价的基本程序，如图 8-4 所示。

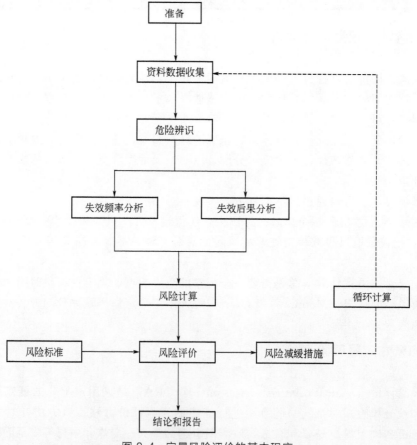

图 8-4　定量风险评价的基本程序

ISO 在其最新版本的加氢站标准草案中[1]，推荐了一套适用于加氢站的完整 QRA 流程图，如图 8-5 所示。

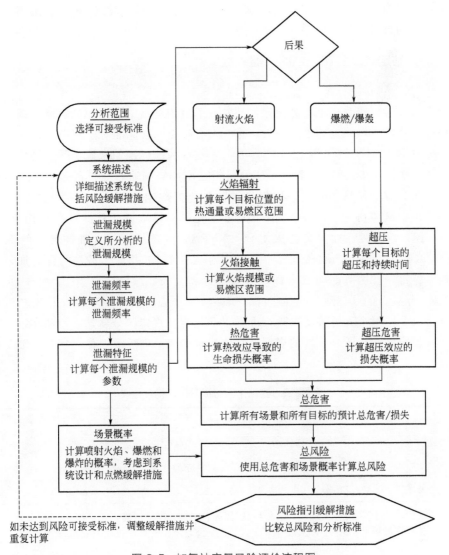

图 8-5　加氢站定量风险评价流程图

（1）分析范围

选择适当的风险标准，如个人可接受标准和社会可接受标准。

（2）系统描述

详细记录所分析的加氢站系统和设备配置，包括分析中使用的风险缓解措施。

（3）事故成因分析

为每个事故确定和模拟危险场景，量化每个场景的概率。

（4）后果分析

确定每个场景的物理效应，并量化这些效应的影响。氢气事故场景的物理效应包含：①热效应；②压力效应。

（5）风险评估

将成因和后果模型整合到总风险评估中，计算总风险；确定适当的风险缓解措施，以将风险水平维持在可容忍区域内。

总风险计算如下：风险 $= \sum n(f_n c_n)$

其中，风险为所有 n 个选中场景的总和，f_n 是第 n 个场景的频率，c_n 是第 n 个场景的后果（即分别为每种类型的后果计算风险）。

8.3.3.2　加氢站定量风险评价中的关键参数

8.3.3.2.1　风险可接受标准

对于个人风险可接受标准，各国家和机构一直存在争议，评价结果将随风险可接受标准选取的差异而不同。国际能源署（IEA）的个人可接受风险标准对于站内工作人员和公众区分定值，分别为 1×10^{-4}/年和 1×10^{-5}/年[7]，这一风险标准的来源实际上是依据原挪威国家石油天然气集团 1995 年的文献[8]，主要是根据原挪威国家石油公司多年来在石油天然气领域的风险统计数据得来的。这一取值也被国际化标准组织 ISO、美国桑迪亚实验室[9]所采用。欧洲工业气体协会（EIGA）的个人可接受风险标准基于欧洲社会平均意外死亡率，取值 3.5×10^{-5}/年[10]，而美国防火协会（NFPA）则依据美国加油加气站的事故统计数据，取值 2×10^{-5}/年[11]。欧洲氢气一体化计划（EIHP2）推荐了的专门针对加氢站的个人风险可接受标准，和国际能源署一样，区分员工和大众，取值分别为 10^{-4}/年和 10^{-6}/年。我国在 2014 年发布的《危险化学品生产、储存装置个人可接受风险标准和社会可接受风险标准（试行）》中对个人可接受风险标准做出了规定，规定区分新建装置和在役装置，并且对于不同人员密度的场所有不同的规定，具体要求如表 8-7 所示。对于个人可接受标准的比较，见表 8-8。

表8-7　我国个人可接受风险标准值表

防护目标	个人可接受风险标准（概率值）	
	新建装置（每年）≤	在役装置（每年）≤
低密度人员场所（人数 < 30 人）：单个或少量暴露人员	1×10^{-5}	3×10^{-5}
居住类高密度场所（30 人≤人数 < 100 人）：居民区、宾馆、度假村等。公众聚集类高密度场所（30 人≤人数 < 100 人）：办公场所、商场、饭店、娱乐场所等	3×10^{-6}	1×10^{-5}
高敏感场所：学校、医院、幼儿园、养老院、监狱等。重要目标：军事禁区、军事管理区、文物保护单位等。特殊高密度场所（人数 ≥ 100 人）：大型体育场、交通枢纽、露天市场、居住区、宾馆、度假村、办公场所、商场、饭店、娱乐场所等	3×10^{-7}	3×10^{-6}

表8-8　个人可接受标准的比较

机构或组织	可接受标准	数据来源
国际能源署	站内员工：1×10^{-4}/年 公众：1×10^{-5}/年	挪威国家石油公司多年来在石油天然气领域的风险统计数据
欧洲工业气体协会	3.5×10^{-5}/年	基于欧洲社会平均意外死亡率
美国防火协会	2×10^{-5}/年	美国加油加气站的事故统计数据
欧洲氢气一体化计划	站内员工：1×10^{-4}/年 公众：1×10^{-5}/年[4]	专门针对加氢站和氢气事故的数据

续表

机构或组织	可接受标准	数据来源
国内标准	低密度场所新建装置：$1×10^{-5}$/年 在役装置：$3×10^{-5}$/年	基于危化品行业的风险统计
国际标准化组织	站内员工：$1×10^{-4}$/年 公众：$1×10^{-5}$/年	引用国际能源署数据
日本氢安全研究结构	采用风险矩阵的形式[5]	快速风险评级中的风险矩阵

社会风险是对个人风险的补充，指在个人风险确定的基础上，考虑到危险源周边区域的人口密度，以免发生群死群伤事故的概率超过社会公众的可接受范围。通常用累积频率和死亡人数之间的关系曲线（$F-N$ 曲线）表示。对于社会风险可接受标准的确定，往往需要考虑人们对不同等级的危害的厌恶程度。有研究表明，在伤亡人数相同的情况下，人们更能接受危害小、频率高的事件，而不能接受危害大但频率低的事件。《危险化学品生产、储存装置个人可接受风险标准和社会可接受风险标准（试行）》对于社会标准的规定如图 8-6 所示。

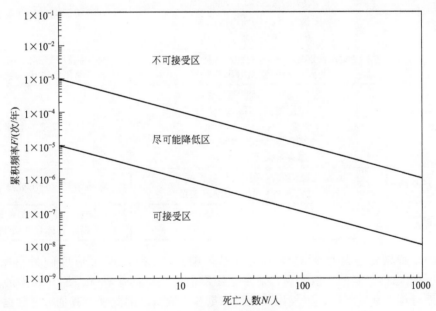

图 8-6　我国社会可接受标准图

不可接受区：指风险不能被接受。

可接受区：指风险可以被接受，无需采取安全改进措施。

尽可能降低区：指需要尽可能采取安全措施，降低风险。

8.3.3.2.2　失效频率的确定

在选择失效频率时，欧洲工业气体协会（EIGA）直接采用通用泄漏统计数据[12]，这些数据多来源于石油天然气行业上的失效和事故统计，将这些数据直接用于氢气泄漏存在一定的问题，因为氢气相比天然气等气体，分子体积小，更容易发生泄漏。国际标准化组织也采纳了通用泄漏频率数据，但与欧洲工业气体协会不同的是，没有直接采用通用泄漏统计数据，而是将泄漏频率与泄漏孔径关系用对数坐标做了线性处理，从而得到连续泄漏孔径对应的泄漏频率分布状况。美国防火协会采用的是贝叶斯分析方法[13]，而非国际标准化组织的线性处理法，国际标准化组织的线性处理方法仅能处理通用泄漏数据，即来自核能工业和石油天然气领域的泄漏统计数据，这些数据会与氢能设备的实际泄漏数据存在一定偏差。而贝叶斯分析法的一大好处是可以吸收现有的有限的氢能设备泄漏数据融入通用泄漏数据中，以使得分析结果更为接近氢能基础设施实际情况。并且，随着氢能设备统计数据的日益积累，这一优势将更为突出。美国防火协会采用贝叶斯分析法的另外一个原因是这一方法产生的不确定性分布可以通过 QRA 模型直接传导到风险结果的不确定分析上，对评价风险结果的可信程度至关重要。日本建立了专门的工业事故数据库和高压气体事故数据库[14]，并根据数据库来确定失效频率。国内标准中对需要考虑的泄漏规模进行了规定，要求考虑四种典型泄漏孔径，而对于氢气事故的泄漏频率没有涉及，只是推荐采用合适的数据库或基于可靠性的失效概率模型计算。各国家和组织对氢气设施泄漏规模和泄漏频率的规定比较如表 8-9 所示。

表8-9　氢气设施泄漏规模和泄漏频率的规定比较

机构或组织	泄漏规模	泄漏频率
欧洲工业气体协会	仅考虑三种典型泄漏孔径： 小型泄漏：1%过流面积 中型泄漏：10%过流面积 爆裂：100%过流面积	直接采用通用泄漏频率
美国防火协会	泄漏孔径连续，采用贝叶斯分析方法处理泄漏孔径和泄漏频率的关系	采用通用数据的同时吸收有限氢能设施数据
国内标准	考虑四种典型泄漏孔径： 小型泄漏：0~5mm 中型泄漏：5~50mm 大型泄漏：50~150mm 爆裂：大于150mm	未涉及氢气的泄漏频率
国际化标准组织	泄漏孔径连续，采用对数坐标线性处理泄漏孔径和泄漏频率的关系	对通用频率分析处理后采用
日本研究机构		根据日本工业事故数据库和高压气体事故数据库

失效频率特别是氢气泄漏频率的选择是影响加氢站 QRA 可信度的另一重要因素。HySafe 报告指出由于氢的扩散性高，对某些物质的脆化作用使氢气泄漏与烃类的泄漏有很大不同。而且由于其黏度低，氢气比其他气体更容易泄漏。因此采用其他行业数据的方法值得商榷。为了基于事故数据确定失效频率，目前氢能基础设施的失效数据收集工作，如 HySafe 的氢事件和事故数据库（HIAD）[15]以及美国能源部的氢气事件报告和经验教训数据库[16]已经全面开展。

8.3.3.2.3　氢气点火概率

氢气既是可燃物又是易爆物，高压氢气泄漏后立即点燃，则会发生喷射火焰；氢气泄漏到密闭或半封闭空间内，延迟点燃，则会发生爆燃或爆轰事故。因此，考虑氢气的点火概率时，要区分直接点燃和延迟点燃。

在点火概率取值方面，美国防火协会对不同强度的泄漏采用了不同的点火概率，如表8-10所示，并且区分了直接点火概率和延迟点火概率。国际标准化组织的做法则不论泄漏强度，不论点火时间，统一指定点火概率为 4%。欧洲工业气体协会则是考虑点火时间，未考虑泄漏强度，规定直接点火概率为 37.5%、延迟点火概率为 12.5%。根据风评领域影响力较大的紫皮书[17]的点火概率取值可知,对可燃气体而言,通常直接点火的概率要高于延迟点火概率。不区分点火时间而采用单一的点火概率,会在一定程度上低估直接点火事件的风险水平,或高估延迟点火事件的风险水平。

表8-10　美国防火协会的氢气点火概率取值

氢气泄漏速率/(kg/s)	直接点火概率/%	延迟点火概率/%
<0.125	0.8	0.4
0.125~6.25	5.3	2.7
>6.25	23	12

8.3.3.2.4　危害标准

对人而言,伤害标准可以用有害或死亡来表达。也可以使用"无害"标准,将可接受的后果水平限制在不会发生伤害的足够低的水平。对危害标准的选择,国际上存在一定争议,欧洲工业气体协会将氢气设备事故发生后对人产生的影响分为两种情况:有害和无害。"有害"定义为死亡发生的概率为1%,"无害"定义为死亡发生的概率为"0.1%"。欧洲工业气体协会同时考虑低温冻伤(针对液氢)对人的危害,对应的有害标准如表8-11所示。国际化标准组织采用 Houf 和 Schefer 开发的模型[18]评估热辐射的危害,并假定人一旦接触氢气火焰立刻引起死亡,国际标准化组织仅考虑死亡标准,即热辐射达到$25kW/m^2$即可引起死亡。为保守起见,国际标准化组织为射流氢气火焰预留了一倍的安全余量,即假定射流火焰长度的两倍以内都会引起人死亡。美国防火协会选取的死亡限值跟国际标准化组织相同,不过其认为只有火焰长度内会导致人的死亡。意大利塞维索法令选取的死亡标准是$7kW/m^2$。我国标准中同样认为在火焰范围内,死亡概率为100%,并选取$37.5kW/m^2$作为死亡标准。

表8-11　欧洲工业气体协会的危害标准规定

项目	对人有害	对人无害	设备损坏
闪火	LFL	1/2LFL	—
热辐射/(kW/m²)	9.5	1.6	37.5
超压/kPa	7	2	20
低温/℃	-40	0	—

对包括爆炸引起的超压的危害,各组织推荐值也不尽相同。如欧洲工业气体协会规定超压的无害标准为2kPa,有害标准为7kPa。国内标准规定的死亡标准是30kPa,无害标准是10kPa。国际能源机构(IEA)氢气执行协议(HIA)已经着手建立加氢站 QRA 统一危害标准。各国组织危害标准的比较如表8-12所示。

表8-12　各国组织危害标准的比较

机构	热辐射/(kW/m²)	超压/kPa
欧洲工业气体协会	有害标准:9.5 无害标准:1.6	有害标准:7 无害标准:2
国际化标准组织	死亡标准:25	—

续表

机构	热辐射/(kW/m²)	超压/kPa
美国防火协会	死亡标准：25	—
国内标准	死亡标准：37.5	死亡标准：30 无害标准：10
意大利塞维索法令	有害标准：7	死亡标准：30

在使用定量风险评价方法制定安全距离时，采用不同标准，所得结果将产生很大差异。如在考虑氢气设备泄漏后直接点燃，形成射流火焰所产生的安全距离时，采取不同标准得到的结果如表 8-13 所示。

表8-13 采用不同标准计算的安全距离

项目	方法 A	方法 B	方法 C	方法 D	方法 E
计算方法	QRA	QRA	仅后果量化	仅后果量化	仅后果量化
可接受标准	$<2.0\times10^{-5}$	$<1.0\times10^{-5}$	$<1.26\text{kW/m}^2$	$<1.26\text{kW/m}^2$	$<3.0\text{kW/m}^2$
泄漏频率	直接采用通用泄漏频率	贝叶斯方法拟合氢气事故泄漏频率	不考虑泄漏频率		
泄漏规模	泄漏孔径连续，均作考虑	只考虑 3mm 以下的泄漏	考虑全通径破裂	1mm	流体截面的 10%
内部温度/℃	15	15	15	1	15
内部压力/bar	700	700	700	875	700
外部温度/℃	15	15	15	15	15
外部压力	1 个标准大气压	1 个标准大气压	1 个标准大气压	1 个标准大气压	1 个标准大气压
暴露人数	1	1	不考虑。在仅后果量化中不考虑暴露人群		
1 年内人员暴露时间/h	8760	8760	不考虑。在仅后果量化中不考虑暴露人群		
计算的安全距离值/m	11.5	1	40	4.0	8.5

8.4 加氢站风险评价案例

8.4.1 大连加氢站定量风险评价

大连加氢站为我国第一个可再生能源加氢站，采用风电和光电作为能源制氢满足燃料电池汽车加注的需要。项目设计氢气储气瓶组作为固定的储氢设备，同时根据需要配置长管拖车以提高供氢能力。固定储氢设备可满足加注 35MPa 和 70MPa 燃料电池汽车的氢气加注要求。依据 GB 50516—2010《加氢站技术规范》规定，加氢站为三级站。加氢设施主要由以下五个部分组成：

① 发电区：包括 120kW 风力发电机和 50kW 光伏组件；
② 制氢区：包括电解水制氢装置及氢气压缩机；

③ 拖车卸车区：包括长管拖车和卸气柱；

④ 储气压缩区：包括固定式高压储气装置和氢气压缩机；

⑤ 加氢区：包括加氢机及加氢区天棚。

加氢站平面布置如图 8-7 所示，制氢、加氢区位于厂区东北角，其北侧、东侧为厂区围墙，西侧为压缩机房，西南侧为检测车间，南侧为绿化草坪。制氢、加氢区布置有电解水制氢系统、高压储氢瓶组、长管拖车、氢气压缩机、加氢机等设施。光伏组件位于制氢、加氢区西南侧检测车间屋顶，风力发电机位于制氢、加氢区南侧绿化草坪上。

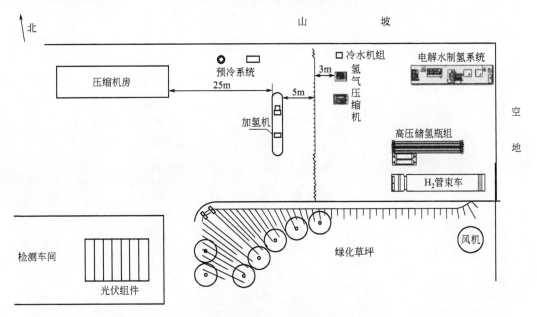

图 8-7　加氢站平面布置示意图

加氢站位于大连高新技术产业园区黄浦路 907 号，厂区南侧为 201 国道；北侧背靠山体，山体顶部为东软学院，东软学院建筑距厂区约 100m 以外，高差约 30m；西侧为凯特利催化工程技术公司；东侧为东软学院预留空地。加氢站周边环境无居民住宅楼，也无人口聚集的商场、医院等大型公共建筑或广场，周边没有工业危险品仓库，距离主要交通干道和人行道较远。

大连加氢站的氢气设备主要有电解水制氢系统、氢气长管拖车、氢气压缩机、站内储氢瓶组、氢气管道和加氢机等。通过对大连加氢站系统的危险与可操作性分析，主要氢气设备可能的失效情形及相应泄漏频率如表 8-14 所示。

表8-14　主要氢气设备可能的失效情形及相应泄漏频率

序号	氢气设备	失效情形	泄漏压力/MPa	泄漏频率/年
1	电解水制氢设备	电解水制氢反应容器灾难性破裂	3	5×10^{-6}
		电解水制氢设备泄漏	3	1×10^{-4}
2	氢气拖车	拖车储氢容器灾难性爆破	20	1.1×10^{-5}
		储氢容器接口部件泄漏	20	2.2×10^{-4}
		卸气软管破裂	20	1.46×10^{-3}

续表

序号	氢气设备	失效情形		泄漏压力/MPa	泄漏频率/年
3	氢气管道组-1(从电解水设备到压缩机)	氢气管道全通径破裂		3	$1×10^{-5}$
4	氢气管道组-2(从管束拖车到压缩机)	氢气管道全通径破裂		20	$3×10^{-5}$
5	氢气压缩机(43.8MPa)	压缩机灾难性失效		43.8	$1.9×10^{-3}$
		压缩机泄漏			$1.9×10^{-2}$
6	氢气压缩机(87.5MPa)	压缩机灾难性失效		87.5	$1.9×10^{-3}$
		压缩机泄漏			$1.9×10^{-2}$
7	站内储氢瓶组	氢瓶灾难性爆破	低压组	20	$2×10^{-6}$
			中压组	43.8	$3×10^{-6}$
			高压组	87.5	$2×10^{-6}$
		储氢瓶连接部位泄漏	低压组	20	$4×10^{-5}$
			中压组	43.8	$6×10^{-5}$
			高压组	87.5	$4×10^{-5}$
8	氢气管道组-3(从站内储氢瓶到加氢机)	氢气管道全通径破裂		20/43.8/87.5	$1.5×10^{-5}$
9	加氢机(35MPa加注)	加氢机灾难性失效		43.8	$1×10^{-5}$
10	加氢机(70MPa加注)	加氢机灾难性失效		87.5	$1×10^{-5}$

　　加氢站氢气设备失效后，泄漏可引发不同事故后果，具体取决于是否发生点火以及点火时间。以压缩机为例，事件树分析如图8-8所示。

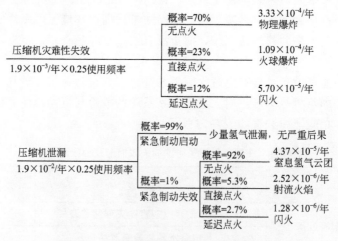

图8-8　压缩机泄漏事件树分析与概率计算

　　将同样的事件树概率分析方法逐一用于其他氢气设备失效事件，可以得到类似的不同事故后果发生频率，所得到结果如图8-9所示。可以看出，多数设备氢气事故后果发生的频率都小于10^{-5}/年，只有氢气压缩机例外，氢气压缩机是最大的风险贡献源。

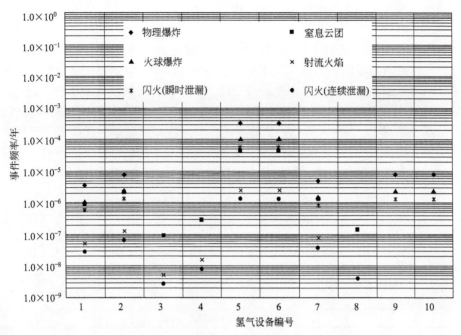

图 8-9　各氢气设备不同事故后果发生频率比较

对于后果量化，需采用计算流体动力学（CFD）软件，而采用不同的仿真软件，计算结果也不尽相同。本案例分别采用二维和三维 CFD 软件展示计算结果。

8.4.1.1　二维评价结果

（1）第一方风险

加氢站第一方风险，即站内员工的职业风险。图 8-10 显示了加氢站内最大风险截面。可以看出，员工无论处在加氢站内何处，所面临的风险概率均不超过 8×10^{-5}/年，低于职

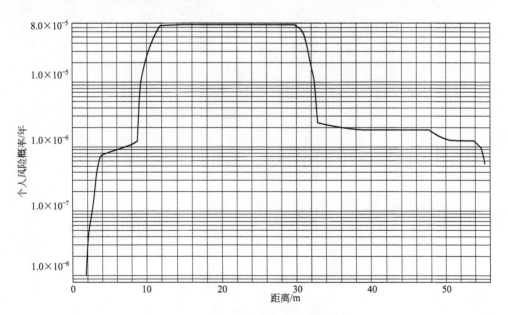

图 8-10　加氢站内最大风险截面

业风险可接受标准 10^{-4}/年，风险是可接受的。

（2）第二方风险

表 8-15 给出了造成 1 人以上顾客死亡事故的风险与贡献率分析。对顾客来说，最大的风险源是氢气压缩机的泄漏，但其风险水平也仅为 $3.73×10^{-5}$/年，不到欧盟建议风险标准值的一半，顾客在加氢站的风险水平是可接受的。如果我们对风险贡献率予以进一步分析可知，压缩机对风险水平的贡献率最高，贡献占比超过 95%。其次是加氢机和站内储氢瓶，二者合计贡献了不到 5%。由此可见，如需要进一步降低加氢顾客的风险水平，可以从提高压缩机相关安全措施入手。在目前风险水平低于现有风险标准的情况下，没有必要采取额外安全措施；若未来风险标准提高，则应优先对压缩机采取额外安全措施。

表8-15　造成 1 人以上顾客死亡事故的风险与贡献率分析

风险源	风险/年	占比/%
氢气压缩机	$3.73×10^{-5}$	95.67
加氢机	$1.53×10^{-6}$	3.94
站内储氢瓶	$1.53×10^{-7}$	0.39
其他	$<10^{-10}$	0
合计	$3.90×10^{-5}$	100

（3）第三方风险

加氢站的第三方风险，即给站外公众带来的风险，欧盟对这一风险标准的建议值为 10^{-6}/年，在 10^{-6} 风险曲线之外，公众所面临的风险是可接受的。大连加氢站的 10^{-6}/年个人风险曲线如图 8-11 所示，这一曲线可以用于加氢站安全距离的确定，在这一曲线内，不

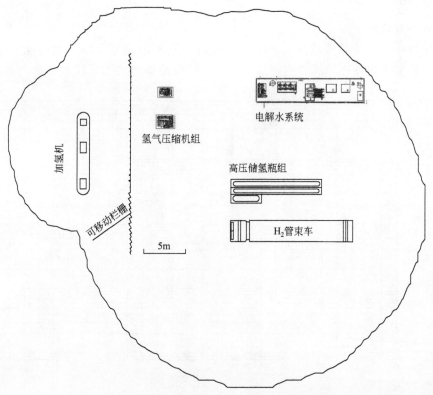

图 8-11　大连加氢站 10^{-6}/年个人风险曲线

能有居民楼、人口聚集的公共建筑如医院、学校等。结合大连加氢站周边环境，这一曲线内并未包含任何人口聚集的场所和设施，选址是比较合适的，未给周边公众安全带来明显隐患。

进一步的社会风险分析结果如图 8-12 所示。大连加氢站的社会风险水平低于最为严格的风险可接受标准下限，其风险水平完全是可以接受的。由于风险曲线未经过 ALARP 区，没有进行风险-收益分析的必要，可以直接判定大连加氢站给周边带来的风险很小，低于风险可接受标准。

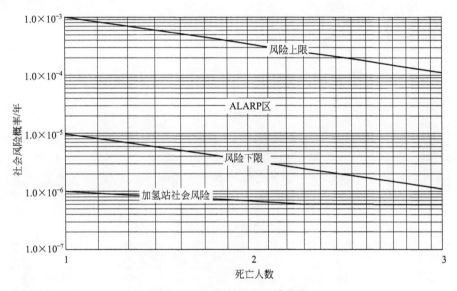

图 8-12　加氢站社会风险曲线

8.4.1.2　三维评价结果

三维评价即是把后果量化部分三维化，所对应的个人死亡率等三维可视化。加氢站三维定量个人风险评价的结果如图 8-13 所示。

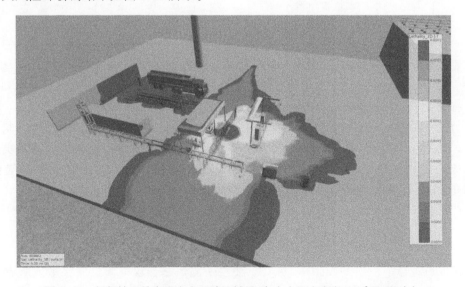

图 8-13　加氢站三维定量个人风险区域图（个人死亡率在 10^{-6} 至 10^{-4}）

计算人的死亡概率时，假定人暴露在火焰辐射下的时间为 20s。（死亡概率的计算公式为 $P=38.48+2.56\ln(tq^{4/3})$，其中 t 为暴露时间，本研究中为 20s，q 为热辐射值）

从图 8-13 中可以更清楚地看出，压缩机和加氢机之间区域的死亡风险最大，压缩机和加氢机区域周边的风险值也较大，而储氢系统周围的死亡风险则较低。

压缩机工作时间长，并且由于设计特性，是加氢站中泄漏概率最高的设备。而加氢机需要人工操作且含有软管，同样泄漏概率较高。

应该在加氢机和压缩机之间采取进一步的风险缓解措施。如在压缩机周围布置防火墙，或在两者之间增加氢气传感器等。

8.4.2 日本加氢站定性风险评价

本节为对日本某加氢加油合建站进行定性风险评估的案例，该站的氢气来源于有机化学氢化物的现场制氢[19]。

8.4.2.1 风险标准

定性风险评估的风险标准设定为低、中、高。使用表 8-16 中的风险矩阵、风险等级、后果严重性等级和频率等级来定义风险标准。通过比较使用 HAZID（危险源辨识）研究确定的风险，基于标准对合建站风险进行了相对评估。

表8-16　风险矩阵

后果严重性		频率			
		1	2	3	4
		不可能发生	概率很低	偶然发生	很可能发生
5	灾难性	高（3）	高（3）	高（3）	高（3）
4	严重损失	中（2）	高（3）	高（3）	高（3）
3	重大损坏	中（2）	中（2）	高（3）	高（3）
2	损坏	低（1）	低（1）	中（2）	高（3）
1	轻微损坏	低（1）	低（1）	低（1）	中（2）

加氢加油合建站模型如图 8-14 所示。汽油和煤油供应系统由地下储罐和加油机组成。氢气供应系统主要由有机化学氢化物系统、氢气压缩机、加压氢气罐、预冷却系统和加氢机组成。有机化学氢化物系统分为脱氢反应器、热交换器、气液分离器和氢气提纯器，系统的工作压力低于 1MPa。通过 MCH（甲基环己烷）脱氢反应在 300～400℃ 的条件下制备氢气和甲苯，然后在气-液分离器中分离。然后将甲苯运输到地下储罐中进行回收并再次供应给加氢设备。提纯氢气以消除氢气中的杂质并输送到氢压缩机。然后将压缩氢气储存在 82MPa 的加压氢气罐中。加氢加油合建站中有多种安全措施，例如停机系统、防腐蚀和疲劳材料选择、氢气探测器、防撞装置、混凝土安全屏障和防火墙。

8.4.2.2 危险源辨识研究（HAZID 研究）

专家成员进行了一项 HAZID 研究，以便在头脑风暴会议期间想象并呈现所有危险情景。相关的事故情景与引导词如表 8-17、表 8-18 所示。

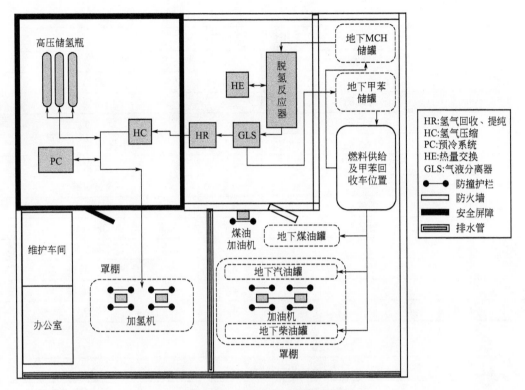

图 8-14　加氢加油合建站模型

表8-17　HAZID 研究引导词（一）

适用于合建站的指南			
1. 自然灾害		2. 外部事件危险	
1.1	地震	2.1	飞机失事
1.2	海啸	2.2	汽车碰撞
1.3	潮汐	2.3	纵火
1.4	洪水	2.4	恐怖主义
1.5	霹雳	2.5	起重机倒塌
1.6	落石	2.6	直升机坠毁
1.7	地面变形	2.7	站区外爆炸
1.8	雪	2.8	火车站外的火灾
1.9	雨	2.9	邻近设施的化学品释放
1.10	冰雹	2.10	邻近建筑物倒塌
1.11	风	2.11	动物或昆虫的攻击
1.12	泥石流	2.12	网络恐怖主义
1.13	泥流	2.13	在附近的道路上的汽车火灾
1.14	流星	2.14	张力电缆
1.15	雪崩	2.15	干扰

适用于合建站的指南			
1.16	龙卷风	3. 车站布局危险	
1.17	黄尘	3.1	隔离
1.18	液化地面	3.2	途径
1.19	灰沉积物	3.3	疏散
1.20	熔岩流	4. 混合事件危险	
1.21	火山碎屑流	4.1	站火
1.22	灰流	4.2	汽油泄漏
1.23	气温	4.3	煤油泄漏
1.24	台风	4.4	MCH 泄漏
		4.5	甲苯泄漏
		4.6	操作不正确
		4.7	汽油车碰撞
		4.8	消防

表8-18　HAZID 研究引导词（二）

适用于系统的指南				
5. 过程危害				有机化学氢化物
5.1	有毒物质	5.12	电力中断	
5.2	可燃材料	5.13	停水	
5.3	爆炸性材料	5.14	燃气停运	
5.4	氧化物质	5.15	燃油停运	
5.5	自燃点火材料	5.16	电气通信关闭	
5.6	致癌物质	5.17	蒸汽停运	有机化学氢化物设备分析
5.7	存储	5.18	仪表空气停运	
5.8	火	5.19	惰性气体停运	
5.9	爆炸	5.20	氮气中断	
5.10	毒性	5.21	化学中断	
5.11	放热反应			

图 8-15 的蝴蝶图，清楚地描述了从危险到结果的偶然情景。该图还显示出情景和安全措施之间的对应关系。通过该图可以清楚地看到与场景相对应的所缺乏的安全措施。此外，该图可以通过将各种安全措施的准确故障概率输入每个方案中来计算意外事件的频率。因此，可以使用该图做定量风险分析。根据该图的概念，从两个角度进行了 HAZID 定性分析。第一个观点是预防、控制和缓解措施就足够了。这种观点模拟了现实情况，并确定了在合建站实施的安全措施，以防止失控和减轻后果。相反，第二种观点是，只有缓解措施是有效的，并且不考虑预防和控制措施。这种观点研究了失去预防和控制设施后的事故情景，讨论了缓解措施是否足够。这些观点可以揭示在合建站中实施的降低风险的安全措施。

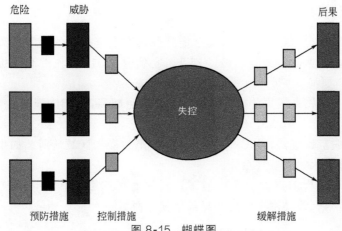

图 8-15　蝴蝶图

HAZID 研究表将危害、情景、风险和安全措施可视化，通过这些措施可以客观地进行风险分析和评估过程。安全措施栏分为设计、施工、运行和维护，以进一步明确各种安全措施。此外，还强调了安全屏障和防火墙等安全措施。

HAZID 研究中的一个例子如下所示：

① 可燃材料作为指导选自表 8-19。

② 在气液分离器中，甲苯从由腐蚀、疲劳或氢脆引起的管道故障中泄漏。

③ 甲苯逐渐扩散，甲苯气体由于蒸发而分散在大气中。如果点燃甲苯，则会发生蒸气云爆炸，爆炸将影响车站外的人员和设备。

④ 如果系统中没有安全措施，则风险等级很高。因为在合建站外造成灾难性损坏的后果是 5 级，并且在一个加氢站的寿命期间发生一次的频率是 3 级。

⑤ 安全措施栏中的系统已经实施了各种安全措施。

⑥ 由于三种被动和主动安全措施，爆炸后果和频率的水平分别降低到 3 级和 1 级。因此，爆炸风险等级降至中等。

⑦ 没有附加设施，因为风险等级中等，并且安全措施有效地防止、控制和减轻了事故情景。

表8-19　HAZID 研究表

序号	引导词	原因	影响	没有安全措施的风险等级			安全措施	采取安全措施后的风险等级			附加措施
				后果	频率	风险		后果	频率	风险	
1	可燃材料	甲苯因管道故障、腐蚀、疲劳或氢脆而泄漏	（1）甲苯泄漏； （2）扩散； （3）点火； （4）爆炸； （5）人员和设备损失	5	3	3	（1）设计 ①材料选择； ②火焰探测器； ③隔离阀； ④防火墙； ⑤安全栅 (2)结构 NA (3)操作 NA	3	1	2	

注：NA 表示"不适用"（not applicable）。

8.4.2.3　风险评价结果

表 8-20、表 8-21 分别给出了没有安全措施和具有安全措施的风险矩阵。风险矩阵表明风险分布可以清楚地显示风险所在。HAZID 研究确定了 314 种汽油和有机化学氢化物系统共存的事故情景，如：

① 有机化学氢化物系统中的疲劳或腐蚀导致管道破裂，MCH 泄漏。MCH 然后流到汽油分配器，并被点燃，导致 MCH 池火灾。

② 地震影响脱氢反应器，MCH、甲苯和氢气通过受损区域泄漏。如果它们被点燃，则发生 MCH 和甲苯池火灾或氢气爆炸。

③ 大量汽油从运行的汽油卡车中泄漏。汽油池火灾影响有机化学氢化物系统，并且 MCH、甲苯和/或氢气最终由于池火的热辐射损坏而泄漏。

表8-20　没有安全措施的风险矩阵

后果	频率			
	1	2	3	4
5	0	71	98	0
4	0	63	82	0
3	0	0	0	0
2	0	0	0	0
1	0	0	0	0

表8-21　具有安全措施的风险矩阵

后果	频率			
	1	2	3	4
5	19	0	0	0
4	95	27	0	0
3	126	19	0	0
2	26	2	0	0
1	0	0	0	0

包括上述示例在内的几乎所有风险都通过各种预防、控制和缓解措施降低到中等或低风险，这些措施例如带地震计的关闭阀、抗震设计、氢气探测器和防火墙。还可以为更安全的站点增加额外的安全措施，例如，使用当前的安全措施将第三种情景中的风险等级降低到中等风险等级，但需要将安全距离作为额外的有效安全措施，以进一步降低风险。热辐射取决于火焰的距离，因此，应重新布置合建站布局，以延长从有机化学氢化物系统到运油车的距离，从而减轻火灾的后果。

对于合建站的建设，需要使用 HAZOP 和 FMEA 的事故情景识别以及在详细设计阶段的具体应急响应计划，因为 HAZID 研究是基本设计阶段的有效但粗略的情景识别方法。详细的危害识别分析对于有机化学氢化物过程是至关重要的，因为脱氢反应可能潜在地引起快速的压力释放反应。使用 CFD 和 FTA（故障树分析）进行定量风险评估对后果和频率分析也很重要。对于本质上更安全的加氢站,通过在过程生命周期中有效地进行定性和定量风险分析来研究和制定预防和缓解安全措施至关重要。

参 考 文 献

[1]　ISO/TC 197/WG 24. Gaseous hydrogen fueling stations-General requirements [S]. 2018.

[2]　Norsk Hydro ASA and DNV. Methodology for rapid risk ranking of H_2 refueling station concepts. European Integrated Hydrogen Project [EIHP2]. 2002.

[3]　Sandra N, Henrik S A and Norsk H ASA. Risk assessments of hydrogen refueling station concepts based on onsite production. European Integrated Hydrogen Project Phase 2, 2003.

[4]　Moonis M, Wilday A J, Wardman M J. Semi-quantitative risk assessment of commercial scale supply chain of hydrogen fuel and implications for industry and society [J]. Process Safety & Environmental Protection, 2010, 88 (2): 97-108.

[5]　Jafari M J. Semi quantitative risk assessment of a hydrogen production unit [J]. International Journal of Occupational Hygiene, 2015, 5 (3): 101-108.

[6]　Harris A P, Dedrick D E, Lafleur A C, et al. Safety, codes and standards for hydrogen installations [J]. Technical Report, 2014.

[7]　Andrei V Tchouvelev. Risk assessment studies of hydrogen and hydrocarbon fuels fuelling stations. International Energy Agency Hydrogen Implementing Agreement, Task 19-Hydrogen Safety, 2008.

[8]　Statoil (1995), "Risk Acceptance Criteria in the Statoil Group". Doc. no. K/KR-44, Rev. no. 0, 01. 05. 95, Statoil, Norway.

[9]　Groth K M, Lachance J L. Early-stage quantitative risk assessment to support development of codes and standard requirements for indoor fueling of hydrogen vehicles [J]. Office of Scientific & Technical Information Technical Reports, 2012.

[10]　IGC Doc 75/07/E Determination of safety distances, European industrial gases association.

[11]　NFPA 2 Hydrogen Technical Code, 2016 edition, National Fire Protection Association.

[12]　IGC Doc 75/07/E Determination of safety distances, European industrial gases association.

[13]　Atwood C L, LaChance J L, Martz H F, Anderson D J, Englehardt M, Whitehead D, Wheeler T, Handbook of Parameter Estimation for Probabilistic Risk Assessment. NUREG/CR-6823, U. S. Nuclear Regulatory Commission, Washington, D. C. (2003).

[14]　Accident examples database. The High Pressure Gas Safety Institute of Japan, 2005.

[15]　Galassi M C, Papanikolaou E, Baraldi D, et al. HIAD-hydrogen incident and accident database [J]. International Journal of Hydrogen Energy, 2012, 37 (22): 17351-17357.

[16]　Weiner S C, Fassbender L L. Lessons learned from safety events [J]. International Journal of Hydrogen Energy, 2012, 37 (22): 17358-17363.

[17]　CPR 18E (Purple Book). Guidelines for quantitative risk assessment. Committee for the Prevention of Disasters, 1999.

[18]　Houf W G, Schefer R W. Predicting Radiative Heat Fluxes and Flammability Envelopes from Unintended Releases of Hydrogen [J]. International Journal of Hydrogen Energy, 2007, 32: 136-151.

[19]　Nakayama J, Sakamoto J, Kasai N, et al. Preliminary hazard identification for qualitative risk assessment on a hybrid gasoline-hydrogen fueling station with an on-site hydrogen production system using organic chemical hydride [J]. International Journal of Hydrogen Energy, 2016, 41 (18): 7518-7525.

第 *9* 章
氢安全监测与设备

人类利用氢气的历史已有百年之久，例如炼钢厂、化工厂和航天工业中都离不开氢气。一个多世纪以来，用于商业、工业和军工领域的氢气在生产和使用过程中一直有着较好的安全性。

近年来，氢气作为一种多功能、高效、低污染、可再生的燃料，被认为是未来最有希望广泛使用的燃料之一。氢是一种高品质的能源载体，可以高效利用，在使用时实现零排放或近零排放。当前，制约氢能被公众广泛使用的主要障碍之一是氢装置（生产和储存装置）及氢能应用（作为车用燃料或家庭使用等）中的安全问题。

与使用氢能相关的安全隐患可以归纳为三个层面[1]：

① 生理层面：冻伤、窒息等危险。

② 物理层面：高压容器炸裂、氢脆、各类元件故障等危险。

③ 化学层面：燃烧、爆炸等危险。

及时、准确地监测氢气泄漏，对杜绝上述三个层面的安全隐患均能起到关键作用。本章将分氢气异嗅剂、氢气传感器、氢气报警装置三个小节来介绍氢安全监测与设备。

9.1 氢气异嗅剂

氢气无色、无味的性质使其危险性大大增加，因为一旦发生泄漏，在氢气浓度达到爆炸水平之前是难以被感知到的。部分人提出，有必要借鉴天然气、液化石油气等燃料气体的成功经验，在氢气中添加异嗅剂，以方便检测泄漏，在公众使用氢气时提供安全保障。

在可燃气体中添加异嗅剂的优势主要有四点。第一，无需任何额外的设备即可检测到可燃气体的泄漏；第二，最终用户对设备维护不承担任何责任，因此可以确信不会因为硬件设备故障导致未发现泄漏；第三，添加异嗅剂可以在一些难以放置检测器的位置（例如室外环境）进行泄漏检测；第四，由于人类嗅觉系统的较高敏感性，异嗅剂的浓度可以很低[2]。

9.1.1 异嗅剂的两个重要量化参数

异嗅剂是刺激嗅觉的化学物质。尽管人类的嗅觉系统不及犬类、鼠类等动物那样敏感，但是我们仍然可以检测到很多气味，甚至一些气味分子在空气中的浓度低于万亿分之一时仍然可以被部分人所感知。人类对某种气味的感知程度可以通过"最小可检测浓度"（theminimum level detectable）以及"最小可识别浓度"（theminimum level identifiable）这两个参数来量化。"最小可检测浓度"是指能让特定百分比（通常取为 50%）的人群意识到有气味而不一定可以识别出来的最小气味分子浓度；"最小可识别浓度"是指能让特定百分比的人群可以识别出该气味的特征的最小气味分子浓度。从定义可知，在"最小可检测浓度"或"最小可识别浓度"下，仍将有部分人不能感知到或识别出气味。数据表明，许多气味分子的"最小可识别浓度"大约是"最小可检测浓度"的 10 倍左右[3]。通常，在实际工程中，还会乘以系数 10 作为安全系数来应对人群中存在的敏感性差异问题。

考虑到氢气异嗅剂的相关标准还有待成熟，本小节以液化石油气（LPG；主要是丙烷以及其他可在常温、中等压力下液化但在大气压下呈气态的烃）举例。液化石油气的常用异嗅剂是乙硫醇。美国国家消防协会（NFPA）要求液化石油气中添加的异嗅剂必须满足下述要求——在泄漏的液化石油气浓度达到其可燃性下限浓度的 1/5 前，异嗅剂达到"最小可检测浓度"。已知液化石油气的可燃性下限约为 1.9%～2.2%，因此要求当空气中液化石油气泄漏的含量约为 0.4% 时，人的嗅觉就能感知到乙硫醇异嗅剂的气味。NFPA 指出，经验表明，当每 10000US gal（1US gal＝3.78541dm³）液化石油气中乙硫醇的含量超过 1lb（1lb≈0.4536kg）时，一般可以满足上述要求，对应的乙硫醇质量浓度约为 0.0025%[4]。在其他国家，限制可能更为严格。例如日本法规要求当液化石油气泄漏到空气中的浓度达到 0.1% 时，就能被人的嗅觉感知到，且部分公司还会采用比法规要求更高的异嗅剂浓度作为安全裕度[3]。

9.1.2　常用异嗅剂

在燃气加臭技术标准 DVGW280-1-2004 中，异嗅剂的类型以有机化合物是否含硫进行区分。当前，工业上主流使用的异嗅剂以硫醚类和硫醇类为主，含硫异嗅剂可以分为如表9-1 所示的三类。

表9-1　含硫异嗅剂的分类[5]

烷基硫化合物（烷基硫醚类）	对称的硫化合物，如 C_2H_5—S—C_2H_5(乙硫醚)等；不对称的硫化合物，如 CH_3—S—C_2H_5(甲乙硫醚)等
环状硫化合物（环状硫醚类）	C_4H_8S(四氢噻吩)等
烷基硫醇类	伯硫醇类，如 C_2H_5—SH(乙硫醇)等；仲硫醇类，如$(CH_3)_2$CH—SH(异丙硫醇)等；叔硫醇类，如$(CH_3)_3$C—SH 等

其中，四氢噻吩（C_4H_8S，简称 THT）是噻吩经催化氢化后得到的一种含硫饱和杂环化合物。四氢噻吩对设备、运输管道垫片等材质没有腐蚀性，对人体嗅觉也不会产生习惯性钝化，因此取代了之前的乙硫醇等异嗅剂，成为目前最常用的含硫异嗅剂之一。

众所周知，处理燃料气体中原有或后来添加的硫都比较困难，因此无硫异嗅剂受到广泛关注。氨（胺）类物质、有机酸、取代酸、酯类物质等含有刺激性气味的化学物质及其混合物都是潜在的无硫异嗅剂。德国 Symrise GmbH & Co. KG 公司开发的 Gasodor S-Free 是世界上第一个天然气无硫异嗅剂，该种无硫异嗅剂具有下述优点：第一，Gasodor S-Free 在所有压力条件下都要较好的性能；第二，在 25 的常温条件下，Gasodor S-Free 的饱和蒸气压约为 THT 的 3.5 倍，理论上扩散程度比 THT 好；第三，Gasodor S-Free 和 THT 在人体感受程度上基本一致，作为警示性气体，能够满足功能需求；第四，气化后的 Gasodor S-Free 适用于现有的各种密封材料，而液态 Gasodor S-Free 对密封材料要求较高，必须使用氟橡胶密封片；第五，Gasodor S-Free 在 PE（聚乙烯）管及钢管上的吸附均较弱，不会对管材造成影响，且在管道中的损失比较小，即使在管网末端依然能够达到异嗅剂的最低检测浓度；第六，Gasodor S-Free 不会与 THT 发生化学反应，具备在管道中置换 THT 的条件。Gasodor S-Free 的简介如表 9-2 所示[5]。

表9-2　GasodorS-Free 无硫异嗅剂[6]

组成	由 $C_4H_6O_2$(丙烯酸甲酯)、$C_5H_8O_2$(丙烯酸乙酯)、$C_7H_{10}N_2$(3-乙基-2-甲基吡嗪)和 $C_{15}H_{24}O$(2,6-二叔丁基对甲基苯酚)组成的混合物
质量分数	各组分的质量分数分别为 37.4%、60.0%、2.5% 和 0.1%
性质	不溶于水,可溶于乙醇、乙醚。无硫异嗅剂不含硫,燃烧产物对环境无污染
保存	应保存于阴凉、通风的仓库内,保持包装容器密封,避免阳光直晒,远离火源、热源

表 9-3 展示了四氢噻吩、Gasodor S-Free 无硫异嗅剂和另一种常用的硫醇异嗅剂（TBT）之间的对比[5]。

表9-3　三种典型常用异嗅剂[5]

名称	四氢噻吩	硫醇(以叔丁基硫醇为主)	无硫异嗅剂
简称	THT	TBM	Gasodor S-Free
外观	无色透明液体	无色透明液体	无色透明液体
分子量	88.168	90.184	95.543
25℃时的密度/(g/cm³)	0.999	0.812	0.933
沸点(常压)/℃	121.1	64.2	80
熔点/℃	−96.2	−0.5	−80
闪点/℃	19	−24	5
自燃温度/℃	202	304	395
爆炸极限/%	1.1～12.1	2.8～18	1.6～23
蒸汽相对密度	3.05	3.1	3.3
硫的质量分数/%	36.4	35.6	0
在空气中达到警示气味等级的最小质量浓度值(K 值)/(mg/cm³)	0.08	0.03	0.07
水溶解性	不溶于水	微溶于水	不溶于水

9.1.3　现有氢气异嗅剂的局限性

研究人员从 20 世纪初期便开始研究可燃气体的异嗅剂，并成功开发了以戊基硫醇为代表的几种产品。1937 年，一所使用未添加异嗅剂的燃气供暖的学校发生爆炸，造成 294 名学童死亡。这场悲剧发生后，部分国家和地区开始立法要求在可燃气体中加入异嗅剂[6]。因此，异嗅剂的研究和应用已有较长的历史，但到目前为止，已有的氢气异嗅剂都或多或少存在局限性，主要表现在四个方面。

（1）检测过于依赖人类嗅觉

必须有人在泄漏点附近时才有可能感知到泄漏。此外，即使有人在场，也并非所有人都能在法定的异嗅剂浓度下感知到气味，甚至有些人根本无法闻到气味。即便是对个体而言其感知气味的能力也并非稳定不变，诸如过敏、普通感冒等等常见因素都能影响人类的嗅觉系统，而且清醒状态和睡眠状态时检测气体的能力也是不同的。例如，夜间发生在居民区内的气体泄漏可能难以被及时发现。上述限制的结果是，无人员活动区域内的气体泄漏将无法被检测到，并且在有人员活动区域内的泄漏检测将受到泄漏严重程度以及人员状态的共同影响。

（2）异嗅剂可能因为物理或化学过程与氢气分离

异嗅剂与氢气可能由于尺寸、吸附性、沸点、凝点、渗透率、浮力等方面存在的差异而出现分离。例如，由于氢气分子的尺寸较小，与现有异嗅剂分子相比，它在许多材料中的渗透要容易得多，因此可能出现氢气穿过某些材料已经积聚到易燃水平后，异嗅剂仍然被封闭在容器内的危险情况。此外，如果埋入地下的管道出现泄漏，异嗅剂可能被土壤吸收导致不能起到有效的警示作用。

（3）对氢燃料电池系统造成负面影响

现有异嗅剂产品基本都会对氢燃料电池系统造成负面影响。对于含硫异嗅剂（例如各种硫醇和硫化物），其中的硫元素将与燃料电池催化剂形成稳定的化合物，从而改变催化剂的化学特性并永久降低其活性。研究发现，当硫化氢质量浓度仅为 10^{-9} 级别时，便能观察到燃料电池中毒现象[7]。

对于氮基异嗅剂（例如氨和胺），NH_4^+ 和 H^+ 之间可能发生阳离子交换，长期暴露时，会影响催化剂层和质子交换膜中离子聚合物的质子传导性。例如，当给氢燃料电池通入的氢气中掺杂质量浓度高于 0.0001% 的三甲胺时，便能观察到显著的电压降[8]。

有机酸异嗅剂同样显示出了对氢燃料电池性能的负面影响。以甲酸为例，在浓度仅为 0.02% 的情况下使电池电压降低了 10%[9]。取代酸也有相似的问题。对于使用丙烯酸烷基酯、乙酸酯等酯类物质作为异嗅剂的情况，在酸性燃料电池环境下，酯容易催化水解生成酸，而这些生成的酸则可能降低燃料电池的性能。

Imamura 等在单电池测试中发现了几种对氢燃料电池影响较弱的异嗅剂。在 10 小时周期中，按照日本法规要求的测试方式，5-亚乙基-2-降冰片烯、异丁酸乙酯和 2,3-丁二酮对燃料电池的性能影响很小甚至没有影响。但是，当加大异嗅剂浓度来模拟长期累积效果时，这些异嗅剂也使燃料电池出现了性能下降情况[3]。

即使新型异嗅剂能够不对燃料电池性能造成明显影响，其还可能面临其他问题——随着氢气在燃料电池中被消耗，阳极排出气体中的异嗅剂浓度可能会大大升高，这些气体不能随意排放，则可能还需要开发异嗅剂捕集器或催化转化器置于燃料电池的排气口处。

（4）对储氢系统造成负面影响

储氢系统可能与异嗅剂相互影响，导致异嗅剂失效或降低总氢气储存量，影响的大小与所使用的储氢技术相关。对于目前常用的压缩气体储氢，高压可能导致异嗅剂相变凝结，从容器中再次释放出的混合气体中的异嗅剂浓度会低于原始混合气体中的异嗅剂浓度，可能造成异嗅剂失效。对于低温储氢，影响将会更大。异嗅剂会在氢气凝结之前先冷凝，当氢气从低温储氢容器中被释放时，大多数异嗅剂将保持凝聚态且蒸气压较低，直到温度升至临界温度以上。因此前期释放出来的氢气中异嗅剂含量将非常低。

对于吸附剂储氢、金属氢化物储氢等其他储氢方式而言，异嗅剂的加入将可能带来两个方面的问题。第一，这类储氢方式一般采用高比表面积材料，因此容易转变成高活性表面与杂质发生反应。异嗅剂作为杂质可能占据活性位点（吸附位点），导致系统吸附、解吸氢气的速率以及储氢容量不可逆降低。第二，异嗅剂在这些储氢系统中可能与氢气发生分离，异嗅剂将被浓缩，导致储氢系统在释放氢气的不同阶段出现较大的异嗅剂浓度波动，干扰对氢气泄漏情况的判断。

9.1.4 小结

向无色、无味的氢气中添加异嗅剂，是一种高性价比的氢气系统泄漏检测方法，可以显著提升氢气在使用过程中的安全性，尤其是在氢能被公众广泛使用、走进千家万户以后。

但是，由于氢气和天然气之间存在差异，且两种燃料气的使用方式不同，因此对氢气异嗅剂提出了比现有天然气异嗅剂更高的要求。具体说来，理想中的氢气异嗅剂需要在下述方面有所改进：第一，物理性质与氢气更接近，减少分离的现象；第二，更加环保，减少由异嗅剂带来的环境污染；第三，与储氢系统、燃料电池系统更好的兼容性，减少异嗅剂对系统的负面影响。

如果异嗅剂难以达到上述要求，还可以通过加装捕集器来减少异嗅剂的负面影响，在不兼容异嗅剂的装置（例如燃料电池）入口处增加捕集器来除去异嗅剂，同时，在相应装置出口处增加异嗅剂补充装置来补充异嗅剂以达到法定浓度，但这将不可避免地增加氢能系统的成本和复杂性。

9.2 氢气传感器

在部分应用场景下，仅仅依靠异嗅剂来进行氢气泄漏检测和预警是不够的，还需要灵敏、精准、可靠的氢气传感器来提升安全性。氢气传感器不仅可以对泄漏进行量化和检测，同时也是氢气报警装置的核心与基础。

9.2.1 氢气传感器类型

当前常见的氢气传感器类型、基本原理及优、劣势对比如表9-4所示[10]。

表9-4 常见氢气传感器类型

序号	传感器类型	工作原理（工作元件）	被测物理量（变化量）	特性	
				优势	劣势
1	催化型	催化载体元件	(1)温度；(2)电阻	(1)鲁棒性好；(2)稳定；(3)寿命长；(4)工作温度范围宽	(1)对氢没有选择性；(2)功耗大；(3)需要至少 5%～10% 的氧气才能运行；(4)遇 P、S、Si 易中毒
		热电材料	热电电压	(1)可在室温下运行；(2)低功耗	(1)响应时间长；(2)对温度波动敏感；(3)需要至少 5%～10% 的氧气才能运行

续表

序号	传感器类型	工作原理（工作元件）	被测物理量（变化量）	特性	
				优势	劣势
2	热导型	量热法	(1)温度； (2)热敏电阻的阻值； (3)热敏电阻上的电压	(1)测量范围非常宽； (2)鲁棒性好； (3)可在无氧环境运行； (4)长期稳定性； (5)耐中毒； (6)结构简单，成本低	(1)检测下限高，灵敏度较差； (2)可能与电热丝发生反应； (3)对 He 交叉敏感
3	电化学型	电流测定	电流	(1)灵敏性好，低至 100×10^{-6}； (2)低功耗，无需加热传感器元件； (3)耐中毒； (4)具有在高环境温度中运行的可能	(1)使用某些电解质时运行温度范围窄； (2)寿命有限； (3)需要定期校准； (4)对 CO 交叉敏感； (5)老化问题； (6)成本问题
		电势测定	电势差		
4	电学型（电阻）	金属氧化物半导体	电阻	(1)灵敏度高； (2)响应快； (3)使用寿命可接受； (4)工作温度范围宽； (5)成本低； (6)功耗可接受	(1)选择性差； (2)受温、湿度影响大； (3)运行温度高； (4)污染问题； (5)易老化和记忆效应； (6)运行时需要氧气
		金属电阻器	电阻	(1)非常宽的检测范围； (2)响应非常快； (3)具有选择性； (4)长期稳定性好； (5)可在无氧环境运行	(1)对温度依赖性强； (2)受总气压影响； (3)二氧化硫、硫化氢中毒问题； (4)易老化； (5)成本问题
5	电学型（非电阻）	肖特基二极管	(1)电流； (2)电压； (3)电容	(1)体积小，可微型化； (2)低成本； (3)有批量生产的可能	容易漂移
		MOSFET（金属-氧化物半导体场效应晶体管）		(1)响应快； (2)测量精确； (3)受环境参数影响小； (4)高灵敏度和选择性； (5)尺寸小； (6)有批量生产的可能	(1)基线漂移问题； (2)迟滞问题； (3)在中等浓度下便会出现饱和
		MIS 电容器（金属-绝缘体-半导体结构电容器）		(1)高灵敏度和选择性； (2)响应快； (3)低功耗； (4)低成本； (5)尺寸小； (6)有批量生产的可能	(1)漂移问题； (2)迟滞问题
6	机械式	悬臂梁	(1)长度； (2)弯曲曲率	(1)体积小，可微型化； (2)在爆炸性气体环境中无点火源； (3)可在无氧环境运行	(1)响应慢； (2)中毒问题； (3)老化问题

续表

序号	传感器类型	工作原理(工作元件)	被测物理量(变化量)	特性	
				优势	劣势
7	光学型	光极	(1)透射率;(2)反射率;(3)波长;(4)偏振;(5)相位移动	(1)在爆炸性气体环境中无点火源;(2)不受电磁干扰影响;(3)适合大范围监控;(4)可在无氧环境运行	(1)来自环境光的干扰;(2)老化引起的漂移;(3)遇二氧化硫、硫化氢等易中毒
8	声学型	石英晶体微量天平(QCM)	(1)频率;(2)时间;(3)波速	(1)极高的灵敏度;(2)可在室温至100℃环境下运行;(3)可在无氧环境运行	(1)容易受温、湿度变化干扰;(2)漂移问题
		声表面波(SAW)		(1)灵敏度高;(2)可在室温下运行;(3)可在无氧环境运行	(1)高温下不稳定;(2)容易受温、湿度变化干扰
		超声波		(1)非常宽的检测范围;(2)可以在线测量;(3)响应快,通常为几分之一秒;(4)功耗低;(5)长期稳定性好;(6)可在无氧环境运行	(1)必须要充分了解声波通过材料的声学特性才能使用;(2)为实现高精度需要大量电子元件

9.2.2 氢气传感器的要求

在可能爆炸的环境中应用氢气传感器要求遵守相应的法规、规范和标准,以保证人体健康与安全,使用的氢气传感器必须满足以下三个方面的要求:

第一,氢气传感器本身必须具有 IEC60079 系列标准中所定义的防爆功能;

第二,ISO26142:2010 标准中规定了氢气传感器测试方法,包括氮气吹扫时长、氢气浓度等,氢气传感器必须在该测试方法下达到性能要求;

第三,氢气传感器应符合 IEC61508 系列标准中规定的功能安全性,包括电子、电气和可编程电子安全等。

表 9-5 总结了关于氢气传感器的最主要技术要求,这也是美国能源部(DOE)在 2007年制定的目标要求[11]。

表9-5 氢气传感器的最主要技术要求[11]

参数	数值
测量范围	0.1%～10%
工作温度	−30～80℃
响应时间	<1s
准确性	误差小于满量程的 5%
气体环境	相对湿度 10%～98% 的空气环境
寿命	10 年
抗干扰能力	强

9.2.3　常用的氢气传感器工作原理

当前，最常见的氢气传感器包括催化型、电化学型、电学型（金属氧化物半导体、肖特基二极管等）和热导型传感器等，此外，因为具有无电火花、抗电磁干扰能力强等优势，光学型传感器越来越受到青睐[12]。接下来将逐一介绍上述五种类型氢气传感器的基本工作原理和主要优、缺点。

（1）催化型氢气传感器

催化型氢气传感器利用气体在电加热催化元件表面上的氧化来探测可燃气体。这种氧化需要利用空气中的氧气，并将放热导致传感元件温度升高，升温程度取决于气体的浓度。最常见的催化型传感器类型是"变阻器型"（如图9-1），由两个嵌有铂丝的陶瓷珠组成，其中一个陶瓷珠涂有催化材料，遇氢气会发生氧化，导致珠粒上温度升高，从而改变铂丝的电阻。同时，该铂丝还充当加热器的功能，需要事先将陶瓷珠加热到规定温度。为了精确测量温度变化导致的电阻变化，需要采用惠斯通电桥（如图9-2）。

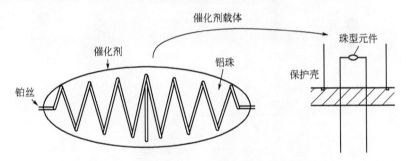

图 9-1　"变阻器型"催化传感器的元件方案[11]

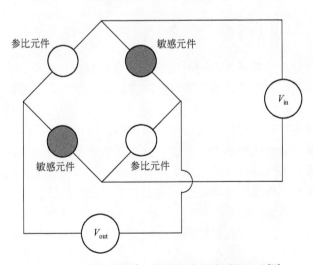

图 9-2　"变阻器型"催化传感器的测量原理[11]

另一类常用的催化型传感器为热电传感器，其同样利用了氢气被氧化放热的原理，但在热信号转化为电信号的步骤中应用了热电效应，而不是利用惠斯通电桥测量由升温引起的电阻变化。

催化型氢气传感器具有工艺成熟、结构紧凑、体积小、测试范围非常宽等优点，但同时也存在明显的缺点。第一，催化型氢气传感器对于其他任何可燃气体都很敏感，不能区分氢气与其他可燃气体；第二，氧化反应需要空气中的氧气，传感器本身的防爆性能较差；第三，催化剂可能会被痕量气体［例如硅酮（即聚硅氧烷）和硫化氢］毒化，需要定期校准和更换。

（2）电化学型氢气传感器

电化学型氢气传感器可分为电流型和电势型两类，其中电流型传感器通过测量电化学反应产生的电流来检测氢气浓度，电化学反应发生于涂有催化剂（例如铂）的传感器电极表面。一般而言，电化学型氢气传感器的金属阳极和阴极浸没在电解液（例如 H_2SO_4）中，以允许离子在两个电极之间传递电荷（如图 9-3）。因为电流大小与氢气浓度成正比，所以可以通过测量该电流大小来确定氢气浓度。先进的电化学型氢气传感器会采用固体聚合物电解质，这将消除使用液体电解质时可能发生泄漏的风险。

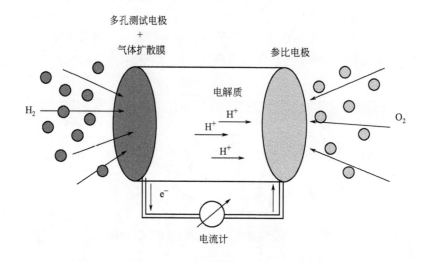

图 9-3 电化学型氢气传感器测量原理（电流型）[11]

电势型传感器与电流型传感器之间的区别在于：电流型传感器是在恒定的电压下工作，传感器信号为电流；而电势型传感器在零电流（开路）下工作，传感器信号为测试电极与参比电极之间的电势差。

电化学型氢气传感器具有很高的灵敏度和准确性，结构紧凑，在操作过程中的功耗也非常小，已经初步具备了商业化的条件。当前，其主要需要解决的问题是寿命问题——电极催化剂在工程应用中很容易被其他气体毒化，从而导致电化学型氢气传感器的精度会随着时间的推移而降低。此外，工作温度较窄也是某些电化学型氢气传感器的劣势。

（3）电学型氢气传感器

电学型氢气传感器可以分为电阻型和非电阻型两类，前者以金属氧化物半导体传感器为典型代表，后者主要利用肖特基二极管或 MOSFET 进行测量。其中，又以金属氧化物半导体传感器更为常见[13]。该种传感器有两个电极，在两个电极之间的衬底材料上涂一层金属氧化物膜（例如氧化锡），该膜作为一种氢敏材料，与氢气相互作用后电导率会发生改变（如图 9-4）。因此，半导体导电率的变化可以作为氢气浓度的量度。

电学型氢气传感器具有成本低、寿命较长、运行功耗较低、可小型化等优点，具有大规模应用的潜力。但其对氢气选择性不强，容易受到水蒸气等常见气体的干扰，且存在运行温度较高、启动较慢、非线形、易被污染等问题。

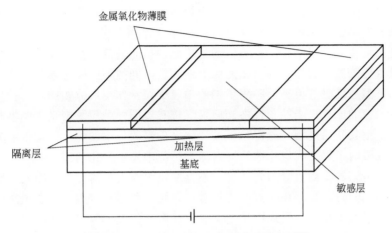

图 9-4　金属氧化物半导体传感器示意图[11]

（4）热导型氢气传感器

热导型氢气传感器依靠氢气热导率大的性质来进行检测。热导率是每种气体的特有属性，在所有已知气体中，正常条件（273K、101325Pa 附近）下氢气的热导率是最大的。因此使用空气作为参比气体，可以根据热导率的变化来确定氢气浓度。

图 9-5 展示了一种热导型氢气传感器的示意图。通过测量待测气体的热导率并将其与参比气体进行比较，可以确定二元混合物中氢气的浓度。两个完全相同的热敏电阻用于将热导率信号转化为电信号。一个电阻与待测气体接触，另一个与参比气体接触。热敏电阻的温度（电阻）取决于周围气体的热导率，而热导率与混合气体中的氢气浓度成正比。

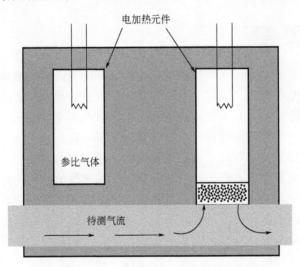

图 9-5　热导型氢气传感器示意图[11]

由于不存在化学反应，热导型氢气传感器相对而言非常稳定，使用寿命较长，且特别适合于检测高浓度氢气。但同时其存在灵敏性不好的问题，很难检测到非常低的氢气浓度，通常需要与其他类型的氢气传感器配合使用，或通过传感器小型化技术来改善上述缺点。

（5）光学型氢气传感器

光学型氢气传感器有多种类型，其中以光纤氢气传感器最为常见。光纤氢气传感器又可以分为微透镜型、干涉型、消逝场型、光纤布拉格光栅型等多种类型，但究其基本原理都是将光纤与氢敏材料结合，氢敏材料与氢气接触后相互作用，引起光纤的物理性质发生变化，进而改变光纤中传输光的光学特性，最后通过检测输出光的某特征物理量的变化来确定氢气浓度。光纤氢气传感器中最常用的氢敏元件为钯膜，不同类型的传感器利用了不同的物理量变化，例如干涉型光纤氢气传感器利用了钯膜与氢气相互作用后体积膨胀，拉伸光纤，增加光程进而改变相位的原理；光纤布拉格光栅氢气传感器同样利用了钯膜与氢气相互作用后体积膨胀的原理，但其是通过测量光栅栅距的变化来确定氢气浓度的；微透镜型光纤氢气传感器则利用了钯在吸附了氢变成氢化钯后反射率与折射率发生变化的原理[13]。

光学型氢气传感器传输信号为光信号，不存在成为点火源的风险，因此特别适合在易燃易爆环境中使用。同时，其还存在监控面积较广、可在无氧环境运行、抗电磁干扰等优点。但是，光学型传感器也存在易受环境光干扰、对温度变化过于敏感等问题。

9.2.4　小结

氢气传感器是氢能领域的关键零部件之一，可以对氢气泄漏进行量化和检测，是氢气报警装置的核心与基础，对提升氢安全有重大意义。当前，研究人员已成功开发多种基于不同工作原理的氢气传感器，还有许多具有潜力和吸引力的氢气传感器正处于实验室阶段。但是，目前几乎所有类型的氢气传感器都存在成本偏高、寿命较短、抗干扰性不够强的问题，离大规模批量生产、"走进千家万户"的要求还存在一定差距。一方面，需要继续优化当前已有的传感器类型；另一方面，还应该坚持创新，寻找新的可用于氢气传感器的科学原理，以尽快实现氢气传感器的突破。

9.3　氢气报警装置

从历史上看，依靠异嗅剂和人类感知、识别气味的能力，确实避免了很多因燃料气泄漏引起的事故。与最初情况相比，向燃料气中添加异嗅剂显然是一个进步。但是，正如8.1小节中所述，异嗅剂存在一些无法克服的局限性，而氢气报警装置则可以提供更好的安全性。例如，除去维护、保养和校准的时间，氢气报警器几乎时刻处于工作状态，无论是否有人员在场。此外，氢气报警装置不仅可以提供报警功能，还可以与其他工程安全系统联动，在报警的同时自动运行截止阀、启动通风机乃至关闭整个氢气供给系统，这甚至消除了对人类采取正确行动的依赖——异嗅剂能够避免事故的前提是在场人员感知到异嗅剂的警示后可以迅速做出正确的行动。目前被广泛使用的烟雾报警器有力地证明了报警装置能够提供更好的安全性。烟雾本身是有刺激性气味并肉眼可见的，但数据表明安装有烟雾报警器的房屋中，由消防安全问题导致的死亡率通常只有不安装烟雾报警器情况下的一半[14]。

9.3.1　氢气报警装置的分类

氢气报警装置按使用方式不同可分为固定式氢气报警装置和便携式氢气报警装置，其中便携式氢气报警装置又称为手持式氢气检测仪。固定式氢气报警装置大多安装在建筑物内的固定位置，对特定区域进行不间断检测，并可以把多个监测区域的氢气浓度实时显示到氢气报警控制器上，实现气体浓度超限报警功能，进一步还可以设计自动控制策略，与其他工程安全系统配合工作；便携式氢气报警装置的主要优势是方便携带，可以手持氢气传感器，尤其适用于对未知区域是否存在氢气进行检测，一般也具有氢气浓度显示及浓度超限声光报警功能。

（1）便携式氢气报警装置

本小节以德国 UST Sensor 公司的 Prüfer 高速气体泄漏检测仪为例来介绍便携式氢气报警装置。该型泄漏检测仪具有灵敏、响应快、精准可靠等优点，受到许多高校实验室、科研院所、燃料电池企业等单位的青睐。该型便携式氢气报警装置的外观照片如图 9-6 所示。其主要技术参数如表 9-6 所示。

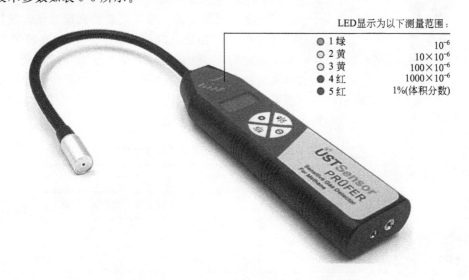

图 9-6　Prüfer 高速气体泄漏检测仪外观照片[15]

表9-6　Prüfer 高速气体泄漏检测仪主要技术参数[15]

检测气体	常见易燃气体：H_2,CO,CH_4 氢氟烃类：R134a,R404a,R600a,R22
反应时间	$T_{0.9}\leqslant 0.5s$
最低识别率	$\leqslant 1\times 10^{-6}$
测量范围	$0\sim 10000\times 10^{-6}$
产品尺寸	长：190mm 宽：50mm 高：28mm
饶管尺寸	直径 8mm，长 300mm
质量	320g
功耗	0.85W
电源	NiMH　$4\times 1.2V$　$1600mA\cdot h$
连续测试时间	可以连续测试 8 小时
储存温度范围	$-25\sim 50\text{℃}$
操作温度范围	$-40\sim 70\text{℃}$

便携式氢气报警装置一般具有自动化程度高、操作简便的特点。一般配有微处理器控制

图 9-7　国产某型固定式氢气报警器外观照片

单元，可以实现自动零位调整、一键抑制背景气体、自动检测错误识别等功能。使用时，按下电源开启键后，检测仪会自行加热至工作温度，自动完成零位调整和自检后方可开始测量。使用中，应调整绕管至合适角度，将检测仪探头置于疑似泄漏点正上方适当距离处，声光报警信号将取决于氢气浓度。使用后，应及时关闭电源，妥善保存。

（2）固定式氢气报警装置

固定式氢气报警装置一般采用挂壁式或管道式安装，与上述便携式检测仪相比，其受到体积、重量方面的限制较少，对于快速响应、快速启动方面的要求相对较低，但对于寿命和稳定性有更严格的要求。本小节以国产某型固定式氢气报警器为例来进行介绍，该型报警器的外观照片如图 9-7 所示。其主要技术参数如表 9-7 所示。

表9-7　国产某型固定式氢气报警器主要技术参数

检测气体	空气中的低浓度氢气		
检测范围	0～100%LEL		
分辨率	0.1%LEL		
检测精度	≤±3%	线性误差	≤±1%
响应时间	≤20s（T90）	零点漂移	≤±1%（F.S/年）
恢复时间	≤20s	重复性	≤±1%
信号输出	电流信号：标准的 16 位精度 4～20mA 输出芯片，传输距离最大 1km 电压信号：0～5V 或 0～10V 输出，可自行设置 脉冲信号：又称频率信号，频率范围可调（选配）		
传输方式	电缆传输，传输最大距离 1km，可选配 GPRS 网络传输		
可选接收设备	用户电脑、控制报警器、PLC、DCS 等		
可选报警方式	现场声光报警、外置报警器、远程控制器报警、电脑数据采集软件报警等		
壳体材料	压铸铝＋喷砂氧化/氟碳漆，防爆防腐蚀		
防护等级	IP66	工作温度	−30～60℃
工作电源	24VDC	工作湿度	≤95%RH(相对湿度),无冷凝
尺寸、质量	183mm×143mm×107mm； 1.5kg(仪器净重)	工作压力	0～100kPa(表压)

当前，先进的固定式氢气报警装置会内置大容量可充电电池，确保即使在断电情况下也能较长时间保持工作。此外，先进的固定式报警装置还会配备高性能微处理器，一方面可实现自动零点校准、多目标点校准和温度补偿等功能，保证测量的准确性和线性，另一方面可实现在声光报警的同时与其他工程安全系统联动的功能。一种可行的固定式氢气报警系统整体方案示意图如图 9-8 所示。

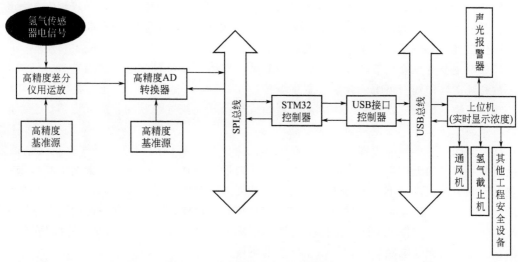

图 9-8 一种可行的固定式氢气报警系统整体方案示意图[16]

9.3.2 氢气报警装置的标定校准要求

氢气报警装置是一种可燃气体报警装置，主要应用在安全领域，属于国家强制检定计量器具，因此报警装置的准确性尤为重要。JJG 693—2011《可燃气体检测报警器》中对仪器的示值误差给出了详细的检定方法和指标。在检定前首先应将仪器预热，待仪器稳定后按照使用说明书中要求的流量大小分别通入零点气体和浓度约满量程 60% 的标准气体，调整仪器的零点和示值，使得线性满足要求，保证浓度测量准确。一般情况下每 3 个月至半年需要对可燃气体检测报警装置进行一次标定，且出于安全使用的目的，使用方应自行配备标准气体，定期或不定期地对可燃气体检测报警器进行标定。

当前，市场上常见的氢气报警装置主要有 6 种不同的标定方法。对于便携式检测报警仪器，多数采用泵吸式原理，因此不同型号之间调零和校准步骤相似，自动化程度较高，可以实现"一键调零"，在标定过程中需要通入标准气体。对于固定式报警装置，最原始的标定方法是电位器调节型——依次通入符合要求的零点气体和标准气体，通过旋转两个可变电阻来手动实现调零与标定；主机标定型、遥控器标定型和拨码开关标定型三种标定方法引入了电子自动控制技术，调零和标定过程依旧需要依次通入零点气体与标准气体，但只需按要求控制相应电钮状态便可完成标定工作，比手动调整可变电阻更快捷、准确；磁棒标定型报警装置借助配套的磁棒进行自动调零和标定工作，标定过程中依然需要通入标准气体[17]。

现有的固定式氢气报警装置标定校准方式可以确保传感器的准确性，在工业、军工等领域使用时可以获得较高的可靠性，但同时也存在相对比较复杂的问题，不利于实现大规模商业化应用，因此需要注重开发全生命周期免校准或具备"一键校准"功能的氢气报警装置，让氢气报警装置走进千家万户成为可能。

9.3.3 氢气报警点设置[18]

在生产或使用氢气的生产设施及储运设施的区域内，泄漏气体中氢气浓度可能达到报警设定值时，应设置氢气探测器。氢气检测报警应采用两级报警。氢气二级报警信号、检测报警控制单元的故障信号应送至消防控制室。

　　氢气探测器的检测点，应该充分考虑氢气的特性、释放源的特性、生产场地布置、地理条件、环境气候、探测器的特点、检测报警可靠性要求、操作巡检路线等因素进行综合分析，选择氢气容易积聚、便于采样检测和仪表维护之处布置。

　　释放源主要有压缩机等转动设备的动密封处、气体采样口、含氢液体放空口、经常拆卸的法兰和经常操作阀门组等。含氢装置现场控制室/机柜间的新风入口处也要设置氢气探测器。缠绕式氢气储罐应设置氢气探测器。封闭或半敞开式氢气灌瓶间，应在灌装口上方的室内最高点易于滞留气体处设置氢气探测器。

　　探测器探头应尽量靠近释放源，且在气体、蒸汽易于聚集的地点。氢气比空气轻很多，所以泄漏后容易向上扩散。在空旷地带不容易积聚形成爆炸云团，所以一般在空旷地带可不设置氢气探头。在通风不良的封闭式厂房或局部通风不良的半敞开厂房内，除应在释放源上方设置探测器外，还应在厂房内最高点氢气容易积聚处设置探测器。在室内的情况下，氢气探头的保护半径一般按5m计算，探头设置于泄漏点上方0.5～1m处。探测器应安装在无冲击、无振动、无强电磁场干扰、易于检修的场所。

　　氢气检测报警系统应按照生产设施及储运设施的装置或单元进行报警分区，各报警分区应分别设置现场区域报警器。区域报警器的启动信号采用50%LEL信号。现场区域警报器的安装高度应高于现场区域地面或楼地板2.2m，且位于工作人员易察觉的地点。区域报警器的数量要使在该区域内任何地点的现场人员都能感知到报警。当现场探测器数量较少且现场环境噪声低于85dB时，每个探测器可以自带一体化声光报警器，不另外设置现场区域报警器。

9.3.4　小结

　　在开发氢能基础设施时，如果能大规模应用氢气报警装置，则可能实现比当前天然气系统更高等级的安全性。同时，随着科技和工艺的进步，大量生产安全、可靠、低成本的氢气报警装置是有可能实现的。目前的氢气报警装置在实验室或工业应用领域已经比较成熟，但距离家庭应用的要求在成本、寿命、稳定性以及维修校准方便程度等方面还存在差距，亟须进一步优化。未来有可能出现异嗅剂与氢气报警装置长期共存的情况，氢气报警装置还需要考虑不能被异嗅剂干扰或毒化的问题。此外，氢气报警点的设置也有严格的要求，需要严格参照相应标准，针对氢气探测，在合理合规的位置设置氢气报警装置。

参 考 文 献

[1]　Najjar Y S H. Hydrogen safety：The road toward green technology [J]. International Journal of Hydrogen Energy，2013，38（25）：10716-10728.

[2]　Kopasz J P. Fuel cells and odorants for hydrogen [J]. International journal of hydrogen energy，2007，32（13）：2527-2531.

[3]　Imamura D，Akai M，Watanabe S. Hydrogen odorants for fuel cell vehicles [J]. 2004 fuel cell seminar，San Antonio，Texas，2004.

[4]　Captan natural gas odorizing [J]. Brochure for LP Captan，2002.

[5]　苟晓充，白培芬，严修香，等. 城镇燃气加臭剂选用探讨 [J]. 2016年全国天然气学术年会论文集，2016.

[6]　Robertson S T. History of gas odorization，Proceedings of gas symposium，Institute of Gas Technology. Chicago，1980.

[7]　Uribe F，Zawodzinski T，Valerio J，Bender G，Garzon F，Saab A，et al. Electrodes for polymer electrolyte membrane fuel cell operation on hydrogen/air and reformate/air [J]. Proceedings of the 2002 U. S. DOE hydrogen and fuel cells annual program review，Golden Colorado，2002：138.

［8］　Uribe F A，Gottesfeld S，Zawodzinski Jr T A. Effect of ammonia as potential fuel impurity on proton exchange mem-brane fuel cell performance ［J］. J Electrochem Soc，2002，149（3）：293-296.

［9］　Watanabe S，Tatsumi M，Akai M. Hydrogen quality standard for fuel cell vehicles ［J］. 2004 fuel cell seminar，San Antonio，Texas，2004.

［10］　Hübert T，Boon-Brett L，Black G，et al. Hydrogen sensors-a review ［J］. Sensors and Actuators B：Chemical，2011，157（2）：329-352.

［11］　Manjavacas G，Nieto B. Hydrogen sensors and detectors ［M］ //Compendium of Hydrogen Energy. Woodhead Pub-lishing，2016：215-234.

［12］　刘俊峰，陈侃松，王爱敏，等. 氢气传感器的研究进展 ［J］. 传感器与微系统，2009（8）：14-17.

［13］　母坤，童杏林，胡畔，等. 氢气传感器的技术现状及发展趋势 ［J］. 激光杂志，2016，5：1-5.

［14］　Ahrens M. U. S. experience with smoke alarms and other fire detection/alarm equipment，National Fire Protection Association Report，2004. National Fire Protection Association，1 Batterymarch Park，Quincy，MA.

［15］　UST Sensor Technic GMBH. Handheld gas leak detectors HydrogenPower ［EB/OL］. http：www. umweltsen-sortechnik. de/en/devices/hydrogenpower. html.

［16］　张振东. 氢气传感器及其检测技术 ［J］. 哈尔滨：哈尔滨工业大学，2013：1-z.

［17］　龚乐，李曼，张勇. 可燃气体检测报警器在检定中的标定方法综述 ［J］. 化工设计通讯，2019（11）：34.

［18］　GB/T 50493—2019 石油化工可燃气体和有毒气体检测报警设计标准 ［S］.

第10章
国际氢安全标准法规概况及发展

10.1 国际氢安全组织

欧洲国家对于氢安全的研究主要起源于三个领域：①天然气应用的研究；②氢燃料电池汽车应用的研究；③核电 20 多年来严重事故和运行的研究。但是，各研究方向的项目在不同国家开展的深入程度不同，相关的研究成果非常分散，没有形成统一的知识认识，同时还存在不同程度的保密。为了整合来自各个研究和工业领域（汽车、天然气和石油、化学和核）的能力和经验，协调与氢能安全应用相关项目的开展，提高公众对氢作为能源载体的接受程度，由欧盟委员会（European Commission）发起，来自 12 个欧洲国家的 24 个机构在 2004 年共同成立了国际氢安全委员会（the International Association for Hydrogen Safety，IA HySafe，后文简称为 HySafe），目前成员单位已发展到 40 个[1]。

HySafe 为进一步发展和传播氢安全方面知识以及协调领域内的研究活动提供了便利。它致力于具有成本效益的氢安全研究，支持创新的技术和工程，并提供专业的教育和培训。

HySafe 的目标主要是[2]：

① 促进对氢安全问题研究的共同认识和共同方法：

a. 制定一种共同办法，对相关物理现象、危害和事故场景的重要性进行排序；

b. 通过制定适当的风险评估方法，在相关安全问题之间建立更明确的联系，对所有相关的危害进行识别、评估，并进行优先度排序；

c. 建立氢事件和事故数据库，为氢风险管理和研究量化与氢应用有关的风险提供共同基础。

② 将熟悉氢处理技术的工业组织和研究机构的经验和知识、数值模拟结果以及试验设施研究成果结合起来。

③ 通过以下措施整合和协调分散的研究基础：

a. 建立一系列专门的试验研究设施，以便进一步开展必要的试验；

b. 开发一套可用于氢安全研究的专用代码和模型，并确定其适用范围；

c. 制定统一的安全和风险评估方法；

d. 整合和优化分配给氢安全研究的国家财政经费；

e. 整合人力资源；

f. 促进必要的氢安全相关基础研究。

④ 在安全和风险研究的基础上为欧盟法律要求、标准、操作规程和指南提供支持，主

要通过以下措施：

a. 在确定的关键领域进行标准化的前期研究；

b. 氢安全在工程上应用方法的开发和实施；

c. 针对不同的氢气应用，以详细的安全和风险评估的研究结果为基础，持续为法规、标准和操作规程的制定提供科学支持；

d. 从安全和风险评估研究中获取有用的结果用于指导法规、标准和操作规程的制定，如确定安全距离；

e. 开发和验证氢事故预防和缓解技术。

⑤ 为氢安全问题的教育和培训提供支持，发展氢作为能源载体的技术文化，主要有以下几个措施：

a. 举办短期培训班和讲座；

b. 定期组织有关氢安全的教育和培训，包括在线模式（E-Academy）；

c. 建立一个定期更新氢安全最新信息的网站；

d. 举办氢安全问题国际会议；

e. 每两年发布一次氢安全报告。

HySafe 目前有 40 个会员单位，分别来自 16 个国家，具体如表 10-1 所示[3]。

表10-1　HySafe 会员单位列表

会员单位名称	网址	国家
卡尔斯鲁厄研究中心 Forschungszentrum Karlsruhe GmbH	http://www.iket.kit.edu	德国
法液空 L'Air Liquide	http://www.airliquide.com	法国
联邦材料研究与测试研究所 Federal Institute for Materials Research and Testing	http://www.bam.de	德国
原子能和替代能源办公室 Commissariat à l'Energie Atomique et aux Energies Alternatives	http://www.cea.fr	法国
弗劳恩霍夫协会促进应用研究中心 Fraunhofer-Gesellschaft zur Foerderung der Angewandten Forschung e.V.	http://www.ict.fhg.de	德国
德国于利希研究中心 Forschungszentrum Juelich GmbH	http://www.fz-juelich.de	德国
挪威杰士康公司 GexCon AS	http://www.gexcon.com	挪威
健康与安全研究中心 Health and Safety Executive	http://www.hsl.gov.uk	英国
国家工业环境与风险研究所 Institut National de l'Environnement Industriel et des Risques	http://www.ineris.fr	法国
俄罗斯研究中心库尔恰托夫研究所 Russian Research Centre Kurchatov Institute	http://www.iacph.kiae.ru	俄罗斯

会员单位名称	网址	国家
德谟克利特国家科学研究中心 National Center for Scientific Research Demokritos	http://www.ipta.demokritos.gr	希腊
Technical University of Denmark, Department Civil Engineering	http://http://www.dtu.dk	丹麦
国家公共卫生与环境研究所 Rijksinstituut voor Volksgezondheid en Milieu	http://www.rivm.nl	荷兰
卡尔加里大学 University of Calgary	http://www.ucalgary.ca	加拿大
魁北克 Trois-Rivieres 大学 Universite du Quebec a Trois-Rivieres	http://www.uqtr.ca	加拿大
A.V.Tchouvelev & Associates Inc.	http://www.tchouvelev.org	加拿大
森蒂亚国家试验室 Sandia National Laboratories	http://www.sandia.go	美国
西北太平洋国家试验室 Pacific Northwest National Laboratory	http://www.pnl.gov	美国
FM Global	http://www.fmglobal.com	美国
H2Safe,LLC	http://h2safe.com/	美国
比萨大学 University of Pisa	http://www.ing.unipi.it	意大利
马德里理工大学 Universidad Politecnica de Madrid	http://www.upm.es	西班牙
阿尔斯特大学 University of Ulster	http://www.ulster.ac.uk	英国-北爱尔兰
壳牌公司 Royal Dutch Shell	http://www.shell.com/	荷兰
TECNALIA 研究与创新基金会 FUNDACIÓN TECNALIA RESEARCH & INNOVATION	http://www.tecnalia.com	西班牙
国家 [西班牙] 氢和燃料电池技术试验中心 National [Spanish] Center for Hydrogen and Fuel Cell Technology Experimentation	http://www.cnethpc.es	西班牙
川崎重工业株式会社 Kawasaki Heavy Industries Ltd.	http://www.khi.co.jp	日本
Technova Inc	www.technova.co.jp	日本
AREVA 储能公司 AREVA Energy Storage	http://www. areva. com/EN/operations-408/hydrogen-and-fuel-cells.html	法国
沃里克火灾工程学院 Warwick FIRE,School of Engineering	http://www. warwick. ac. uk/warwickfire	英国

续表

会员单位名称	网址	国家
零碳能源解决方案 Zero Carbon Energy Solutions	zerocarbonsolution.co.uk/	英国
浙江大学 Zhejiang University	http://www.zju.edu.cn	中国
同济大学 Tongji University	www.tongji.edu.cn/	中国
庆应义塾大学 Keio University	http://www. matsuo. mech. keio. ac.jp	日本
伦敦南岸大学 London South Bank University	http://www1.lsbu.ac.uk/esbi/efrg/	英国
德国专业科学有限公司 Pro-Science GmbH	http://www. pro-science. de/uebe-runs.html	德国
挪威东南大学学院 University College of Southeast Norway	https://www.usn.no/	挪威
挪威国家石油公司 Statoil ASA	www.equinor.com/	挪威
南澳政府 South Australia government	www.dpc.sa.gov.au	澳大利亚
德国劳埃德船级社 GL Industrial Services	https://www.dnvgl.com/	英国
个人名誉会员 Steven Weiner Private Member Steven Weiner		美国

HySafe 的基本组织架构如图 10-1 所示[4]。基本组织结构包括协调委员会（Co-ordination Committee，CC）、网络管理委员会（Network Governing Board，NGB）、咨询委员会（Advisory Council，AC）和项目管理办公室（Project Management Office，PMO）。NGB 是由每个成员单位派一名代表组成的决策大会，通常一年开一次会。CC 由每个工作组的领导及各个项目组的代表组成，每年召开 4 次会议，报告工作组和项目进展情况，并为 NGB 提供建议。协调员卡尔斯鲁厄研究中心（Forschungszentrum Karlsruhe）是 HySafe 与欧盟委员会（European Commission，EC）的唯一接口，在 PMO 的支持下，对 HySafe 进行日常管理。AC 是一个由 12 名专家组成的小组，在所有 HySafe 开展的技术/科学事务中为 NGB 提供咨询。

HySafe 下设了 18 个工作组（Work Package，WP），涵盖了氢安全研究中的基础研究、风险管理、知识传播、日常管理等各个方面，主要分工如下。

在基础研究方面，主要由 WP2、WP6、WP8、WP9、WP10、WP18 六个工作组负责。其中 WP2 主要负责整合和规范各个成员单位的试验设施，并负责新建试验设施的规划；WP6 主要负责与氢安全有关的 CFD 开发工作；WP8 主要负责开发氢气释放、混合和分布现象评价方法的研究；WP9 主要负责氢气燃烧和射流火方面的研究；WP10 主要负责氢气爆燃爆轰方面的研究；WP18 主要负责材料与氢气相容性及结构完整性方面的研究。

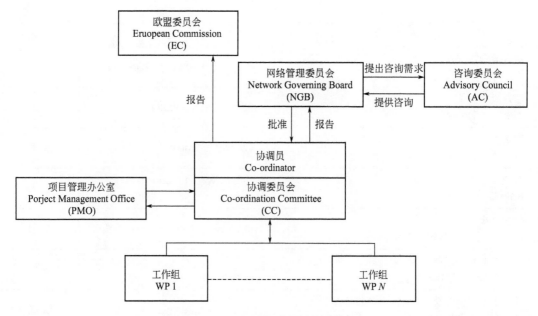

图 10-1　HySafe 的基本组织构架

在风险管理方面，主要由 WP11、WP12、WP16 三个工作组负责。其中 WP11 主要负责识别氢火灾和爆炸的危险情景并开发和改进相应的缓解措施；WP12 主要负责氢应用风险管理风险评估方法的研究和协调；WP16 主要负责与标准化组织对接，根据需要向标准化组织提出有关氢安全相关标准化的建议。另外 WP9 和 WP18 负责为风险管理提供试验数据的支撑。

在知识传播方面，主要由 WP1、WP5、WP14、WP15 四个工作组负责。其中 WP1 主要负责发布两年期的氢安全问题报告；WP5 主要负责建立氢安全事故数据库；WP14 主要负责举办国际氢安全会议；WP15 主要负责开展培训、讲座以及线上授课。

WP17 和 WP7 两个工作组负责日常管理，其中 WP17 负责包括网站维护、商业计划、发展规划等方面的工作，WP7 主要负责评估和规划优先事项。

接下来介绍一些 HySafe 框架内开展的重要项目[5]。

（1）InSHyde

从氢能的发展来看，人们可以预期越来越多的氢系统将在建筑物（住宅、车库、修理车间、室内加氢站等等）中使用，越来越多的氢气将可能在室内储存。虽然在大多数情况下，氢系统布置在室外有利于防止氢气泄漏后的聚集，但在许多情况下，氢系统可能会处于室内空间中。

该项目主要研究的内容是：

① 明确在密闭空间使用氢时的主要危险（氢气的弥散行为、发生火灾或爆炸的可能性）；

② 为在建筑物内使用氢气系统的相关法规及标准架构提供建议；

③ 帮助最终用户和设计人员评估潜在泄漏率（风险评估），帮助制定计划中的和现有的室内氢气系统的管理制度；

④ 为室内通风（可靠性、流量、布置）提供建议，以确保泄漏事件不会导致氢气积聚；

⑤ 根据建筑物内的氢系统布局，给出氢气传感器布置和性能的建议。

该项目对氢气在室内的释放过程及后果进行了理论研究和文献调研，对氢气传感器的布置进行了评估，开展了涵盖释放、混合和燃烧现象在内的大量试验研究，开展相关的数值模拟，为室内氢的使用提供建议。

研究认为，在封闭或半封闭的几何空间中氢的泄漏会导致较高的风险，即使泄漏率很小，这是因为在封闭或半封闭空间中泄漏的氢气会逐渐累积，当累积到可能形成可燃混合物时，如果被点燃，就可能导致爆燃，甚至爆轰。因此，有必要研究这些看似非灾难性释放的不同参数（泄漏源位置、释放速率）所造成的后果以及氢气传感器设备和后果缓解装置的布置方案（通风或其他增强混合、惰化、主动点火的方式）[6]。

(2) HyTunnel

在隧道这样的半密闭空间内，氢动力车辆和氢气运输拖车或液氢槽车可能对隧道及其他车辆造成严重的火灾和爆炸危险。在隧道通风正常和紧急运行模式下，氢气的分布和混合特性以及火灾和爆炸的任何潜在的发展都需要了解。现有的隧道安全法规可能需要修订。对于未来的隧道设计，有必要考虑到氢动力车辆及氢气运输车辆的使用需求，并根据这些使用车辆的特性进行专门的安全设计[7]。

该项目是一项主要基于 CFD 模拟的研究项目，主要研究内容如下：

① 评估现行的隧道防火及防爆技术的法规及标准；

② 调研氢动力车辆或氢气运输车辆发生事故的情况；

③ 充分了解氢气的分布和混合特性，在隧道通风系统正常运行和紧急运行模式下氢气火灾和爆炸的任何潜在可能，以及可采取的后果缓解措施；

④ 对隧道内氢气行为进行 CFD 模拟，并开展试验验证；

⑤ 基于 CFD 模拟结果，为隧道和车辆安全系统制定规程，消除与在隧道中氢气泄漏有关的危害。

研究的最终目的是制定一份隧道内氢动力车辆及氢气运输车辆安全系统法规和标准的编写路线图，以便向适当的论坛介绍。最后，制定车辆和隧道安全系统指南，以应对在隧道中氢气释放有关的危害，并将指南交给诸如 UNECEWP29 等机构审议。

研究结果表明[8]，隧道内的通风条件对氢气释放以及火灾产生的烟雾和热量可能产生一些影响，有利的方面：

① 隧道内通风所带来的大量空气供应可能会稀释氢气，使其低于可燃极限；

② 弥散的氢可以通过入口、排气通风管或竖井安全地从隧道中逃逸出去；

③ 通风系统可以扰乱可燃氢气体混合物的分层行为，使产生的完全混合气体低于可燃极限。

不利的方面：

① 释放出的氢气可以在隧道内沿着通风管道或竖井运输，使可燃气体混合物的气云远离释放点，扩大其可能危害的范围；

② 火灾产生的高温烟气可能会影响到邻近的氢动力车辆，使它们面临外部高温危害，并可能引发连锁反应；

③ 如果可燃气云被点燃，强制通风可能在隧道内产生足以影响燃烧状态（特别是氢）的湍流，增大爆燃爆轰发生的可能性。

另外，对氢气弥散行为的数值模拟分析也发现了一些有意义的结果，如下：

① 马蹄形横截面隧道在可燃气云产生量及其纵向和横向扩展方面的危害低于等面积的矩形横截面隧道；

② 隧道高度的增加能够增大氢气的浮力效应，从而创造更安全的条件；

③ 相比于天然气的释放，压缩氢气的释放带来的危害更大，但仍不显著；

④ 通风速率的增加减小了可燃气云的体积大小和浓度，从而降低了危害。

（3）氢事件和事故数据库（HIAD）

在 2004 年之前，没有专门用于氢事件或事故的数据库。因此，在最初的 HySafe 计划中，包括了这样一个数据库的开发[9]。

HIAD 数据库专门用于统计涉及氢气的事件和事故。主要收录的内容包括氢气事件和事故发生的时间、地点、伤亡损失情况、应急处理方案、事故调查结果以及后续的改进措施等。由于工业界没有意愿分享关于氢气事故的内部数据，因此数据库主要对公开信息进行收录。由于与提供数据库的其他组织（Mars，ARIA，VARO，Fireworld）达成了协议，HIAD 目前收录了全球数百个涉氢事故的数据，这意味着 HIAD 是目前世界上最大的氢事件和事故数据库[10]。

HIAD 中开发了一个数据分析模块，并成立了一个高质量验证专家组，以确保数据库中信息的专业性和准确性。公共数据库 HIAD 由 JRC 负责维护。

除此之外，HySafe 还开展了氢能设施安全和风险评估方面的研究，设立了 HyQRA 项目。该项目利用先进的 CFD 工具，改进了许多假设和分析步骤，包括：最佳情景选择、泄漏概率的方法/假设、点火概率模型、验收标准、结构响应和火灾建模等。

总体来说，HySafe 的宗旨是"整合"和"共享"，为了致力于氢安全方面的研究，推动氢作为能源载体的一种形式快速发展，HySafe 的目标是整合所有成员单位的试验设施，整合所有成员单位的研究成果，整合所有成员单位的人力资源，实现试验设施、研究成果、人力资源的开放共享，并致力于将氢安全方面的知识通过培训、讲座、课程、会议、开放性的数据库等等方式扩散给全社会。

与 HySafe 相关的其他信息可以通过 www.hysafe.info 查阅。

10.2　国际氢安全会议

自从氢作为一种能源载体的概念被提出以来，氢的安全问题一直受到研究者和从业者的重视，大多数关于氢或燃料电池技术的会议中，安全问题都是一个重要主题。但直到 2005 年 9 月 8 日至 10 日在意大利比萨首次举办首届国际氢安全会议（International Conference on Hydrogen Safety，ICHS）之前，国际上还没有专门的氢安全会议。

国际氢安全会议由 HySafe 主办，每两年举办一次，其主要目的是为工业界、标准化组织、政府以及相关的研究团体提供公开交流其研究工作的机会，并通过会议的宣传，传播氢安全方面的知识，增加公众对氢能技术的认识，提高公众对氢能技术的信任。

第一届 ICHS 于 2005 年 9 月 8 日至 10 日在意大利比萨举办，在会议上，来自美国、加拿大、日本和欧盟的相关人员分别介绍了各自国家和地区在氢安全问题上的政策和规划。参会人员共发表了 81 篇文章，涉及的主题包括氢气的释放、燃烧、爆炸等物理现象，氢气在制备、储存、运输及应用过程中涉及的安全问题、安全评估及缓解措施、法规标准、教育培训等各个方面。

第二届 ICHS 于 2007 年 9 月 11 日至 13 日在西班牙圣塞巴斯蒂安举行。来自工业界、标准化组织、政府和研究团体等不同机构的大约 250 名各国参会人员公开交流其研究工作的结果，并进行了激烈的讨论。本次会议共发表了 87 篇文章，主题涉及氢气风险评估和管理、氢气制备和处理、氢气的应用以及法规和标准要求，其中心主题是 CFD 在认证程序中的适用性和定量风险评估的现状。

前两届 ICHS 会议是与 IPHE 会议（International Partnership for the Hydrogen Economy，氢能经济国际合作组织）联合举行的。从第三届会议开始，ICHS 会议就单独举行了，第三届 ICHS 会议于 2009 年 9 月 16 至 18 日在法国科西嘉岛举行，除了 IPHE 相关人员参加之外，还吸引到了美国能源部（DOE）和国际能源机构（IEA）前来参加，浙江大学郑津洋教授也参加了会议，这也是中国学者首次参加 ICHS 会议并发表文章。会议共发表了 93 篇文章，主要涉及氢气行为的模拟、试验、传感器、涉氢材料、氢气事故物理后果以及氢气风险管理等方面。值得一提的是，本次会议将树立公众氢安全意识放在首要位置，同时在会议上举行了专家组会议，安排了欧洲氢安全暑期培训等教育课程。

第四届 ICHS 会议于 2011 年 9 月 12 日至 14 日在美国旧金山举办，这也是 ICHS 会议首次在欧洲以外的地区举办。会议分为三个主题，分别是：①在创造有利机会方面的国际进展，主要包括全球市场机会、早期市场经验以及全球合作方面；②氢安全研发的最新进展，主要包括氢气行为研究、氢气事故的物理后果、涉氢材料、试验、数值模拟和模型开发及其验证、传感器以及缓解技术；③氢气技术的风险管理，主要包括基于风险指引的工程安全、RCS 方面的国际合作、减小安全距离、风险危害标准、风险评估的不确定性及其风险收益分析等。此次会议共发表了 117 篇文章，最主要的议题是在市场开发方面加强国际合作交流，增进市场参与者对于氢气技术安全性的理解，积极增强公众对氢气技术安全性的了解和信任。

第五届 ICHS 会议于 2013 年 9 月 9 日至 11 日在比利时布鲁塞尔召开，会议的主题是"氢能技术与基础设施安全的新进展：向零碳能源进发"。来自 30 多个国家的 200 多位专家参加了会议，共发表了 99 篇论文，议题涉及氢气泄漏与扩散、氢气燃烧与爆炸、储氢安全、氢气风险评估、涉氢材料、燃料电池中的安全问题、氢气传感器、标准规范以及氢安全教育等方面，其中氢气行为、储氢安全及风险评估成为本届会议最受关注的热点问题。大会就建立全球氢能事故数据库首次举行了现场网络会议，与会专家与全球网友进行了在线交流讨论。

第六届 ICHS 会议于 2015 年 10 月 19 日至 21 日在日本横滨召开，会议共设了 14 个主题，其中 5 个主题与氢能基础设施和氢动力车辆相关，分别是：氢能基础设施中的安全，加氢站部署的经验，混建加氢站，氢动力车辆与加氢站之间接口的安全问题，氢动力车辆中的安全问题。其余的议题有：其他应用/产业中的氢安全问题（化工厂、核电站、煤工业等等），储氢安全、燃料电池和电解装置相关安全问题，氢气、液氢、氢气混合物的行为，物理效应和后果分析，氢气对材料和部件的影响，风险管理，法律法规和标准，教育、培训中的实践等。大会共收录了 110 篇文章。由于 2015 年开始，日本已经计划大量部署加氢站等基础设施，氢动力车辆也基本实现量产，本次会议重点关注了氢能基础设施以及氢动力车辆，为今后氢能经济快速发展奠定了良好的安全基础。从本次 ICHS 会议开始，氢能基础设施和氢燃料电池汽车的安全问题在会议议题中的比重越来越大。除此之外，在日本福岛核电站事故的背景下，本次大会还首次关注了其他产业领域中的氢安全问题。

第七届 ICHS 会议于 2017 年 9 月 11 日至 13 日在德国汉堡举办。氢燃料电池汽车的商业化迫在眉睫，其他氢能应用（如制氢厂、大规模燃料电池发电厂、家庭热电联产装置等）在全球日益部署，氢能示范项目在欧洲、北美、亚洲等地频繁落地，氢能已经进入大规模应用的前夜。为了保障氢能市场的安全，本次 ICHS 会议主要关注氢安全研究的扩大和升级。

本次会议的议题与 ICHS2015 一致，共收录了 108 篇文章。

第八届 ICHS 会议于 2019 年 9 月 24 日至 26 日在澳大利亚阿德莱德召开。本次会议的议题与前两届一致，大会共收到了超过 300 份摘要，最终收录了其中 110 篇文章。这届大会邀请到了来自 22 个国家的大约 300 名与会者，包括专家、科研工作者、工程师以及政治家，与会者们毫不吝啬地分享了最新的科学成果和发展情况，有力地推动氢能技术安全高效发展。

目前氢能在全球范围内的应用已经进入了快车道，如全球范围内加氢站数量突破 400 座，丰田的 Mirai 氢燃料电池汽车全球累计销量已超过一万辆，日本安装了超过 27 万套家庭燃料电池热电联产装置等等。随着全球范围内氢能系统数量的快速增加，氢能技术的安全问题就更加不容忽视。经过 14 年举办 8 届国际氢能安全大会，HySafe 成功地整合了整个国际社会的氢安全研究，使得氢安全研究成为氢能研究领域重要的内容。

国际氢安全大会提供了一个非常重要且有效的平台，使得来自世界各国的从业者和利益相关方都能分享和交流氢安全研究方面的最新进展。同时大会还在一定程度上担负起了向公众普及氢安全知识的责任，随着氢能从业者对氢安全的了解越来越深入，公众对氢能技术的接受度和信任度越来越高，氢能经济的发展将迎来一个高峰期。

历届国际氢安全大会收录的论文和报告可以通过 h2tools.org/ichs 查阅[11]。

10.3 国际氢安全法规与标准

本节主要介绍国际上关于氢安全方面的法规和标准，主要介绍 UN GTR 13《氢和燃料电池汽车全球技术法规》（Global Technical Regulation Concerning the Hydrogen and Fuel Cell Vehicles），国际标准化组织 ISO 在氢安全方面发布的标准，欧洲、美国及日本等氢能技术先进国家和地区的氢安全法规及标准。

10.3.1 GTR 法规

GTR 法规全称为全球统一汽车技术法规，由联合国世界车辆法规协调论坛（UN/WP29）负责制定发布。1998 年在联合国框架下，由美国、日本和欧盟发起，31 个国家缔结了全球统一汽车技术法规协定。该协定旨在统一和协调全球范围内轮式车辆的安全使用技术规范[12]。

截止到 2019 年底，GTR 共发布了 20 条技术法规，其中《氢和燃料电池汽车全球技术法规》是 GTR 发布的第 13 号法规，编号为 GTR13。GTR13 的最终目的是使得氢和燃料电池车辆（HFCV）达到与传统汽油动力汽车同等的安全水平，把可能发生的人员伤害降低到最低程度。引起人员伤害的原因有：与车辆燃料系统相关的火灾、爆破或爆炸以及车辆高压电系统产生的电击[13]。

10.3.1.1 氢气储存系统性能测试

在性能要求部分，GTR13 首先对压缩氢气储存系统的完整性提出了要求。压缩氢气储存系统包含高压氢气瓶和与高压氢气瓶相通的一级封闭装置，公称压力不高于 70MPa，使用寿命不超过 15 年。压缩氢气储存系统主要包括：高压氢气瓶，热致泄压装置（TPRD）、截止阀（TPRD 和截止阀应安装在每个气瓶上），单向阀，以及将高压储存系统与燃料系统、外部环境相隔离的所有部件、配件和管道。

对于氢气储存系统的性能测试包含四个部分，分别是：①基本性能验证试验，用于确定爆破压力中值和压力循环寿命；②耐久性验证试验，基于道路性能的耐久性测试；③预期使用性能验证试验，基于系统期望的道路性能测试；④火灾中使用终止条件验证试验，用于验证氢气储罐在氢气不能继续储存的极端严重情况下的防破裂性能。除此之外，还规定了氢气瓶上必须贴有永久性标签。四个性能测试的主要要求分别列表说明。

（1）基本性能验证试验

在设计合格批次中随机选择 3 个新气瓶进行测试，具体的试验内容和要求如表 10-2 所示。

表10-2　氢气储存系统基本性能验证试验内容和要求

试验内容	试验要求
初始爆破压力	对气瓶进行液压试验直至爆破。 所有气瓶的爆破压力最大值和最小值不能超过中值的 ±10%，且最小爆破压力不得小于 2.0NWP（公称使用压力）
初始压力循环寿命	进行最大压力为 1.25NWP 的液压循环。 在无破裂条件下进行 22000 次循环或循环至泄漏发生。各个缔约国根据 15 年寿命这一限制条件在 5500～11000 次之间分别设定允许泄漏发生的最低循环次数，该最低循环次数记为# Cycles

（2）耐久性验证试验（液压）

该验证试验是一项串行试验，基于 SAE J2579《燃料电池及氢动力车辆燃料系统技术信息报告》，对单一系统按顺序依次进行试验，试验流程如图 10-2 所示。

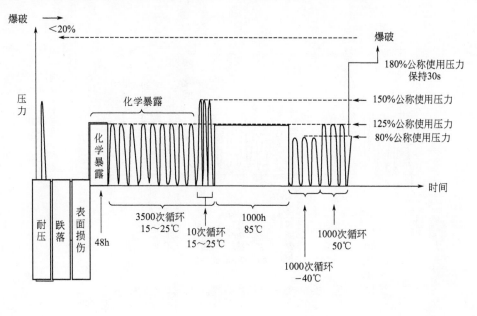

图 10-2　耐久性验证试验流程示意

耐久性验证试验的具体试验内容和要求如表 10-3 所示。

表10-3　耐久性验证试验的试验内容和要求

试验内容	试验要求
耐压试验	用液体缓慢将系统加压至 1.5NWP，保压时间不小于 30s。 试验完成后系统各组件功能正常
跌落（冲击）试验 （无内压）	(1)气瓶水平放置跌落一次，高度 1.8m。 (2)气瓶垂直放置跌落两次，上下两端各一次，跌落高度小于 1.8m，跌落初始位置势能不小于 488J。 (3)气瓶与垂直方向呈 45°角跌落两次，跌落高度不小于 0.6m。 试验完成后进行下一步测试
表面损伤 （无内压）	(1)在气瓶表面预制 2 条裂纹缺陷。 (2)对气瓶 5 个不同区域进行摆锤冲击试验，冲击能量为 30J
化学暴露试验和 常温压力循环试验	将气瓶暴露于可见道路环境中的化学物品(电池液、氢氧化钠水溶液、甲醇汽油溶液、甲醇水溶液、氨水等)中，暴露 48h 后在(20±5)℃下进行最大压力为 1.25NWP 的压力循环，循环次数为 3500 次(以#Cycle=5500 为例)，最后十次循环前终止化学暴露，循环压力为 1.5NWP
高温耐压试验	将系统置于 85℃环境中，试验压力 1.25NWP，保压 1000h
耐压试验	常温加压至 1.8NWP，保压 30min
剩余强度爆破试验	水压爆破试验，要求爆破压力下降程度不得高于初始爆破压力的 20%

（3）预期使用性能验证试验（气压）

预期使用性能验证试验为串行试验，基于 SAEJ2579《燃料电池及氢动力车辆燃料系统技术信息报告》，对单一系统按顺序依次进行试验，试验流程如图 10-3 所示。具体验证试验内容和要求如表 10-4 所示。

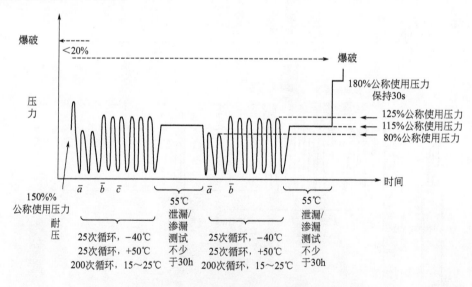

图 10-3　预期使用性能验证试验流程示意

表10-4　预期使用性能验证试验内容和要求

试验内容	试验要求
耐压试验	用液体缓慢将系统加压至 1.5NWP,保压时间不小于 30s。 试验完成后系统各组件功能正常

续表

试验内容	试验要求
常温和极端温度气压循环试验（氢气）	(1)试验分为两个部分,第一部分为 250 次循环,第一部分结束后进行静压试验,接着进行第二部分 250 次循环,试验用氢气温度为(−40±5)℃。 (2)试验过程中,氢气加注速率要求 3min 内达到目标压力,放氢速率不小于实际使用过程中的最大放氢速度。 (3)在每部分循环测试中,前 25 次循环试验条件为：环境温度 50℃,相对湿度 95%,压力范围 2MPa～1.25NWP。接下来 25 次循环试验条件为：环境温度 −40℃,压力范围 2.0MPa～0.8NWP。最后 200 次循环试验条件为：环境温度(20±5)℃,压力范围 2.0MPa～1.25NWP。 (4)其中 50 次循环的放氢速率应大于其余循环的放氢速率
极端温度静压泄漏/渗透试验	(1)该试验在第一部分气压循环测试结束后进行。 (2)环境温度为 55℃。 (3)1.15NWP 条件下保压 30h。 (4)允许的最大氢气泄漏率为 150RmL/min,其中： $$R = \frac{(V_{width} + 1)(V_{height} + 0.5)(V_{length} + 1)}{30.4}$$（V_{width},V_{heigh},V_{length} 分别为车辆的宽度、高度和长度）。 (5)当被试气瓶水容积小于 330L 时,最大允许氢气泄漏率为 46mL/(L·h)。 (6)若泄漏率大于 3.6mL/min,需确定泄漏位置,并试验验证泄漏位置的外泄漏率不大于 3.6mL/min
耐压试验（液压）	用液体缓慢将系统加压至 1.8NWP,保压时间不小于 4min。 试验过程中系统不可发生爆破
剩余强度爆破试验（液压）	水压爆破试验,要求爆破压力下降程度不得高于初始爆破压力的 20%

（4）火灾中使用终止条件验证试验

该试验为储罐及其不可分割的辅助系统的火烧试验,目的为测试储罐的 TPRD 能否在火烧测试过程中以受控的方式释放储罐中所含气体而不发生储罐的破裂。试验过程中储罐应充氢至 NWP,并水平放置。火源介质为液化石油气。整个测试过程应采取遮风措施保证储罐受热一致和均匀。

火烧试验可分为两个阶段：第一阶段为局部火烧,要求火源位于距离 TPRD 最远的位置,火烧位置的热电偶应在 3min 内快速升温至 600℃,并保持 5min；第二阶段为整体火烧,热电偶应在 2min 内升温至 800℃,火源产生的火焰应能覆盖储罐至少 1.65m 的长度和整个宽度,并产生均匀温度。

试验记录要求从火焰点燃开始,直至 TPRD 开启完成泄放过程（储罐压力小于 1MPa）,在此过程中每 10s 记录热电偶温度和储罐压力,否则结果无效。

在试验过程中,TPRD 开启后应无间断持续排放,且储罐可能发生破裂、爆破等现象,允许储罐本身的少量泄漏（不通过 TPRD 泄放）,但储罐本身的泄漏不得产生长度超过 0.5m 的火焰。

（5）标志

所有储罐上均应有永久性、清晰的标志,标志应至少包含以下信息：制造商名称、编号、生产日期、NWP、燃料类型以及报废日期。其他信息由各缔约国单独规定。

10.3.1.2 液氢储存系统

这部分规定了所有道路车辆用液氢储存系统应满足的完整性要求及性能试验要求。型式试验项目主要有以下几个方面：基本性能验证试验、材料相容性验证试验、预期使用性能验证试验以及火灾中使用终止条件验证试验。

（1）基本性能验证试验

液氢储存系统的基本性能验证试验也包含耐压试验和内容器初始爆破压力试验两个部分。

耐压试验是用任意合适的介质进行压力测试，分别将液氢储罐内容器和内容器与外壳之间的管道加压至 1.3 倍最大许用压力，保压 10min，容器不得出现明显变形、压力下降或可发觉的泄漏。

内容器初始爆破压力试验是对不带有外壳和绝热层的内容器进行爆破试验，爆破压力不得小于理论爆破压力。

（2）材料相容性验证试验

制造商必须在容器制造中使用与氢相容性较好的材料。

（3）预期使用性能验证试验

液氢储存系统的预期使用性能验证试验主要有三个测试，分别是：蒸发试验、泄漏试验以及真空度损失试验。

蒸发试验用于验证蒸发系统是否能够将内容器的压力限制在最大许用压力以下。泄漏试验是在蒸发压力下对系统进行保压，并测量由泄漏导致的氢气排放速率，氢气排放速率不得高于最大允许泄漏率。真空度损失试验用于测试在内容器与外壳之间真空度损失而导致内容器压力升高时，一次和二次压力泄放装置是否能够将内容器压力限制在最大许用压力以下。

10.3.1.3 车辆燃料系统

GTR13 的这部分内容规定了氢燃料系统完整性的要求，包括储氢系统、管道、接头以及与氢燃料相接触的部件。根据车辆所处状态不同，分为正常使用情况下燃料系统的完整性和碰撞后燃料系统的完整性。

（1）正常使用情况下燃料系统的完整性

规定了对加氢口、氢排放系统、单一失效模式下的火灾防护、燃料系统泄漏以及报警装置的要求。

① 加氢口 加氢口应能防止压缩氢气倒流至大气。加氢口附近设有标志，其中应包含燃料类型、NWP、气瓶报废日期的信息。

② 氢排放系统 氢排放系统包括压力泄放系统和车辆排气系统。

压力泄放系统包括热致泄压装置 TPRD 以及其他类型的泄压装置。规定在压力泄放时，排出的氢气不得流入封闭或半封闭空间，不得流入或流向任一车轮罩，不得流向氢气瓶。

车辆排气系统在进行正常操作时（包括开车和停车状态），任意 3s 内平均氢气体积浓度不得高于 4%，在任意时刻氢气体积浓度不得高于 8%。

③ 单一失效模式下的火灾防护 规定储氢系统任何泄漏或渗漏的氢气不得直接排放至包括乘客舱、行李舱、货舱在内的封闭空间或半封闭空间。当主截止阀下游发生泄漏时，任意时刻乘客舱内的氢气浓度都不得大于 4%。当车辆运行时，当检测到任意封闭空间或半封闭空间中氢气浓度达到 4%，经立刻关闭主截止阀并触发警报。

④ 氢燃料系统泄漏　加氢管道以及主截止阀下游的氢系统不应存在泄漏。应在 NWP 下用气体检测仪或泄漏检测液进行泄漏检测，确保在正常工作状态下无泄漏发生。

除此之外，这一章节还对氢气浓度超过 4% 或检测失效时警报信号的位置、颜色、可辨识度及警报复位进行了规定。

（2）碰撞后燃料系统的完整性

这部分对碰撞后氢燃料系统的完整性要求进行了规定，提出了具体的参数，碰撞后 60min 内氢燃料的泄漏率不得大于 118L/min，碰撞后的任何时刻，乘客舱、行李舱、货舱的氢气体积浓度都不得大于 4%。

10.3.1.4　电气系统安全

最后 GTR 13 还对正常使用下和碰撞后的电气系统安全提出了要求。正常使用下要求有完善的电击防护，并对不同电压等级的防护等级提出了要求。碰撞后，要求电气系统有完善的断开功能和电击防护能力，并要求碰撞后电池电解液的泄漏量不得大于 7%，且不可进入乘客舱。

10.3.1.5　GRT13 后续修订工作

目前 GTR 13 正在进行第二阶段修订工作，在遵循第一阶段要求所开展的试验测试基础上，正在开展一些扩展试验，美国、欧洲、亚洲主要国家（中国、日本、韩国）以及国际标准化组织均参与了修订议题的讨论。目前正在考虑以下几个方面的改动：

① 增加额外的车辆类别，如两轮机动车等；

② 与国际通用的碰撞试验规格统一；

③ 增加材料与氢气相容性及氢脆试验的要求；

④ 增加对氢燃料容器的要求；

⑤ 增加 GTR 13 第一阶段已提出的长期应力破裂性能试验规格要求；

⑥ 考虑将最低爆破压力降低至 200%NWP 或更低；

⑦ 在考虑安全防护系统的前提下，增加防止电阻击穿的要求。

10.3.2　国际标准化组织（ISO）在氢安全标准方面的工作

国际标准化组织（ISO）成立于 1947 年，是由各国标准化团体组成的世界性联合会，是一个全球性的非政府组织。ISO 负责除了电工、电子领域和军工、石油、船舶制造之外的很多重要领域的标准化活动。ISO 的任务是促进全球范围内的标准化及相关活动，旨在促进国际间产品与服务的交流，在知识、科学、技术和经济活动中发展国际间的相互合作。制定国际标准通常由 ISO 的技术委员会完成。

ISO 下设的氢能标准技术委员会 TC197（Hydrogen Technology）成立于 1990 年，秘书处位于加拿大，负责氢的生产、储存、运输、测量、使用系统和装置领域的标准化工作。TC197（Hydrogen Technology）成立的宗旨是满足以下几方面的要求[14]：

① 执行协商一致的规则以确保氢能应用的安全，将人员和设备的风险降到可接受的水平；

② 消除国际贸易壁垒，简化烦琐的监管程序，提供具体的氢能应用标准，使新近出现的技术得以早日应用；

③ 通过允许选择合理数量和类型的产品、流程和服务来控制产品种类，从而满足当前

需求；

④ 统一各种形式的氢气使用所需的试验方法和质量标准；

⑤ 保护环境免受由氢相关的产品、工艺和服务的影响而造成的不可接受的损害。

TC197（Hydrogen Technology）的工作目标是：

① 氢燃料产品规范标准的制定；

② 为氢气加注和储存基础设施制定通用标准，如移动和固定应用的存储技术（纳米管和固态存储系统）、加氢站、氢气管线等；

③ 制定或合作开发终端产品的标准（燃料电池、内燃机、氢气燃烧器等）；

④ 合作制定可在道路车辆上使用的氢装置标准（道路车辆氢气储罐、加氢口等）；

⑤ 制定与使用氢有关的安全标准；

⑥ 制定可再生初级能源（如水电、太阳能、风能）制氢技术以及小型蒸汽重整装置等化石燃料的小型制氢技术的标准；

⑦ 制定在氢系统中通用的氢气组件标准，如检测设备（电子探测器等）和安全相关设备（减压阀、关闭阀、压力调节器等）。

TC197 设置了 12 个工作组，工作内容主要涉及制氢、储氢、运氢、加氢设备及氢气品质要求，具体如表 10-5 所示。

表 10-5　TC197 氢能技术委员会下设工作组[15]

工作组 1	车辆加注连接装置
工作组 2	固定式储罐和长管
工作组 3	车载储罐和热激活泄压装置（TPRD）
工作组 4	加氢机
工作组 5	加氢站压缩机
工作组 6	加氢站软管
工作组 7	加氢站连接件
工作组 8	加氢站一般要求
工作组 9	金属储氢材料
工作组 10	电解水制氢
工作组 11	燃料用氢气品质
工作组 12	氢气品质控制

另外，ISO 下设的 TC58 气瓶技术委员会以及 TC22 道路车辆技术委员会也参与并协助部分氢能标准的制定，这三个技术委员会之间存在相互协助的关系，如图 10-4 所示[16]。

氢能技术委员会 TC197 非常重视并致力于氢能安全方面标准的协调和制修订工作。截止到 2019 年 4 月，ISO TC197 已发布了 18 项标准，待发布的标准有 7 项，其中有许多标准中都融入了安全方面的规定，还针对氢安全专门制定了两条标准，所有 TC197 主导的标准列表如表 10-6 所示。ISO 制定的标准被很多国家直接部分或全文引用作为本国标准。

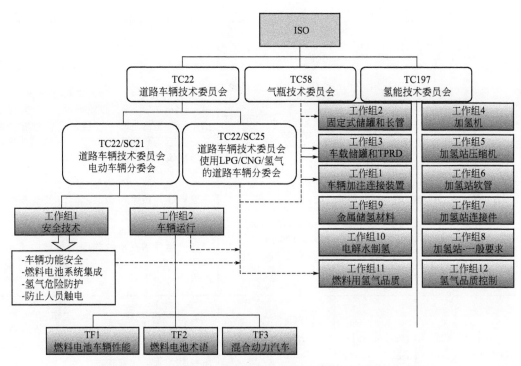

图 10-4　ISO框架下各个技术委员会在氢能标准方面的合作关系

表10-6　ISO TC197 氢能技术委员会主导的标准列表[17]

已颁布的标准		
标准编号	标准名称	备注
ISO 13984:1999	Liquid hydrogen-land vehicle fueling system interface 液氢-车辆加注系统接口	该标准经过三次审查，未修订，最近一次审查为 2015 年。 我国于 2014 年等同采用该标准（GB/T 30719—2014）
ISO 13985:2006	Liquid hydrogen-Land vehicle fuel tanks 液氢-车辆储氢罐	该标准经过两次审查，未修订，最近一次审查为 2015 年
ISO 14687-1:1999	Hydrogen fuel-Product specification-Part 1: All applications except proton exchange membrane(PEM) fuel cell for road vehicles 氢燃料-产品规范-第 1 部分：道路车辆用燃料电池的所有应用，除质子交换膜（PEM）燃料电池以外	经过三次审查，分别于 2001 年和 2008 年进行过两次修订。目前正在进行第四次审查
ISO 14687-2:2012	Hydrogen fuel-Product specification-Part 2:Proton exchange membrane(PEM)fuel cell applications for road vehicles 氢燃料-产品规范-第 2 部分：道路车辆用质子交换膜(PEM)燃料电池	经过一次审查，未进行修订，目前正在进行第二次审查

已颁布的标准		
标准编号	标准名称	备注
ISO 14687-3:2014	Hydrogen fuel-Product specification-Part 3: Proton exchange membrane (PEM) fuel cell applications for stationary appliances 氢燃料-产品规范-第 3 部分：固定装置用质子交换膜(PEM)燃料电池	目前正在进行审查，将被新标准(ISO/FDIS 14687)取代，该新标准将 ISO14687 三个标准整合在一起，目前该新标准已到最终国际标准草案阶段(FDIS)，经过成员国投票后该标准即可以正式发布
ISO/TR 15916:2015	Basic considerations for the safety of hydrogen systems 氢系统安全的基本考虑	该标准为技术报告，它确定了基本的安全问题、危害以及风险，并描述了与安全相关的氢气特性，而与特定氢气应用相关的详细安全要求在单独的国际标准中提出。我国于 2013 年修改采用该标准(GB/T 29729—2013)
ISO 16110-1:2007	Hydrogen generators using fuel processing technologies-Part 1: Safety 使用燃料处理技术的制氢装置-第 1 部分：安全	经过两次审查，最近一次审查为 2016 年，未修订。 该标准仅涵盖了与制氢装置本身相关的所有重大危险、可能发生危险的情况和事件，但与环境兼容性（安装条件）相关的安全问题除外
ISO 16110-2:2010	Hydrogen generators using fuel processing technologies-Part 2: Test methods for performance 使用燃料处理技术的制氢装置-第 2 部分：性能测试方法	经过一次审查，最近一次审查为 2015 年，未修订。 本标准适用于产量小于 400m³/h(0℃ 及 1bar 条件下)的成套、独立或配套的制氢系统，对其性能测试程序进行了规定
ISO 16111:2018	Transportable gas storage devices-Hydrogen absorbed in reversible metal hydride 移动式氢气储存装置-可逆金属氢化物吸收氢	该标准于 2018 年发布，尚未达到审查年限。 该标准适用于可运输氢气储存系统的材料、设计、施工和测试的要求，称为"金属氢化物组件"(metal hydride assemblies)
ISO 17268:2012	Gaseous hydrogen land vehicle refuelling connection devices 车辆氢气加注连接装置	该标准的上一个版本为 2006 年发布，并于 2012 年撤回，同年发布更新版的标准，2006 年的标准只适用于 25MPa 和 35MPa 氢气加注，2012 年的新版标准扩大了适用范围，适用于 11MPa、25MPa、35MPa 以及 70MPa 的氢气加注。 同时参考标准也进行了升版，由 ISO 17268:2006 升版为 ISO 17268:2012。 目前该标准正处于审查阶段，并将进行升版。 我国于 2014 年修改采用该标准的 2006 年版本(GB/T 30718—2014)

已颁布的标准		
标准编号	标准名称	备注
ISO/TS 19880-1:2016	Gaseous hydrogen-Fuelling stations-Part 1: General requirements 气态氢-加氢站-第一部分：一般要求	该标准为技术规范类标准，上一个版本为 2008 年发布，并于 2016 年撤回，2016 年发布更新版标准，目前正处于审查阶段。 相比于 2008 的版本，新版本标准增加了氢气制取和运输以及与氢气预冷相关的技术规范，新版本的修订主要针对站内制取氢气以及 70MPa 快速加氢的需求。另外，新版本的标准适用于轻型陆地车辆的燃料加注，但也可以用作公共汽车、电车、摩托车和叉车燃料加注，被加注车辆的储氢容量超过了目前公布的燃料加注协议标准，如 J2601
ISO 19880-3:2018	Gaseous hydrogen-Fuelling stations-Part 3: Valves 气态氢-加氢站-第三部分：阀门	2018 年 6 月发布，未到审查年限。 主要规定了 70MPa 及以下加氢站用的止回阀、流量控制阀、溢流阀、软管止断阀、手动阀、压力安全阀以及截止阀等的技术规范
ISO 19881:2018	Gaseous hydrogen-Land vehicle fuel containers 气态氢-车辆储氢容器	该标准于 2018 年 10 月发布，尚未到达审查年限。 适用于额定压力不超过 70MPa，水容积不大于 1000L，永久安装于车辆上的储氢压力容器，这些容器可用于轻型车辆、重型车辆、工业动力卡车，对储氢容器的材料、设计、制造、标记以及测试进行了规定
ISO 19882:2018	Gaseous hydrogen-Thermally activated pressure relief devices for compressed hydrogen vehicle fuel containers 气态氢-车载压缩氢气储罐热激活泄压装置	该标准于 2018 年 10 月发布，尚未到达审查年限。 适用于氢燃料电池车辆氢气储罐的一次性泄压装置，不适用于进行过重新安装、重新密封或压力激活的泄压装置。氢气储罐需要符合 SEA J2719 和 ISO 14687 的规定，同时该标准还符合 UN GTR No.13 的相关规定
ISO/TS 19883:2017	Safety of pressure swing adsorption systems for hydrogen separation and purification 氢分离和净化用变压吸附系统的安全性	该标准于 2017 年 3 月发布，尚未到达审查年限。 该标准确定了用于氢分离和净化的变压吸附系统的设计、调试和操作中使用的安全措施和设计。它适用于处理以各种不纯氢气作为原料的氢变压吸附系统，包括固定和安装在滑动底座上的变压吸附系统，用于工业或商业上的氢分离和净化
ISO 22734-1:2008	Hydrogen generators using water electrolysis process-Part 1: Industrial and commercial applications 水电解制氢装置-第 1 部分：工业和商业应用	该标准经过一次审查，未修订，目前正在进行第二次审查。 该标准主要是为了产品认证，规定了用于工业和商业用途的使用电化学反应电解水以产生氢气和氧气的制氢装置的结构、安全和性能要求。不适用于可逆燃料电池制氢装置

已颁布的标准		
标准编号	标准名称	备注
ISO 22734-2:2011	Hydrogen generators using water electrolysis process-Part 2: Residential applications 水电解制氢装置-第 2 部分：住宅应用	该标准目前正在进行第一次审查。 规定了用于住宅用途的使用电化学反应电解水以产生氢气和氧气的制氢装置的结构、安全和性能要求。 不适用于可逆燃料电池制氢装置。 ISO 22734-1:2008 和 ISO 22734-2:2011 将会合并成一个标准 ISO 22734，目前新标准正处于起草阶段
ISO 26142:2010	Hydrogen detection apparatus-Stationary applications 氢气探测仪器-固定式应用	该标准经过一次审查，审查时间为 2015 年，未有修订。 标准规定了氢检测装置的性能要求和试验方法，旨在测量和监测固定应用中的氢气浓度。 主要用于产品认证，规定了氢检测装置产品标准的要求，如精密度、响应时间、稳定性、测量范围、选择性和中毒特性
待颁布的标准		
ISO/FDIS 14687	Hydrogen fuel quality-Product specification 氢燃料品质-产品规范(修订)	该新标准将 ISO14687 三个标准整合在一起，目前该新标准已到最终国际标准草案阶段（FDIS），经过成员国投票后该标准即可以正式发布
ISO/FDIS 17268	Gaseous hydrogen land vehicle refuelling connection devices 车辆氢气加注连接装置(修订)	对 ISO 17268:2012 进行升版。 目前该新标准已到最终国际标准草案阶段（FDIS），经过成员国投票后该标准即可以正式发布
ISO/FDIS 19880-1	Gaseous hydrogen-Fuelling stations-Part 1: General requirements 气态氢-加氢站-第 1 部分：一般要求(修订)	对 ISO 19880-1 进行升版。 目前该新标准已到最终国际标准草案阶段（FDIS），经过成员国投票后该标准即可以正式发布
ISO/FDIS 19880-5	Gaseous hydrogen-Fuelling stations-Part 5: Hoses and hose assemblies 气态氢-加氢站-第 5 部分：软管和软管组件	目前该新标准已到最终国际标准草案阶段（FDIS），经过成员国投票后该标准即可已正式发布
ISO/FDIS 19880-8	Gaseous hydrogen-Fuelling stations-Part 8: Fuel quality control 气态氢-加氢站-第 8 部分：燃料品质控制	目前该新标准已到最终国际标准草案阶段(FDIS)，经过成员国投票后该标准即可已正式发布
ISO/FDIS 19884	Gaseous hydrogen-Cylinders and tubes for stationary storage 气态氢-固定式储氢用气瓶和长管	
ISO 22734	Hydrogen generators using water electrolysis 水电解制氢装置	由 ISO 22734-1:2008 和 ISO 22734-2:2011 合并而成，目前标准正处于起草阶段

10.3.3　美国氢安全法规及标准

美国是氢能技术标准化体系最完善的国家，也是政府部门与企业界合作最紧密的国家。美国政府在 2002 年颁布的《国家氢能发展路线图》中就将"规范与标准"列为氢能系统的七个组成部分之一。该路线图指出，在氢能技术体系的设计、制造、操作等环节建立统一的规范和标准，将显著加速氢能技术从实验室走向市场的脚步，而政府和业界的合作将加速规范和标准的制定过程，促进国际性统一标准和法规的形成。

美国与氢能相关的政策、路线图、研发、技术标准和法规、市场化及安全监管等方面的工作的归口管理部门是美国能源部燃料电池技术办公室（Fuel Cell Technology Office，FCTO），由 FCTO 来协调相关政府部门、科研机构、企业以及各个标准发展组织（Standard Development Organizations，SDOs）共同推动氢能及燃料电池的商业化水平。

氢安全是 FCTO 非常关注的问题，也是影响氢能及燃料电池公众接受度和商业化进程的重要因素之一。FCTO 氢安全研究的目标是对 DOE 资助的氢和燃料电池项目制定和实施安全的操作方法和规程，为相关法规和标准的需求提供科学和技术基础，以便氢和燃料电池技术能够全面进入消费市场。DOE 通过 FCTO 资助的项目中有一个很重要的板块，即 Hydrogen Safety，Codes and Standards，主要用于开展与氢安全相关的法规和标准方面的研究，包括安全管理、氢安全技术和试验、开发和验证相关的测量协议和方法、协调和完善氢安全相关的法规和标准、及时准确地向产业界和公众传播相关的信息等[18]。

主要有四个国家实验室参与 FCTO 部署的氢安全方面的研究，分别是森蒂亚国家实验室、可再生能源国家实验室、洛斯阿拉莫斯国家实验室以及太平洋西北国家实验室。主要对氢安全技术方面开展研究，涉及的研究领域包括加氢站及氢能基础设施的量化风险分析（QRA），零部件、设备以及系统的测试方法研究，氢气行为及后果研究，为法规和标准的制定提供科学依据。

在法规方面，氢安全涉及的法规主要有车辆安全、危化品管理、建筑消防、承压设备管理等方面，以上各个方面均有联邦法律进行约束，在联邦法律没有规定的地方，优先采用各州的法规。

在车辆安全法规方面，美国颁布了《国家交通及机动车安全法》，对乘用车、客车、载货车、校车、摩托车等车辆的安全性进行了细致的规定，规定的内容包括车辆的主动安全、被动安全、防止火灾等。该法规授权美国运输部交通安全管理局负责制定、实施联邦车辆安全标准和其他配套法规，配套法规有《机动运载车法》《机动车情报和成本节约法》《噪声控制法》以及《大气污染防治法》等，氢燃料电池汽车的设计和制造均需遵循上述法规。

在危化品管理法规方面，美国主要是通过国会立法、政府依法管理、企业依法运作来实现的。危险化学品安全管理方面的主要法律法规是《职业安全与健康法》。该法规规定，负责化学品安全管理的机构主要为联邦环保局（EPA）、职业安全健康管理局（OSHA）、交通运输部（DOT）、美国海岸警卫队（USCG）、消费品安全委员会（CPSC）和食品药品管理局（FDA）等。OSHA 负责鉴别和监控各行业中化学品暴露造成的职业健康危害，掌握化学品生产和加工阶段的风险信息。美国运输部下设美国管道与危险物品安全管理局（PHM-

SA），主要负责危险化学品的运输管理，负责起草、管理、执行《危险品规程》（HMR），负责与国际危险品运输管理规章之间的协调工作。《危险品规程》的作用在于针对各种形式的危险品运输，明确规定危险品的分类、包装、标记、标签、运输、装卸，安全预案、安全培训以及危化品承装容器要求等。上文提到的其他几个部门主要负责消费品、食品、药品及化妆品中化学品的监管，此处不再赘述。氢气的生产、运输、装卸、储存等均需遵守《职业安全与健康法》以及《危化品规程》的要求。

在建筑消防法规方面，美国于 1974 年发布了《1974 联邦消防法案》，至今未进行修订，按照《1974 联邦消防法案》，美国成立了国家消防局（USFA）。1979 年成立联邦紧急事务管理局（FEMA）后，国家消防局隶属于联邦紧急事务管理局，共同受国土安全部（DOHS）管理。国家消防局的工作内容就是按《1974 联邦消防法案》的要求，每年向国会提交消防年报，做消防研究，讲课，进行消防宣传，提出消防问题、立法建议、建筑规范修改建议等。在美国的消防领域，最权威的机构应数美国消防协会（NFPA），NFPA 制定的标准和规范涉及的领域非常广泛，包括消防装备与产品、建筑防火、消防系统的设计安装和维护、消防管理、从业资质及培训等方面。虽然 NFPA 的标准和规范本身并不具备法律地位，但其绝大多数都被美国各州的立法机构和国家消防局采用，因而成为具有法律效力的法规。在氢能领域 NFPA 制定的标准和法规主要有 NFPA2（氢气技术法规）、NFPA55（便携式和固定容器，钢瓶和储罐中压缩气体和低温流体的使用和处理标准），并参考 NFPA52（压缩天然气车辆燃料系统标准）。氢燃料车辆的研制、生产、销售以及加氢站的设计、建设和运营均应满足国家消防法和 NFPA 相关法规和标准的要求。

在承压设备管理法规方面，美国大多数州要求承压设备必须按照 ASME 锅炉、压力容器规范制造并在国家锅炉压力容器检查协会（NB）注册。NB 委托独立第三方检测机构派出由 NB 认可的检察员对承压设备的制造过程进行检查，确保承压设备符合相关的设计和制造标准（ASME 标准）的要求。NB 负责制定并实施《锅炉与压力容器检查规范》（NBIC），NBIC 被 ANSI 批准为美国国家标准。NB 现在的主要工作还包括向各州立法机关推荐其制定的《锅炉与压力容器安全管理法案》，促使其成为各州法规。NB 还负责对全国锅炉压力容器检查员及修理员进行培训并颁发资格认证。各类氢气储罐，包括固定式和便携式的储罐，其设计、制造、检测、定期检查、维修等各个方面都需在 NB 相关标准和法规的框架下进行。

事实上，美国的标准和法规之间的界限并不明确，虽然在美国有的技术法规也被称为标准，但却是按照立法程序制定的，是有强制力的技术法规。美国所有的民间机构的标准都是自愿性的，包括经国家标准协会 ANSI 批准的国家标准，标准只有经过法规的指定才具有强制性。如美国的国家防火协会 NFPA、锅炉和压力容器检查协会 NB、测试和材料学会 ASTM、机械工程师协会 ASME 等协会制定的标准是美国各州通用的，并且被大多数州法规部分或全文指定为强制性标准，才具有法律效力[19]。

接下来介绍一下美国的标准体系及氢安全方面标准制定和实施的情况。

美国国家标准学会（American national standards institute，ANSI）成立于 1918 年，是非盈利性质的民间标准化组织，受政府的委托发布和管理美国国家标准，并代表美国参加国际标准化组织的活动。该机构致力于协调民间自愿型标准体系，并将反映整个国家利益的企业标准或行业标准上升为国家标准，同时它也对国家标准制定机构（Standard Development Organization，SDO）的资格提供认证。主要的 SDOs 组织以及在氢能领域涉及的内容如表 10-7 所示[20]。

表10-7　氢能领域的主要 SDOs 组织

名称	缩写	标准或法规涉及的内容
美国气体协会 American Gas Association	AGA	材料测试标准
美国石油研究院 American Petroleum Institute	API	石油生产、储存和处理设备（包括制氢设备）标准
美国供暖、制冷和空调工程师协会 American Society of Heating, Refrigerating, And Air-Conditioning Engineers	ASHRAE	压缩机、热交换器方面的标准
美国机械工程学会 American Society of Mechanical Engineers	ASME	机械工程设计规范和标准
美国材料及测试协会 American Society for Testing and Materials	ASTM	材料、设备和系统的测试技术标准
高压气体协会 Compressed Gas Association	CGA	为高压气体系统和部件制定设备设计和性能标准
加拿大标准协会 Canadian Standards Association	CSA	与美国共同制定相关工业标准
交通部 Department of Transportation	DOT	联邦交通管理机构，拥有相关法规的执法权和建议权
联邦能源监管委员会 Federal Energy Regulatory Commission	FERC	管理州际电力、天然气、石油、氢气等各种能源类型的传输
气体技术研究所 Gas Technology Institute	GTI	为能源工业提供技术支持和培训
国际规范委员会 International Code Council	ICC	制定包括国际消防法规在内的一系列示范建筑法规
电气和电子工程师协会 Institute of Electrical and Electronics Engineers	IEEE	开展电气方面的技术标准化研究
北美电力可靠性委员会 North American Electric Reliability Corporation	NERC	制定电网运行标准
国家防火协会 National Fire Protection Association	NFPA	推行科学的消防规范和标准，开展消防研究、教育和培训；减少火灾和其他灾害
美国国家标准技术研究院 National Institute of Standards and Technology	NIST	计量标准研究
汽车工程师协会 Society of Automotive Engineers	SAE	汽车标准研究
美国国家公用事业管制委员会 National Association of Regulatory Utility Commissioners	NARUC	公共服务和公共安全方面的标准
美国保险人实验室 Underwriters Laboratory	UL	设备和性能测试标准研究

　　在上述 SDOs 组织与私营部门、科研机构、政府及相关部门的合作下，除去已提到的相关法规外，共发布了 49 条与氢安全相关的标准和法规，如表 10-8 所示。

表10-8 美国颁布并实施的氢安全领域标准法规列表

标准号	标准名称
ASME STP-PT-017-2008	Properties for Composite Materials in Hydrogen Service 氢环境下服役的复合材料的性能
ASME B31.12-2014	Hydrogen Piping and Pipelines 氢气管路与管道
ASME STP-PT-005-2006	Design Factor Guidelines for High-Pressure Composite Hydrogen Tanks 高压复合氢储罐设计因素指南
ASTM F1624-12(2018)	Standard Test Method for Measurement of Hydrogen Embrittlement Threshold in Steel by the Incremental Step Loading Technique 用增量级加载技术测量钢中氢脆阈值的标准试验方法
CSA B51-14 (R2019)	Boiler, Pressure Vessel, and Pressure Piping Code 锅炉、压力容器及压力管道规范
ANSI/CSA HGV 2-2014	Standard Hydrogen Vehicle Fuel Containers 标准氢能车辆燃料储罐
ANSI/CSA HGV 3.1-2015	Fuel System Components for Hydrogen Gas Powered Vehicles 氢气驱动汽车燃料系统部件
ANSI/CSA HGV 4.1-2013	Hydrogen Dispensing Systems 加氢系统
ANSI/CSA HGV 4.2-2013	Hoses for Compressed Hydrogen Fuel Stations, Dispensers and Vehicle Fuel Systems 压缩氢气加氢站、加氢机和车辆燃料系统用软管
CSA ANSI HPRD 1-2013 (R2018)	Thermally Activated Pressure Relief Devices for Compressed Hydrogen Vehicle Fuel Containers 车载压缩氢气储罐热激活泄压装置
ANSI/CSA HGV 4.3-2016	Test Methods for Hydrogen Fueling Parameter Evaluation 氢气加注参数评定的试验方法
CSA ANSI/CSA HGV 4.4-2013 (R2018)	Breakaway Devices for Compressed Hydrogen Dispensing Hoses and Systems 压缩氢气加氢软管和系统的安全分离装置
ANSI/CSA HGV 4.5-2013	Priority and Sequencing Equipment for Hydrogen Vehicle Fueling 氢动力汽车加注优先排序装置
CSA ANSI/CSA HGV 4.6-2013 (R2018)	Manually Operated Valves for Use in Gaseous Hydrogen Vehicle Fueling Stations 气态氢动力汽车加氢站用手动阀
CSA ANSI/CSA HGV 4.7-2013 (R2018)	Automatic Valves for Use in Gaseous Hydrogen Vehicle Fueling Stations 气态氢动力汽车加氢站用自动阀

CSA ANSI/CSA HGV 4.8-2012 (R2018)	Hydrogen Gas Vehicle Fueling Station Compressor Guidelines 氢动力车辆加氢站压缩机导则
CSA HGV 4.9-2016	Hydrogen Fueling Stations 加氢站
ANSI/CSA HGV 4.10-2012	Standard for Fittings for Compressed Hydrogen Gas and Hydrogen Rich Gas Mixtures 压缩氢气和富氢气体混合物配件标准
ANSI/CSA CHMC 1-2014	Test Methods for Evaluating Materials Compatibility in Compressed Hydrogen Applications-Metals 压缩氢应用中评价材料相容性的试验方法-金属
ANSI/CSA HPIT 1-2015	Compressed Hydrogen Powered Industrial Truck On-board Fuel Storage and Handling Components 压缩氢动力工业卡车上的燃料储存和处理部件
ANSI/CSA HPIT 2-2017	Compressed Hydrogen Station and Components for Fueling Powered Industrial Trucks 压缩储氢加氢站和为工业卡车提供氢燃料的部件
SAE J 1766-2014	Recommended Practice for Electric and Hybrid Electric Vehicle Battery Systems Crash Integrity Testing 电动和混合动力汽车电池系统碰撞完整性测试推荐方法
SAE J 2601-3-2013	Fueling Protocol for Gaseous Hydrogen Powered Industrial Trucks 气态氢动力工业卡车加注协议
SAE J2601-2-2014	Fueling Protocol for Gaseous Hydrogen Powered Heavy Duty Vehicles 气态氢动力重载车辆加注协议
SAE J 2601-2016	Fueling Protocols for Light Duty Gaseous Hydrogen Surface Vehicles 气态氢轻型水面船只加注协议
SAE J 2799-2014	Hydrogen Surface Vehicle to Station Communications Hardware and Software 氢动力水面船只对加氢站通信的硬件和软件
SAE J 3089-2018	Characterization of On-Board Vehicular Hydrogen Sensors 车载氢传感器的表征
SAE USCAR 5-5-2019	Avoidance of Hydrogen Embrittlement of Steel 避免钢的氢脆
ANSI/CSA America FC 3-2004 (R2017)	Portable Fuel Cell Power Systems 便携式燃料电池动力系统
CAN/CSA C22.2 No. 62282-2-2018	Fuel Cell Technologies - Part 2: Fuel Cell Modules 燃料电池技术-第 2 部分：燃料电池模块

CAN/CSA C22.2 No. 62282-3-100-2015	Fuel Cell Technologies -Part 3-100: Stationary Fuel Cell Power Systems-Safety 燃料电池技术-第3部分（100）：固定式燃料电池系统-安全
ASME PTC 50-2002 (R2015)	Fuel Cell Power Systems Performance 燃料电池系统性能
ASTM D7606-17	Standard Practice for Sampling of High Pressure Hydrogen and Related Fuel Cell Feed Gases 高压氢和相关燃料电池进料气体取样的标准实施规程
NFPA 853-2015	Standard for The Installation of Stationary Fuel Cell Power Systems 固定燃料电池动力系统安装标准
SAE J 2578-2014	Recommended Practice for General Fuel Cell Vehicle Safety 通用燃料电池车辆安全推荐实施规程
SAE AS 6858-2017	Installation of Fuel Cell Systems in Large Civil Aircraft 在大型民用飞机上安装燃料电池系统
SAE J 1766-2014	Recommended Practice for Electric, Fuel Cell and Hybrid Electric Vehicle Crash Integrity Testing 燃料电池和混合动力电动汽车碰撞完整性试验推荐实施规程
SAE J 2572-2014	Recommended Practice for Measuring Fuel Consumption and Range of Fuel Cell and Hybrid Fuel Cell Vehicles Fuelled by Compressed Gaseous Hydrogen 用压缩气体氢燃料的燃料电池和混合燃料电池车辆的燃料消耗和范围测量的推荐实施规程
SAE J 2574-2011	Fuel Cell Vehicle Terminology 燃料电池车辆术语
SAE J 2579-2013	Technical Information Report for Fuel Systems in Fuel Cell and Other Hydrogen Vehicles 燃料电池和其他氢动力车辆燃料系统技术信息报告
SAE J 2594-2011	Recommended Practice to Design for Recycling Proton Exchange Membrane (PEM) Fuel Cell Systems 设计再循环质子交换膜燃料电池系统的推荐方法
SAE J 2600-2012	Compressed Hydrogen Surface Vehicle Refueling Connection Devices 压缩氢陆地车辆加氢连接装置
SAE J 2615-2011	Testing Performance of Fuel Cell Systems for Automotive Applications 车用燃料电池系统性能测试
SAE J 2616-2011	Testing Performance of the Fuel Processor Subsystem of an Automotive Fuel Cell System 汽车燃料电池系统燃料处理器子系统的性能测试

SAE J 2615-2011	Testing Performance of Fuel Cell Systems for Automotive Applications 汽车用燃料电池系统性能测试
SAE J 2616-2011	Testing Performance of the Fuel Processor Subsystem of An Automotive Fuel Cell System 汽车燃料电池系统燃料处理器子系统的性能测试
SAE J 2719-2015	Hydrogen Fuel Quality for Fuel Cell Vehicles 燃料电池车辆用氢燃料品质
SAE AIR 6464-2013	EUROCAE/SAE WG80/AE-7AFC Hydrogen Fuel Cells Aircraft Fuel Cell Safety Guidelines 氢燃料电池飞机燃料电池安全指南
SAE J 2990-1-2016	Gaseous Hydrogen and Fuel Cell Vehicle First and Second Responder Recommended Practice 气态氢和燃料电池车辆第一和第二响应人员推荐实施规程
SAE AMS-S-83318C-2016	Sealing Compound, Polysulfide Type, Low Temperature Curing, Quick Repair, Integral Fuel Tanks and Fuel Cell Cavities 密封材料、多硫化物、低温固化、快速修复、整体式燃料箱和燃料电池腔

除此之外，美国交通部已批准采用 GTR13 第一阶段作为美国联邦机动车安全标准（氢燃料电池车辆）的一部分[21]。

其他关于美国氢安全方面的研究、法规及标准制定方面的信息请参考 www. h2tools. org。

10.3.4 欧洲氢安全标准与法规

欧洲法律，如指令（directives）、条例（regulations）、欧洲规则（European rules）是优先于各个国家法律的。根据建立欧共体条约，各个国家的议会与欧盟委员会、各领域的委员会（如 ECE 欧洲经济委员会）共同制定条例和发布指示。一项指令（directive）对所针对的每个成员国都具有约束力，但需要得到各个国家议会的批准，才在当地具有法律效力。条例（regulations）具备一般的适用性，无需各个国家的批准，直接适用于各个成员国[22]。

在氢能安全条例方面，ECE 于 2015 年制定并发布了 ECER143（《氢能和燃料电池车辆》）条例。该条例主要内容与 GTR13 基本一致，但内容较 GTR13 要少，没有包括电力总成的电气安全、碰撞后的燃料系统完整性以及液氢储存系统方面的内容。另外，ECE 在 2019 年 1 月发布了 ECER146 条例，对氢燃料电池 L 类车辆（摩托车）的氢安全方面进行了专门规定，其压缩氢气储存系统、零部件、燃料系统的测试方法与 ECER134 一致，但要求 L 类车辆的氢气储罐为金属内胆全缠绕气瓶，且容积不得大于 23L。

在氢安全相关的指令方面，欧洲并没有专门的氢气指令，但主要有以下几条指令适用于氢气[23]。

ATEX（ATmosphères EXplosibles）第 1992/92/CE 号指令，也被称为 ATEX137，规定了处于爆炸性危险环境中的工人健康和安全防护的最低要求，及工作环境的防爆要求。这个指令主要规定了工作环境可能存在爆炸性气体或粉尘时，雇主对于工人健康和安全防护的最低要求，而不是规定设备制造商或建设方的责任。主要包括对工作环境中爆炸性气体的释放和点燃的可能性进行风险评估、预防爆炸性气体的释放和点燃、事故后果缓解、根据风险评估对工作环境的各个区域进行风险分区、设立警示标示并建立安全运行的记录文档等内容。

ATEX 第 94/9/EC 指令，也被称为 ATEX100A，规定了拟用于潜在爆炸性环境的设备要应用的技术要求，及设备的防爆要求。该指令包括了机械设备及电气设备，把潜在爆炸危险环境扩展到空气中的粉尘及可燃性气体、可燃性蒸气。拟用于潜在爆炸性环境中的设备必须经过 ATEX100A 的合格评定程序的测试，并贴附防爆 CE 标志，才能投放到欧洲市场。这条指令不同于 ATEX137，是针对设备制造商而言的。

PED（Pressure Equipment Directive）第 97/23/EC 号指令，发布于 1997 年，并在 2002 年成为强制性指令。该指令规定了所有使用压力大于 0.5bar 的压力容器及其附件的技术要求。在氢能领域，它适用于用于加氢站的所有压力容器（气瓶）和安全附件（阀门、柔性软管、连接器）。与 ATEX 100A 一样，压力容器及其附件设备必须满足该指令的合格评定程序的测试，并贴附压力容器 CE 标志，才能投放到欧洲市场。

TPED（Transportable Pressure Equipment Directive）第 1999/36/EC 号指令，发布于 1999 年，于 2003 年成为强制性指令，规定了可运输的压力容器、运输必需的附件设备以及车辆的技术要求。在氢能应用的情况下，它与氢气的运输相关，适用于在车辆上使用的 H_2 压力罐、管束及运输车辆。与 PED 指令不同，TPED 除了涉及设备的设计和制造外，还涉及设备的定期检验和操作规程。

Seveso 第三号指令——减少技术灾害风险指令，主要规定了危险化学品存储区域关于预防和缓解可能发生的有毒、冷冻、火灾、爆炸等灾害的技术要求，对各类安全距离、人身伤害标准、设备伤害标准以及个人风险值给出了具体的规定。欧洲加氢站、制氢站以及其他氢气储存的固定区域均适用该指令。

除了上述指令之外，与氢相关的指令还有：

① MD（Machinery Directive）第 98/37/EC 号指令，规定了所有设备的机械要求。

② LVD（Low Voltage Directive）第 97/23/EEC 号指令，规定了所有低压电设备的电气要求。

③ ECD（Electromagnetic compatibility directive）第 89/336/EEC 号指令，规定了电磁环境下使用设备的电磁兼容性要求。

在氢安全相关的标准方面，主要由欧洲标准化委员会及各个标准化组织负责协调、制定、发布、实施相关标准，首先介绍一下欧洲标准化体系。

欧洲标准化体系的构成主要包括欧洲标准化委员会（CEN）、欧洲电工标准化委员会（CENELEC）及欧洲电信标准协会（ETSI）、欧洲各国的国家标准机构以及一些行业和协会标准团体。CEN、CENELEC 和 ETSI 是目前欧洲最主要的标准化组织，也是接受委托制定欧洲协调标准的标准化机构。CEN 由欧洲经济共同体（EEC）、欧洲自由贸易联盟（EFTA）所属的国家标准化机构组成，其职责是贯彻国际标准，协调各成员的标准化工作，加强相互合作，制定欧洲标准及从事区域性认证，以促进成员之间的贸易和技术交流。

欧盟的标准大多数是自愿执行的，CEN 负责对行业参与者进行评估和认证，以确认其是否采用欧洲标准，并颁发相应的资质认证证书。获得认证的行业参与者能够在欧盟单一市场内进行无差别化的生产、贸易活动。

每一个欧盟国家只有一个国家标准组织是欧洲标准组织的成员，并由其负责许可或授权每个经过批准的欧洲标准转化为本国标准，例如：德国的 Deutsches Institut für Normung（DIN），英国的 British Standards Institution（BSI），法国的 Association Française de Normalisation（AFNOR），西班牙的 Asociación Española de Normalización（AENOR）等。

CEN 目前尚未成立专门的氢能技术标准委员会，而是通过以下三个技术标准委员会开展氢能技术标准化工作，分别是 CEN TC 268（Cryogenic vessels and specific hydrogen technologies applications）（表 10-9）、CEN JTC 6（Hydrogen in energy systems）以及 CEN JTC 17（Fuel cell gas appliances with combined heat and power）。

TC 268 主要针对欧盟 PED 指令要求，制定符合该指令要求的欧洲标准，为低温容器的设计、操作要求和设备规范制定标准化方法，目前 TC 268 已颁布并实施了 21 项标准，氢安全方面的标准主要由 TC 268 制定的，具体如表 10-9 所示。除表中所列之外，TC 268 还直接全文引用了 10 项 ISO TC 197 所颁布的标准。

表10-9 CEN TC268 颁布并实施的氢能相关标准列表

CEN 10229:1998	Evaluation of resistance of steel products to hydrogen induced cracking (HIC) 钢制品抗氢致开裂性能的评价
CEN 12213:1998	Cryogenic vessels-Methods for performance evaluation of thermal insulation 低温容器-隔热性能评价方法
CEN 1251-1:2000	Cryogenic vessels-Transportable vacuum insulated vessels of not more than 1000 litres volume -Part 1: Fundamental requirements 低温容器-体积不超过 1000 升的移动式真空绝热容器-第 1 部分：基本要求
CEN 1251-2:2000	Cryogenic vessels-Transportable vacuum insulated vessels of not more than 1000 litres volume -Part 2: Design, fabrication, inspection and testing 低温容器-体积不超过 1000 升的移动式真空绝热容器-第 2 部分：设计制造检验和测试
CEN 13371:2001	Cryogenic vessels-Couplings for cryogenic service 低温容器-低温设备用连接器
CEN 13458-1:2002	Cryogenic vessels-Static vacuum insulated vessels-Part 1: Fundamental requirements 低温容器-静态真空绝热容器-第 1 部分：基本要求
CEN 13458-2:2002/AC:2006	Cryogenic vessels-Static vacuum insulated vessels-Part 2: Design, fabrication, inspection and testing 低温容器-静态真空绝热容器-第 2 部分：设计制造检验和试验
CEN 13530-1:2002	Cryogenic vessels-Large transportable vacuum insulated vessels-Part 1: Fundamental requirements 低温容器-大型移动式真空绝热容器-第 1 部分：基本要求
CEN 13530-2:2002/AC：2006	Cryogenic vessels-Large transportable vacuum insulated vessels-Part 2: Design, fabrication, inspection and testing 低温容器-大型移动式真空绝热容器-第 2 部分：设计制造检验和试验

CEN 13648-1:2008	Cryogenic vessels-Safety devices for protection against excessive pressure-Part 1: Safety valves for cryogenic service 低温容器-防止超压的安全装置-第 1 部分：低温设备用安全阀
CEN 13648-2:2002	Cryogenic vessels-Safety devices for protection against excessive pressure-Part 2: Bursting disc safety devices for cryogenic service 低温容器-防止超压的安全装置-第 2 部分：低温设备用爆破片安全装置
CEN 14197-1:2003	Cryogenic vessels-Static non-vacuum insulated vessels-Part 1: Fundamental requirements 低温容器-静态非真空绝热容器-第 1 部分：基本要求
CEN 14197-2:2003/AC:2006	Cryogenic vessels-Static non-vacuum insulated vessels-Part 2: Design, fabrication, inspection and testing 低温容器-静态非真空绝热容器-第 2 部分：设计制造检验和测试
CEN 14197-3:2004/A1:2005	Cryogenic vessels-Static non vacuum insulated vessels-Part 3: Operational requirement 低温容器-静态非真空绝热容器-第 3 部分：操作要求
CEN 14398-1:2003	Cryogenic vessels-Large transportable non-vacuum insulated vessels-Part 1: Fundamental requirements 低温容器-大型可运输非真空绝热容器-第 1 部分：基本要求
CEN 14398-2:2003+ A2:2008	Cryogenic vessels-Large transportable non-vacuum insulated vessels-Part 2: Design, fabrication, inspection and testing 低温容器-大型可运输的非真空绝热容器-第 2 部分：设计制造检验和测试
CEN 14398-3:2003/A1:2005	Cryogenic vessels-Large transportable non vacuum insulated vessels-Part 3: Operational requirements 低温容器-大型可运输非真空绝热容器-第 3 部分：操作要求
CEN 1626:2008	Cryogenic vessels-Valves for cryogenic service 低温容器-低温设备用阀门
CEN 17124:2018	Hydrogen fuel-Product specification and quality assurance-Proton exchange membrane (PEM) fuel cell applications for road vehicles 氢燃料-产品规范和质量保证-道路车辆用质子交换膜（PEM）燃料电池
CEN 17127:2018	Outdoor hydrogen refuelling points dispensing gaseous hydrogen and incorporating filling protocols 室外加氢站氢气加注和合并加氢协议
CEN 1797:2001	Cryogenic vessels-Gas/material compatibility 低温容器-气体/材料相容性

  JTC6 成立于 2017 年，是新成立的一个联合技术委员会（Joint Technical committee），主要协调能源系统中氢系统，并为其提供必要的技术标准，包括系统的技术安全和公共安全，技术的可靠性以及确保欧洲相应技术的互操作性。目前 JTC 6 还没有标准颁布。

  JTC 17 与 JTC 6 一样属于欧盟标准化委员会新近成立的联合技术委员会，旨在推进燃料电池在建筑方面的安全、合适的用途，合理使用能源，健全功率测量的要求和测试方法，以及在使用寿命结束时的标记及合理化建议方面的标准化进程。

　　欧盟是直接引进国际标准最为积极的组织，目前欧盟在氢能技术标准化方面整体还是在ISO TC 197 的框架内，也积极参与 ISO TC 197 相关标准的制定工作。但是在欧盟的标准体系中，还欠缺氢能相关的组件、设备的技术工艺设计，以及基础设施方面的相关标准，在燃料电池、氢能专用零部件和设备、加氢站以及氢燃料电池动力车辆方面也缺少专有的本地化标准，采用了直接全文引用 ISO、IEC 等国际标准的方式。

10.3.5　日本氢安全法规与标准

　　日本的氢安全法规的制定主要由两个部门负责，国土交通省（MLIT）制定关于道路交通车辆方面的法规，经济产业省（METI）制定高压气体安全方面的法规。在日本，燃料电池汽车相关法规修订完善的准备工作开始于 2005 年，这项工作由经济产业省、国土交通省等部门负责，日本汽车研究所（JARI）等有关组织和企业共同配合推进[24]。

　　2005 年日本国土交通省制定了《氢燃料电池车辆安全法规》，主要包括了氢系统的安全、电气系统安全，还对传动系统、燃料系统的安全制定了基本的技术要求。

　　日本经济产业省制定的《高压气体安全法》，主要规定了涉及一般高压气体的设备的技术规范、定期检查、耐震设计，适用于高压氢气。于 1959 年发布第一版，最新的版本为2017 年修订的，增加了氢燃料电池两轮车的高压氢气的安全要求，以及标识、报废等安全管理方面的内容。

　　2013 年在 MLIT 和 METI 的支持下，日本参与制定了 GTR 13 法规，2014 年 2 月MLIT 协调将《氢燃料电池车辆安全法规》与 GTR 统一起来，2014 年 5 月 METI 协调将《高压气体安全法》中压力容器检验方面的内容与 GTR 实现了统一。2016 年 MLIT 和METI 正式引入 GTR 13，作为法规在日本生效。

　　日本其他与氢安全相关的法规还有总务省主导的《消防法》《消防组织法》《消防法实施令》，国土交通省主导的《建筑基准法》，还有与危化品管理相关的法规条令等，加氢站、制氢站等氢能基础设施的建设和运营均需遵守上述法律。

　　2013 年，日本再兴战略发布，燃料电池被列为支柱战略之一。在这一背景下，为保证燃料电池车按照计划于 2015 年上市，日本经济产业省等政府部门进一步加快了燃料电池车辆相关储罐、电堆等一系列标准的评估和制定工作。2014 年日本放宽了之前《容器安全法规》中燃料电池车载氢气储罐一次充气压力的安全上限，由 70MPa 提高到 87.5MPa（与SAE J2601 一致）。

　　日本在修订或制定氢燃料电池车相关标准法规的过程中，注重与国际标准的结合和对国际标准法规的影响。例如，日本在研发和试验验证方面积累大量的经验和数据，就曾主导了GTR 13 燃料电池车统一标准的制定工作，这也为日本的氢燃料电池车辆进入国际市场打下了坚实的基础。目前日本还在主导 GTR13 第二阶段标准的修订工作。

　　在氢能基础设施方面，日本也是目前世界上进展最快的国家之一。日本氢能基础设施相关法规的修订完善工作开始于 2002 年组织实施的 JHFC 试验考核项目，当 2010 年 2 期考核结束时，日本已开始进入加氢站的商业化建设阶段。2012 年年底，日本政府相关部门根据日本《法规、制度改革相关方针》，协商提出了"氢能基础设施需要制修订标准的推进工作表"，该表列出了经济产业省、国土交通省、总务省各自管理的《高压气体安全法》《消防法》《建筑基准法》等法律相关的 16 条制修订任务。2013 年，日本政府进一步提出重新梳理后的需要推动的制修订的 12 条新任务列表。2015 年时，2010 年提出的 16 条制修订任务只有 6 条得到彻底解决，2 条得到部分解决，2013 年提出的 12 条新任务，有 8 条得到彻底解决，还有 4 条在执行之中。2015 年 6 月，日本内阁又针对氢能基础设施建设提出了 18 条制修订建议，制修订建议包括了加氢站用氢气的制备、储存、运输，加氢站设备规格，加氢站所用材料，加氢站建筑规格，安全距离以及运营管理等各个方面。截止到 2018 年底，已有 6 条建议落实。这些制修订建议的落实极大地推动了日本加氢站的发展，也使得日本成为国际上拥有商业化运营加氢站最多的国家。例如：2012 年起到 2014 年底，日本为了增加燃料电池车的续航里程，相继制定了 82MPa 加氢站的相关法规，制定了加氢站与加油站、加气站混建的法规，放宽了加氢站相关的安全系数，缩短了安全距离，并将加氢站储氢容器的材质由钢制扩展到了复合材料，以及其他大量规制的制修订使得建设符合乘用车的低建设成本和低运营成本的加氢站成为可能[25]。

标准方面，首先介绍一下日本的标准体系。日本的标准体系由 JIS（日本工业化标准）、JAS（日本农林物资标准化）以及 JA（日本医药标准化）三个部门组成，氢能领域属于 JIS 责权范围内。

日本工业化标准（Japanese Industrial Standards，JIS）的制定主要有两条路径：一是由各主管大臣自行制定标准方案，再交由日本工业标准调查会（JISC Japanese Industrial Standards Committee）审议，审议通过后即成为 JIS 标准；另一条路径是相关利益关系人或民间团体可以根据各个主管省厅的规定，以草案的形式，将应制定的工业标准向主管大臣提出申请，该主管大臣认为应制定与该申请有关的标准时，须将该工业标准方案交付 JISC 讨论审议，审议通过后即成为 JIS 标准。目前日本绝大部分标准的制定是通过第二条路径实现的。

JISC 是设立在日本经济产业省下的一个行政机构，负责工业标准方案的调查、审议，并对相关主管大臣的咨询予以答复解释，或为相关主管大臣提供建议。主管大臣对现有的工业标准是否还适用，是否需要修改或废止，必须在该标准制定、重新确认或加以修改后的至少 5 年内，交付 JISC 审议，以决定该标准是否继续加以确认，或者必要时加以修改，或者予以废止。

目前日本经济产业省负责全面的产业标准化法规的制定、修改、颁布以及有关的行政管理工作，具体工作由 JISC 执行，其他各个行政管理省厅负责本行业技术标准草案的制定和提交审议。

日本氢能领域相关标准直接引用了 ISO 和 IEC 相关的标准，ISO 和 IEC 未能覆盖的领域主要由各个行业协会向日本经济产业省主管大臣提出草案，并交由 JISC 审议的方式发布，主要涉及的行业协会有：日本电器制造商协会、日本汽车制造商协会、日本高压气体安全协会、日本高压技术协会以及由日本经济产业省牵头成立的日本氢能与燃料电池战略协会等。目前通过大部分 JISC 审议并颁布实施的氢能方面的标准都是安全性和性能测试方面的，如表 10-10 所示。

表10-10   JISC 颁布并实施的氢能相关标准列表

JIS K 0512:1995	Hydrogen 氢
JIS C 8811:2005	Indication of polymer electrolyte fuel cell power facility 聚合物电解质燃料电池动力装置指南
JIS C 8821:2008	General rules for small polymer electrolyte fuel cell power systems 小型聚合物电解质燃料电池动力系统通则

JIS C 8822:2008	General safety code for small polymer electrolyte fuel cell power systems 小型聚合物电解质燃料电池动力系统通用安全规范
JIS C 8823:2008	Testing methods for small polymer electrolyte fuel cell power systems 小型聚合物燃料电池动力系统测试方法
JIS C 8824:2008	Testing methods for environment of small polymer electrolyte fuel cell power systems 小型聚合物电解质燃料电池动力系统环境试验方法
JIS C 8825:2013	Electromagnetic compatibility (EMC) for small fuel cell power systems 小型燃料电池动力系统的电磁兼容性(EMC)
JIS C 8826:2011	Testing methods of power conditioner for grid interconnected small fuel cell power systems 电网与小型燃料电池发电系统互联用功率调节器的测试方法
JIS C 8827:2011	Testing procedure of islanding prevention measures for utility-interconnected small polymer electrolyte fuel cell power system power conditioners 并网连接式小聚合物电解质燃料电池动力系统电源装置防孤岛措施测试程序
JIS C 8831:2008	Safety evaluation test for stationary polymer electrolyte fuel cell stack 固定式聚合物电解质燃料电池电堆安全评估测试
JIS C 8832:2008	Performance test for stationary polymer electrolyte fuel cell stack 固定式聚合物电解质燃料电池电堆性能测试
JIS C 8841-1:2011	Small solid oxide fuel cell power systems-Part 1: General rules 小型固体氧化物燃料电池动力系统-第 1 部分：一般要求
JIS C 8841-2:2011	Small solid oxide fuel cell power systems-Part 2: General safety codes and safety testing methods 小型固体氧化物燃料电池动力系统-第 2 部分：一般安全规范和安全试验方法
JIS C 8841-3:2011	Small solid oxide fuel cell power systems-Part 3: Performance testing methods and environment testing methods 小型固体氧化物燃料电池动力系统-第 3 部分：性能测试方法和环境测试方法
JIS C 62282-3-100:2019	Fuel cell technologies--Part 3-100: Stationary fuel cell power systems-Safety 燃料电池技术-第 3 部分-100：固定式燃料电池系统-安全
JIS C 62282-3-200:2019	Fuel cell technologies-Part 3-200: Stationary fuel cell power systems-Performance test methods 燃料电池技术-第 3 部分-200：固定式燃料电池系统-性能测试方法
JIS C 62282-3-201:2019	Fuel cell technologies-Part 3-201: Stationary fuel cell power systems-Performance test methods for small fuel cell power systems 燃料电池技术-第 3 部分-201：固定式燃料电池系统-小型燃料电池动力系统性能测试方法

续表

JIS C 62282-3-300:2019	Fuel cell technologies-Part 3-300: Stationary fuel cell power systems-Installation 燃料电池技术-第 3 部分-300：固定式燃料电池系统-安装
JIS C 62282-6-200:2019	Fuel cell technologies-Part 6-200: Micro fuel cell power systems-Performance test methods 燃料电池技术-第 6 部分-200：微型燃料电池系统-性能测试方法

10.4 国际氢安全数据库

国际氢安全数据库 H_2LL（H_2 Lessons Learn，https：//h2tools.org/lessons）是一个记录全球氢安全事件的数据库网站，这些氢安全事件的数据来自全球范围内的工业设施、政府部门以及学术研究机构。H_2LL 是在美国能源部的经费支持下建立的，其主要目的是促进分享处理氢气的经验以及从事故/事件中获得的经验教训。该数据库是一种采取自愿报告的方式记录涉及氢及氢相关技术的事件案例。该数据库中上报的案例中不仅包含了氢能和燃料电池相关的事件，还包括与氢相关的所有化工、试验等设施的事件[26]。

在 H_2LL 数据库中，所有案例的可识别信息，包括公司或组织的名称、发生的地点，都被隐藏，以确保上报案例组织的机密性，用于鼓励在事件或事故发生时相关组织机构能够不受限制地报告案例。截止到 2019 年底，该数据库已经收集到 220 个各类案例。

H_2LL 数据库中每个上报的案例都先进行一个关于严重程度的描述，分别有以下几项：

① 严重等级：accident（事故）、incident（事件）、nearmiss（未遂事件）。
② 是否发生氢气泄漏。
③ 是否发生氢气燃烧。

这三个分类放在报告的题头，用于区分，如图 10-5 所示。

Hole In Ampoule Leads to Explosion

| Severity
Incident | Leak
Yes | Ignition
Yes |

图 10-5 H_2LL 数据库中上报事件严重程度描述示例

在所有上报的案例中，H_2LL 数据库根据不同的影响因素（contributing factors）、人身和财产损失情况（damage and injuries）、失效设备（equipment）、可能的原因（probable cause）等几种情况进行大致分类，可根据不同的分类进行案例的检索。

下面通过一个具体案例来介绍 H_2LL 数据库中上报案例所包含的内容。

H_2LL 数据库中最近一个上报案例为 Pressure sensor diaphragm rupture on H_2 compressor（氢气压缩机压力传感器膜片破裂），严重程度为事件级别，发生氢气泄漏，未发生氢气燃烧。

该案例发生在 2019 年 6 月 15 日，一个安装在室外氢气压缩机上的压力传感器的传感膜片意外破裂，并从压缩机排放管道向大气释放了大约 0.1kg 的氢。在事件发生时，附近的人员听到响亮的"砰"声以及看到扬起的灰尘。同时，监控系统检测到压力传感器信号丢失，自动关闭了设备。随后，操作人员关闭隔离手阀，以阻止泄漏，对设备进行了锁定和标记并封锁了相关区域。失效的部件是一种雪茄型压力传感器，额定量程为 20000psi（约

138MPa），是由压缩机制造商提供并作为压缩机的配件进行整体安装。该压力传感器被安装在一个受压力安全阀保护的管路上，压力安全阀开启压力为 15400psi（约 106MPa）。

事故发生后该压力传感器被拆除并进行了检查。检查结果显示，该压力传感器的部分电线断裂并与外保护层分离，部分电子器件和封装结构件受损。

经过详细的分析，调查人员发现，失效的压力传感器的隔膜所用材料为 17-4PH 不锈钢（相当于中国牌号：0Cr17Ni4Cu4Nb）。这种不锈钢根据工业标准是一种优质的耐高压材料，但抗氢脆性能并不好。压缩机制造商提供的文件显示在正常的操作条件下压缩机使用了抗氢脆的材料，但并没有考虑到一些特定配件的材料，如此次失效的压力传感器隔膜。设施操作员在系统调试时的程序包括对每个压力传感器进行功能测试，但并不包括对每个压缩机部件的材料规格进行审查。随后调查人员与压缩机制造商之间进行了沟通，压缩机制造商表示该压力传感器并不是由自己生产，而是通过外部采购得到的，因此无法提供相应的 17-4PH 不锈钢材料用于开展事故调查。

处理措施：压缩机随后被修理与更换了压力传感器，该压力传感器使用 Nitronic 50 材料（强氮奥氏体不锈钢）作为传感薄膜，并在系统中添加了一个额外的压力开关，与设施的紧急停车信号硬连接。

数据库对该案例的关键信息进行了汇总，如表 10-11 所示。

表10-11　案例关键信息汇总

发生日期	2019 年 6 月 15 日
设施类型	政府设施
失效设备	动力系统→压缩机减压装置→压力变送器
人身和财产损失	无人身伤害和财产损失，但设施关停，直到完成维修
可能的原因	疏于检查; 材料与氢气相容性不好
影响因素	疲劳失效
压力等级	高压（＞100MPa）
何时发现	操作中

随后，在 2019 年 10 月，相关组织又报告了该案例的后续经验教训以及采取的措施。

① 建立了一个检验涉氢组件材料相容性的流程，作为氢系统设备采购过程的一部分。

② 不要仅仅依靠制造商提供的额定材料和部件，在设计或采购过程中要尽早验证部件及其材料的氢气相容性。

③ 制造商提供的文件（手册、使用说明、材料清单等）可能并不总是提供每个组件的材料组成，因此验证可能需要通过网络搜索或联系相应的制造商以获得必要的信息。

以上为 H_2LL 数据库中一个完整案例所提供的信息，不但包括了事故发生的过程，还包括了事故原因的分析、事故后果的影响以及从事故中获得的经验教训，形成闭环，为今后减少同类事故提供了有益的信息。

H_2LL 数据库中还包含了一个经验教训学习角板块（Lessons Learned Corner），用于总结和分享一些共性的同类事故的经验。目前包括了如下一些主题：

① 氢气泄漏的检测；

② 氢气设施的通风；

③ 材料与氢气的相容性；

④ 突发磁盘故障；

⑤ 电池充电设施的通风；

⑥ 在真空手套箱中使用氢气；

⑦ 对氢气管道和设备进行吹扫的重要性；

⑧ 在实验室使用活性金属氢化物材料；

⑨ 变更管理（Management of Change）。

在每一项主题下面都可以打开一个网页链接，其中包含了关于相应主题的一些典型案例，以便更好地分享相关的经验知识。

H₂LL 数据库的网址为 https：//h2tools. org/lessons，希望涉氢行业从业者、氢安全相关的研究人员可以从 H₂LL 数据库中获取与氢安全相关的经验，并积极上报相关的涉氢事故/事件，与全世界的关心氢安全的人士共同分享知识，促进氢能产业更加有序、安全地健康发展。

参 考 文 献

[1] Jordan T. HySafe-The Network of Excellence for Hydrogen Safety [C] //Sixteenth World Hydrogen Energy Conference, Lyon, France, 2006, 13：16.

[2] Venetsanos A G, Adams P, Azkarate I, et al. On the use of hydrogen in confined spaces：Results from the internal project InsHyde [J]. international journal of hydrogen energy, 2011, 36 (3)：2693-2699.

[3] Current Members [ER/OL]. https：//hysafe. info ｜ about ｜ current-members/, 2019-12-20.

[4] Jordan T, Perrette L, Paillere H. HYSAFE：the European network of excellence on hydrogen safety [C] //1st international conference on hydrogen safety, Pisa, Italy, September 9e10. 2005.

[5] Thomas J, Paul A, Inaki A, et al. Achievements of the EC network of excellence HySafe [J]. International journal of hydrogen energy, 2011, 36 (3)：2656-2665.

[6] Venetsanos A G, Adams P, Azkarate I, et al. On the use of hydrogen in confined spaces：Results from the internal project InsHyde [J]. international journal of hydrogen energy, 2011, 36 (3)：2693-2699.

[7] Kumar S, Miles S D, Adams P, et al. HyTunnel project to investigate the use of hydrogen vehicles in road tunnels [C] //3rd International Conference on Hydrogen Safety (ICHS3). 2009.

[8] Kumar S, Miles S D, Adams P, et al. HyTunnel project to investigate the use of hydrogen vehicles in road tunnels [C] //3rd International Conference on Hydrogen Safety (ICHS3). 2009.

[9] Galassi M C, Papanikolaou E, Baraldi D, et al. HIAD-hydrogen incident and accident database [J]. International journal of hydrogen energy, 2012, 37 (22)：17351-17357.

[10] S Hughes, F Cheatwood, R Dillman, et al. Hypersonic Inflatable Aerodynamic Decelerator (HIAD) Technology Development Overview [C]. 22nd AIAA Aerodynamic Decelerator Systems Technology Conference；March 25, 2013-March 28, 2013；Daytona Beach, FL；United States.

[11] MN Carcassi, ICHS-2005：The First International Conference on Hydrogen Safety [J]. International Journal of Hydrogen Energy, 2007, 32 (13), 2015-2015.

[12] 关于对轮式车辆、安装和/或用于轮式车辆的装备和部件制定全球性技术法规的协定书 [Z], 1988-6-25.

[13] GTR No. 13, Global Technical Regulation on Hydrogen and Fuel Cell Vehicles [S].

[14] BUSINESS PLAN ISO/TC 197 Hydrogen technologies [R], 2015.

[15] ISO/TC 197 Hydrogen technologies [ER/OL]. www. iso. org/committee/54560. html

[16] 庄盛. 国内外氢能技术规范和标准发展现状简介 [ER/OL]. http：//www. istis. sh. cn/hykjqb/wen zhang ｜ list_n. asp? id＝3503 & sid＝1, 2016-10-18.

[17] STANDARDS BY ISO/TC 197 Hydrogen technologies [ER/OL]. https：//www. iso. org/committee/54560/x/catalogue/p/l/u/o/w/o/d/o, 2019-12-10.

[18] Safety, Codes and Standards [ER/OL]. https：//www. energy. gov/eere/fuelcells/safety-codes-and-standards,

2019-12-10.

[19] 境外法规-美国［EB/OL］. policy. mofcom. gov. cn/page/nation/USA. html，2019-12-10.

[20] Resources：Standards Developing Organizations (SDOs)［ER/OL］. https：//www. standardsportal. org/usa_en/resources/sdo. aspx，2019-12-10.

[21] Hydrogen and Fuel Cell Technical Advisory Committee Hydrogen Fueled Vehicle Global Technical Regulation (GTR)［R］. Nha Nguyen，US Department of Transportation，2010.

[22] Biennal Report On Hydrogen Safety Chapter VI：Legal Requirements ，Standards，and Other Codes［R］，2006.

[23] HyLAW Deliverable 4. 5 EU policy Paper［R］，2019.

[24] Safety Regulationfor Fuel Cell Vehicles in Japan-Hydrogen Safety［R］. Japan Automobile Standards Internationalization Center，2008UN/ECE/WP29/AC3 GRSP HFCV-SGS4thmeeting，2008.

[25] Japan Policy and Activity on Hydrogen Energy［R］. Eiji Ohira，New Energy and Industrial Technology Development Organization，2019.

[26] What is H_2LL?［BR/OL］. https：//h2tools. org/node/4021，2019-12-10.

第11章
我国氢安全管理机构与国家标准

11.1 我国与氢相关的政府部门

由于氢能产业涉及的面比较广，从氢的生产到储存、运输，再到氢的加注，以及氢的众多跨部门的应用，因此我国与氢相关的政府部门也就比较多。笔者根据国务院的官方网站显示的政府机构，做了梳理，如图 11-1 所示。

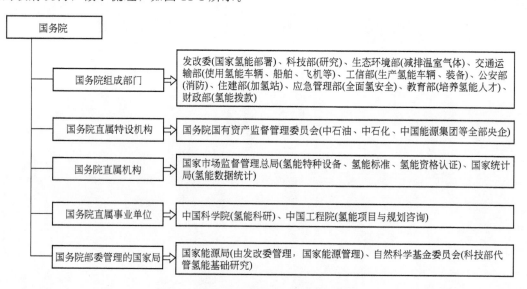

图 11-1　我国与氢能有关的政府部门

从图 11-1 中可见，涉及氢能的部门很多。发改委应该负责全国的氢能规划、立项和实施，有的工作可能通过国家能源局完成。科技部主要负责与氢有关的国家重大项目、长远规划项目的科学研究与开发。生态环境部从全国温室气体减排的角度支持氢能实施。交通运输部从交通工具车、船、飞机、特种车辆角度使用氢能交通工具，其指定的规划制定对氢能影响甚大。工信部负责生产各种氢能交通工具、氢能装备与零部件。公安部负责消防，对涉及氢能的设施和装备是否可以使用具有一票否决权。住建部对氢能设施，特别是加氢站的选址、建造有决定权。应急管理部主要处理氢能事故。教育部负责培养氢能人才，2019 年底教育部曾发文公布高职院校新增九个具体专业，氢能技术应用首当其冲，2020 年初明确要求高教口要开展储能平台建设和开展包括"燃料电池"在内的科学研究。在国务院组成单位中最后提到财政部，因为财政部掌握氢能资金划拨，无论是科技部的国家氢能研究项目经费，还是工信部的氢燃料电池补贴都从财政部拨出。

在国务院直属特设机构中，国务院国有资产监督管理委员会[1]简称"国资委"，为国务院直属正部级特设机构，代表国家履行出资人职责。截至 2019 年初，我国共有三大类中央企业：实业类央企、金融类央企和其他部门管理的央企。三类央企总和为 128 家。其中，实业类央企 96 家，由国务院国资委监督管理。其中前 49 家央企属于副部级单位，领导班子由国资委企干一局管理，后面 47 家央企属于厅局级单位，领导班子由国资委企干二局管理。由于越来越多实业类央企投身氢能产业，"国资委"与氢能有密切的关系。金融类央企 27 家，由财政部和中央汇金监督管理。

在国务院直属机构中，国家市场监督管理总局与氢能关系极为紧密，氢能特种设备、氢能标准和氢能的认证工作均由该局的相关业务局管理。国家统计局从 2020 年统计全国氢气数据。这是第一次将氢气数据纳入国家统计。

在国务院直属事业单位中，中国科学院负责氢能的试验立项、执行和验收，和科技部类似，只是管辖范围限于科学院系统而已。中国工程院主要为国家大项目，包括氢能项目提供咨询服务。

在国务院部委管理的国家局中，国家能源局由发改委代管，氢能作为能源使用，自然能源局与氢能有密切关系。值得一提的是"国家自然科学基金委员会"[2]，简称"基金委"，管理各学科的基础研究，为全国服务。有关氢能的基础研究归其管理，从氢能立项，评选中标人到验收均其负责。笔者在国务院官网的组织机构中，没有看到"基金委"，据其工作人员介绍"基金委"挂在科技部，但是独立性很强。

11.2　我国的氢安全最高管理机构

我国的氢安全最高管理机构原来为"国家安全生产监督管理总局"（简称国家安监总局）。2018 年初，国务院机构调整，撤销"国家安监总局"，组建国家应急管理部，原"国家安监总局"的业务现在归"中华人民共和国应急管理部"管理。据"应急管理部"[3]官网介绍，应急管理部的任务是：组织编制国家应急总体预案和规划，指导各地区各部门应对突发事件工作，推动应急预案体系建设和预案演练；建立灾情报告系统并统一发布灾情，统筹应急力量建设和物资储备并在救灾时统一调度，组织灾害救助体系建设，指导安全生产类、自然灾害类应急救援，承担国家应对特别重大灾害指挥部工作；指导火灾、水旱灾害、地质灾害等防治；负责安全生产综合监督管理和工矿商贸行业安全生产监督管理等。与之有关的业务单位为：火灾防治管理司、危险化学品安全监督管理司、安全生产基础司、安全生产执法局、安全生产综合协调司和政策法规司等。

国家应急管理部在各地有相应的地方应急管理机构。

我国氢安全管理部门可用图 11-2 表示。

从图 11-2 中可见，氢安全贯穿生产、市场和安全三个部门。其中应急管理部为对氢安全负责的最高管理部门。

与国家应急管理部是国务院组成单位不同，国家市场监督管理总局是国务院直属机构，负责市场监督的法律法规制定，其下面设立的几个业务部门值得说明。

一是特种设备安全监察局[4]：制定特种设备目录和安全技术规范；监督检查特种设备的生产、经营、使用、检验检测和进出口，以及高耗能特种设备节能标准、锅炉环境保护标

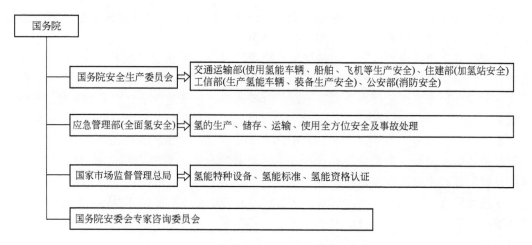

图 11-2　我国氢安全管理的政府部门

准的执行情况；按规定权限组织调查处理特种设备事故并进行统计分析；查处相关重大违法行为；监督管理特种设备检验检测机构和检验检测人员、作业人员；推动特种设备安全科技研究并推广应用。

氢原先主要用于化工行业，其设备涉及高压、高温、深冷、氢脆等，属于典型的特种设备，归属特种设备安全监察局管理。现在氢跨越到新生的能源行业，其设备属性没有变化。所以与特种设备安全监察局有更紧密的联系。

二是标准技术管理司[5]：负责制定标准化战略、规划、政策和管理制度并组织实施；承担强制性国家标准、推荐性国家标准（含标准样品）和国际对标采标相关工作；协助组织查处违反强制性国家标准等重大违法行为；承担全国专业标准化技术委员会管理工作。据网上招聘信息分析，国家标准化管理委员会与国家市场监督管理总局标准技术管理司基本是一套人马，两块牌子。

氢能标准是众多的国家标准之一，与氢能标准相关的几个国家标准化委员会，如全国氢能标准化技术委员会（编号 SAC/TC 309）、全国燃料电池及液流电池标准化技术委员会（编号 SAC/TC 342）、全国汽车标准化技术委员会（编号 SAC/TC 114）以及全国气瓶标准化技术委员会（编号 SAC/TC 31），都隶属标准技术管理司，通过全国标准化技术委员会管理。所以标准技术管理司与氢能标准有直接关系。

三是标准创新管理司[6]：承担行业标准、地方标准、团体标准、企业标准和组织参与制定国际标准相关工作；承担全国法人和其他组织统一社会信用代码相关工作；管理商品条码工作；组织参与国际标准化组织、国际电工委员会和其他国际或区域性标准化组织活动。

和其他国家标准一样，国家标准管理部门也提倡氢能标准除国家标准外，发展行业标准、地方标准、团体标准、企业标准，这样就与标准创新管理司有了联系。

四是认证监督管理司[7]：负责制定实施认证和合格评定监督管理制度；规划指导认证行业发展并协助查处认证违法行为；组织参与认证和合格评定国际或区域性组织活动。

认证、评定工作对市场健康发展非常重要，氢能进入能源领域不久，能源市场对氢能行业产品、技术、服务都不甚了解，迫切需要公正的第三方出现，这正是认证监督管理司的工作范围。

11.3 危险化学品目录

　　危险化学品，是指具有毒害、腐蚀、爆炸、燃烧、助燃等性质，对人体、设施、环境具有危害的剧毒化学品和其他化学品。氢气具有易燃易爆的特点，应该归类于危险化学品。

　　对于氢气管理，原"国家安全生产监督管理总局"发布的"危险化学品目录"是重要文件，仍然有效。2015 年 8 月 19 日，安全监管总局办公厅发出通知，要求为有效实施《危险化学品目录（2015 版）》（国家安全监管总局等 10 部门公告 2015 年第 5 号），国家安全监管总局组织编制了《危险化学品目录（2015 版）实施指南（试行）》，请遵照执行。

　　"国家安全生产监督管理总局"颁布的《危险化学品目录（2015 版）》共 393 页，列出 2828 项化学品组，其中氢的序号为 1648。其危险性类别为易燃气体，类别 1，加压气体。同样，目前常用的能源材料，如石油、汽油、柴油、天然气、甲醇、乙醇都列于《危险化学品目录（2015 版）》（简称《目录》）中。具体信息见表 11-1。

表11-1　危险化学品目录[8]表中氢气和其他能源材料信息

序号	品名	别名	英文名	CAS 号	危险性类别	备注
1022	甲醇	木醇; 木精	methanol	67-56-1	易燃液体,类别 2; 急性毒性-经口,类别 3 *; 急性毒性-经皮,类别 3 *; 急性毒性-吸入,类别 3 *; 特异性靶器官毒性-一次接触,类别 1	
1188	甲烷		methane	74-82-8	易燃气体,类别 1; 加压气体	
1630	汽油		gasoline	86290-81-5	易燃液体,类别 2 *; 生殖细胞致突变性,类别 1B; 致癌性,类别 2; 吸入危害,类别 1; 危害水生环境-急性危害,类别 2; 危害水生环境-长期危害,类别 2;	
1630	乙醇 汽油		ethanol gasoline		易燃液体,类别 2 *; 生殖细胞致突变性,类别 1B; 致癌性,类别 2; 吸入危害,类别 1; 危害水生环境-急性危害,类别 2; 危害水生环境-长期危害,类别 2;	
1630	甲醇 汽油		methanol gasoline		易燃液体,类别 2 *; 生殖细胞致突变性,类别 1B; 致癌性,类别 2; 特异性靶器官毒性-一次接触,类别 1; 吸入危害,类别 1; 危害水生环境-急性危害,类别 2; 危害水生环境-长期危害,类别 2	
1648	氢	氢气	hydrogen	1333-74-0	易燃气体,类别 1; 加压气体	

序号	品名	别名	英文名	CAS 号	危险性类别	备注
1674	柴油（闭杯闪点≤60℃）		light diesel oil		易燃液体,类别 3	
1966	石油气	原油气	oilgas; crudegas		易燃气体,类别 1; 加压气体	
1967	石油原油	原油	petroleum; crude oil	8002-05-9	(1)闪点＜23℃和初沸点≤35℃: 易燃液体,类别 1; (2)闪点＜23℃和初沸点＞35℃: 易燃液体,类别 2; (3)23℃≤闪点≤60℃: 易燃液体,类别 3	
2123	天然气（富含甲烷的）	沼气	natural gas, with a high methane content	8006-14-2	易燃气体,类别 1; 加压气体	
2568	乙醇（无水）	无水酒精	alcohol anhydrous; ethanol; ethylalcohol	64-17-5	易燃液体,类别 2	

注：1. 表中 CAS 号，又称 CAS 登录号，是任何一种化学品具有的国际通用的唯一专用编号。 由 CAS（美国化学文摘服务社 Chemical Abstracts Service)为化学物质制订的唯一登记号。

2. 表中危险性分类说明：

① 根据《化学品分类和标签规范》系列标准和现有数据，对化学品进行物理危险、健康危害和环境危害分类，限于目前掌握的数据资源，难以包括该化学品所有危险和危害特性类别，企业可以根据实际掌握的数据补充化学品的其他危险性类别。

② 化学品的危险性分类限定在《目录》危险化学品确定原则规定的危险和危害特性类别内，化学品还可能具有确定原则之外的危险和危害特性类别。

③ 分类信息表中标记" *"的类别，是指在有充分依据的条件下，该化学品可以采用更严格的类别。例如，序号 498"1,3-二氯-2-丙醇"，分类为"急性毒性-经口,类别 3 *"，如果有充分依据，可分类为更严格的"急性毒性-经口,类别 2"。

④ 对于危险性类别为"加压气体"的危险化学品，根据充装方式选择液化气体、压缩气体、冷冻液化气体或溶解气体。

⑤ 具体的说明可参见[9]：对于上述表中列出的危险化学品，国家安监总局还给出《实施指南（试行）》（以下简称《指南》),《指南》内容如下。

a.《危险化学品目录（2015 版）》（以下简称《目录》）所列化学品是指达到国家、行业、地方和企业的产品标准的危险化学品（国家明令禁止生产、经营、使用的化学品除外）。

b. 工业产品的 CAS 号与《目录》所列危险化学品 CAS 号相同时（不论其中文名称是否一致），即可认为是同一危险化学品。

c. 企业将《目录》中同一品名的危险化学品在改变物质状态后进行销售的，应取得危险化学品经营许可证。

d. 对生产、经营柴油的企业（每批次柴油的闭杯闪点均大于 60℃的除外）按危险化学品企业进行管理。

e. 主要成分均为列入《目录》的危险化学品，并且主要成分质量比或体积比之和不小于 70% 的混合物（经鉴定不属于危险化学品确定原则的除外），可视其为危险化学品并按危险化学品进行管理，安全监管部门在办理相关安全行政许可时，应注明混合物的商品名称及其主要成分含量。

f. 对于主要成分均为列入《目录》的危险化学品，并且主要成分质量比或体积比之和小于 70% 的混合物或危险特性尚未确定的化学品，生产或进口企业应根据《化学品物理危险性鉴定与分类管理办法》（国家安全监管总局令第 60 号）及其他相关规定进行鉴定分类，经过鉴定分类属于危险化学品确定原则的，应根据《危险化学品登记管理办法》（国家安全监管总局令第 53 号）进行危险化学品登记，但不需要办理相关安全行政许可手续。

g. 化学品只要满足《目录》中序号第 2828 项闪点判定标准即属于第 2828 项危险化学品。 为方便查阅，危险化学品分类信息表中列举部分品名。 其列举的涂料、油漆产品以成膜物为基础确定。 例如，条目"酚醛树脂漆（涂料）"，是指以酚醛树脂、改性酚醛树脂等为成膜物的各种油漆涂料。 各油漆涂料对应的成膜物详见国家标准《涂料产品分类和命名》（GB/T 2705—2003）。 胶粘剂以粘料为基础确定。 例如，条目"酚醛树脂类胶粘剂"，是指以酚醛树脂、间苯二酚甲醛树脂等为粘料的各种胶粘剂。 各胶粘剂对应的粘料详见国家标准《胶粘剂分类》（GB/T 13553—1996）。

h. 危险化学品分类信息表是各级安全监管部门判定危险化学品危险特性的重要依据。 各级安全监管部门可根据《指南》中列出的各种危险化学品分类信息，有针对性地指导企业按照其所涉及的危险化学品危险特性采取有效防范措施，加强安全生产工作。

i. 危险化学品生产和进口企业要依据危险化学品分类信息表列出的各种危险化学品分类信息，按照《化学品分类和标签规范》系列标准（GB 30000.2—2013 ~ GB 30000.29—2013）及《化学品安全标签编写规定》（GB 15258—2009）等国家标准规范要求，科学准确地确定本企业化学品的危险性说明、警示词、象形图和防范说明，编制或更新化学品安全技术说明书、安全标签等危险化学品登记信息，做好化学品危害告知和信息传递工作。

j. 危险化学品在运输时，应当符合交通运输、铁路、民航等部门的相关规定。

k. 按照《危险化学品安全管理条例》第三条的有关规定，随着新化学品的不断出现、化学品危险性鉴别分类工作的深入开展，以及人们对化学品物理等危险性认识的提高，国家安全监管总局等 10 部门将适时对《目录》进行调整，国家安全监管总局也将会适时对危险化学品分类信息表进行补充和完善。

由于氢气的性质，将氢气列入《危险化学品目录》完全合理。按照危化品管理氢气，对氢气生产的地点、规模，氢气的输运和使用都有一套严格的管理。先前，氢气主要用于工业原料，严格的管理要求完全应该。

最新的情况是氢气在能源领域得到极大的重视，越来越多的示范和商用在我国和世界各国实施。氢气已经成为能源的新品种！比如，"国家统计局"宣布，从 2020 年起，单独统计全国的氢气产量[10]。近日，《标准普尔全球普氏能源资讯（S&P Global Platts）》发布全球第一个氢价评估产品，目前在其官网上已经出现了第一条氢价格信息。这表明和石油、天然气一样，氢气在国际上已经将要享受大宗能源商品的待遇了。

氢气和石油、汽油、柴油、天然气都列于《危险化学品目录（2015 版）》。但是由于石油、汽油、柴油和天然气的能源应用已经是事实，故有关机构，如国家能源局、工信部等对石油和天然气都有专项法律法规、规章及规范性文件，使得石油、汽油、柴油和天然气虽列于《危险化学品目录（2015 版）》，而以能源管理的要求输送到工厂、企业和千家万户。氢气则不然，氢不在现有的能源法律法规、规章及规范性文件中，因此氢的生产、储运和应用只能按照危化品管理，极大地限制了氢能能源应用。许多氢能工作者都呼吁有关部门给作为能源使用的氢气以能源管理模式。相信不久，氢气就会像汽油、柴油和天然气一样，虽然列于危化品目录，但是作为能源应用的氢气，会按照能源管理。这将有利于我国氢能产业的发展。

11.4 我国有关氢安全国家标准

我国的氢能和燃料电池标准主要由国家标准管理委员会[11]（Standardization Administration of the People's Republic of China，SAC）管理，是国务院授权履行行政管理职能、统一管理全国标准化工作的主管机构，正式成立于 2001 年 10 月。其所管辖的数百个分技术委员会中，有 4 个分技术委员会制定、审议和实施与氢有关的国家标准。他们分别是全国氢能标准化技术委员会（编号 SAC/TC 309）、全国燃料电池及液流电池标准化技术委员会（编号 SAC/TC 342）、全国汽车标准化技术委员会（编号 SAC/TC 114）和全国气瓶标准化技术委员会（编号 SAC/TC 31）。

经过多年的努力，我国一共发布百余项氢能国家标准。其中与氢能安全有关的国家标准可见表 11-2。

表 11-2 与氢能安全有关的国家标准

类别	标准号	标准名称	备注
氢制取	GB 4962—2008	氢气使用安全技术规程	专讲"氢气使用"的安全要求
	GB/T 19774—2005	水电解制氢系统技术要求	在"5.2.9阻火器"要求系统安装阻火器
	GB/T 34540—2017	甲醇转化变压吸附制氢系统技术要求	在"5.3.1管道"中，强调含氢管道的选材
	GB/T 34539—2017	氢氧发生器安全技术要求	对"氢氧发生器"的安全提出求
	GB/T 29411—2012	水电解氢氧发生器技术要求	单列"7安全技术"
氢储运	GB/T 34544—2017	小型燃料电池车用低压储氢装置安全试验方法	在"5试验方法"中对低压储氢装置的各种试验规定了详细的试验方法和指标
	GB/T33292—2016	燃料电池备用电源用金属氢化物储氢系统	在"5.4安全措施"中对金属氢化物储氢系统的氢气系统和泄漏作了说明
	GB/T 26466—2011	固定式高压储氢用钢带错绕式容器	在"7液压试验"中对容器的液压试验规定了详细的压力、温度等试验方法和指标
	GB/T 35544—2017	车用压缩氢气铝内胆碳纤维全缠绕气瓶	在"6试验方法和合格指标"中对气瓶的各种试验规定了详细的试验方法和合格指标
加氢基础设施	GB/T 31139—2014	移动式加氢设施安全技术规范	对压力 15~70MPa 的移动加氢设施提出安全要求
	GB/T 34583—2017	加氢站用储氢装置安全技术要求	提出压力低于 100MPa 的加氢站用储氢装置的安全要求
	GB/T 34584—2017	加氢站安全技术规范	对加氢站提出全面安全要求
	GB/Z 34541—2017	氢能车辆加氢设施安全运行管理规程	车辆加氢的指导性文件
	GB/T 29124—2012	氢燃料电池电动汽车示范运行配套设施规范	对加氢站和加氢车的加注提出氢安全的要求

续表

类别	标准号	标准名称	备注
加氢基础设施	GB/T 34425—2017	燃料电池电动汽车加氢枪	对加氢枪提出严格的技术要求
	GB/T 31138—2014	汽车用压缩氢气加气机	其中"6.3安全性要求"对加气机提出详细的安全要求
燃料电池及应用	GB/T 27748.1—2017	固定式燃料电池发电系统第1部分：安全	对"固定式燃料电池发电系统"提出安全要求
	GB/T 31037.1—2014	工业起升车辆用燃料电池发电系统第1部分：安全	对"工业起升车辆用燃料电池发电系统"提出安全要求
	GB/T 23751.1—2009	微型燃料电池发电系统第1部分：安全	对"微型燃料电池发电系统"提出安全要求
	GB/T 33983.1—2017	直接甲醇燃料电池系统第1部分：安全	对"直接甲醇燃料电池系统"提出安全要求
	GB/T 36288—2018	燃料电池电动汽车燃料电池堆安全要求	对"燃料电池电动汽车"的燃料电池堆提出安全要求
	GB/T 36544—2018	变电站用质子交换膜燃料电池供电系统	对"变电站用质子交换膜燃料电池供电系统"提出安全要求
	GB/T 31036—2014	质子交换膜燃料电池备用电源系统安全	对"质子交换膜燃料电池备用电源系统"提出安全要求
	GB/T 30084—2013	便携式燃料电池发电系统安全	对"便携式燃料电池发电系统"提出安全要求
	GB/T 26916—2011	小型氢能综合能源系统性能评价方法	"6.4安全评价"提出对氢能综合能源系统的安全评价要求
	GB/T 24549—2009	燃料电池电动汽车安全要求	对燃料电池汽车提出安全要求
	GB/T 29123—2012	示范运行氢燃料电池电动汽车技术规范	对用于示范的燃料电池车提出一系列安全注意事项
	GB/T 26990—2011	燃料电池电动汽车车载氢系统技术条件	对燃料电池车的储氢系统提出安全要求
	GB/T 34537—2017	车用压缩氢气天然气混合燃气	对"车用HCNG燃料"提出标准要求
氢系统	GB/T 29729—2013	氢系统安全的基本要求	对氢系统的安全提出基本要求

全国氢能标准化技术委员会（SAC/TC197）是国际标准化组织氢能标准技术委员会（ISO/TC197）成员，全国氢能标准化技术委员会前主任委员毛宗强教授曾任（ISO/TC197）副主席多年，对中国氢能标准与国际氢能的交流做了大量工作。有关（ISO/TC197）的详细情况请参见本书第10章"国际氢安全标准法规概况及发展"。

参 考 文 献

[1] 国务院国有资产监督管理委员会官网. www.sasac.gov.cn.
[2] 国家自然科学基金委员会官网. www.nsfc.gov.cn.
[3] 中华人民共和国应急管理部官网. https://www.mem.gov.cn.
[4] 国家市场监督管理总局特种设备安全监察局. http://www.samr.gov.cn/tzsbj.
[5] 国家市场监督管理总局标准技术管理司. http://www.samr.gov.cn/bzjss/.
[6] 国家市场监督管理总局标准创新管理司. http://www.samr.gov.cn/bzcxs/.
[7] 国家市场监督管理总局标准创新管理司. http://www.samr.gov.cn/rzjgs/.

［8］   国家安全监管总局. 危险化学品目录（2015 版）实施指南（试行）［S］. 北京，2015.

［9］   《化学品分类和标签规范》说明. https：//wenku. baidu. com/view/e7203ce955270722182ef721. html.

［10］   国 家 统 计 局 宣 布 统 计 国 家 氢 气 产 量. http：//www. baidu. com/link? url＝rcvf1uDm3 _ foJV-
        Ui8 LlZV7 HznpBMLlJ5 UiN2 Ji6 aN7-7 ecMyyNYUjZm tk2 QeXicNdK7jOARH1 Hg5 puXlslQ3 q& wd＝&eqid＝
        b4b7adfb00b7d3b3000000035e3b73b1.

［11］   国家标准管理委员会官网. http：//www. sac. gov. cn.

第12章
氢安全伦理

人类利用能源主要以三种形式：一是电力，很方便地进入千家万户，为各种电气工具提供动力；二是热能，为万千工厂和家庭提供热力；三是交通工具的燃料。在实际能源消耗中，这三种能源形式基本各占 1/3。许多燃料并不能同时提供这三种形式的能源。如煤炭可以提供电力和热力，但是作为交通工具的燃料就越来越少了。由于氢能可以同时提供电力、热力和交通工具的燃料，被称为全能能源。氢燃料电池轿车、大客车、轻卡和重卡已经在生产生活中初显身手，就连高铁机车、飞机也开始使用氢燃料电池。目前，全世界已经有上万辆氢燃料电池车在运行，数百座加氢站提供氢气加注服务；数十万座氢燃料电池热电冷联供系统为家庭和工厂提供高效能源。氢能已经进入产业化初期。目前，新型冠状病毒在侵扰世界，给世界经济带来很大冲击，可能会延缓氢产业化的速度，但不会改变氢能发展的方向。

为了保证氢的安全生产、储运和使用，针对不同的氢能环节，根据氢气的特性和设备与环境的特点制定出严格而详细的安全规章制度是非常必要的，正如本书的大部分章节所描述的那样。不过，在现实中这些规章制度、设备操作都需要工作人员去执行（将来机器人时代例外）。再好的氢安全制度，操作人员不认真也不能保证氢安全。这里操作人员与管理人员的培训（安全知识和岗位责任心培训）就必不可少。操作人员与管理人员的安全伦理就会起到很大的作用。

笔者在早年选择氢作为能源替代的新品种时，考察了各种能源的物理性质、化学性质、储藏或供给量、生产条件、储运要求、环境容量、现有产业的关联、对社会经济的影响和对社会结构的反馈等。这些已经包含能源伦理所涉及的方方面面，只不过，当时不那么有伦理意识。在氢能越来越受到国内外政治家、科学家、投资家、实业家追捧时，氢能开始走向产业化之际，笔者一方面对当时的选择（氢）得到今天全世界的认可感到欣慰，另一方面，也觉得为了氢能可以永久、安全、持续地造福人类、和谐环境和友好自然，应该梳理氢和氢能背后的法则、法规、观念、理念、道德和伦理。简言之，日益发展的氢能实践是推动氢伦理研究的主要动力与基础。

对于氢的未来，2017 年成立的世界领军企业组成的"世界氢委员会"（Hydrogen Council，https：//hydrogencouncil.com）给予很高的期望。世界氢委员会预测到 2050 年氢将占世界一次能源的 18%，减排 60 亿吨二氧化碳，创造 2.5 万亿美元的产值并提供 3000 万就业岗位。从这一角度出发，如此重要的氢，没有自己的伦理支柱是不可想象的。而目前哲学家、伦理学家可能并未看到能源的革命前景。2004 年 7 月，73 岁高龄的美国哲学家理查德·罗蒂（RichardRorty）访问上海复旦大学，发表题为"哲学家的展望：2050 年的中国、美国与世界"，认为"中国和美国可能会发生战争，这不仅是因为国家主权问题，而且还因为争夺石油资源的问题……"[1]。哲学家、伦理学家目前还是着眼化石能源，看不到氢的重要和未来，也就不能指望他们去为氢创建伦理，得工程技术人员自己来跨界担当。

国内外对伦理非常重视，表现在成立诸多各式各样伦理学术组织和管理机构。

美国哲学学会（American Philosophical Society，APS），又称作美国哲学会，是美国历史最悠久的学术团体，官网为 https：//www.amphilsoc.org。会员是选举制，大部分入选会员都是数学、物理、地理、生物科学和医学研究、社会科学、人文学科各领域的代表。目前，该协会约有 1000 名经选举产生的会员，其中约 840 名是常驻会员（是美国公民或在美国生活和工作的公民），约 160 名是来自 20 多个国家的国际会员。自 1743 年以来的 200 多年里，只有 5676 名成员当选。自 1900 年以来，有超过 260 名会员获得了诺贝尔奖。学会赞助人为宾夕法尼亚州州长。现任第 37 届学会主席（2017—2020）Linda Greenhouse 女士，为曾获得普利策奖的记者。这是学会成立 273 年以来的第一位女主席。APS 由本杰明·富兰克林参照伦敦皇家学会于 1743 年创立。

美国哲学协会（American Philosophical Asociation，APA）是美国全国性的哲学学术团体，创建于 1900 年，官网为 https：//www.apaonline.org/。1975 年起，协会总部设在新泽西州纽瓦克市特拉华大学。它的宗旨是：在学术领域和公共领域促进哲学的学科和专业。APA 支持所有层次的哲学家的发展，并致力于促进对哲学探究价值的深入探索。APA 目前提供五种会员供选择：注册会员（包括退休会员）、国际会员、学生会员、中小学教师资格、同行会员。APA 是一个联邦机构，由中部、东部和太平洋地区以及一个全国性的办公室组成的非营利组织。注意 APA 和 APS 的区别，APA（美国哲学协会）是专门研究哲学的专业委员会，而 APS（美国哲学学会）则是美国的最高学术研究机构，其地位相当于英国皇家学会（Royal Society）在英国的地位。

还有众多的伦理学术组织，例如：世界科技伦理委员会，全称世界科学知识与技术伦理委员会（COMEST），是联合国教科文组织的下属顾问机构，我国是其委员会成员。联合国教科文组织全称联合国教育、科学及文化组织（United Nations Educational，Scientific and Cultural Organization，UNESCO），于 1945 年 11 月 16 日正式成立，总部设在法国首都巴黎，官网：http：//www.unesco.org/。现有 195 个成员，是联合国在国际教育、科学和文化领域成员最多的专门机构。

中国伦理学会（China Association for Ethical Studies，CAES）成立于 1980 年 6 月，是由中国社会科学院主管，民政部批准成立的全国性社会团体。中国伦理学会官网为 http：//www.cn-e.cn。CAES 的任务是组织开展伦理学研究；组织国内外伦理学术交流；开展道德教育、道德知识普及宣传和道德实践活动；组织出版相关图书、专著；承担学会会刊的编辑、出版和发行工作。学会刊物为《道德与文明》（国家社科基金资助期刊、全国中文核心期刊、中国人文社会科学核心期刊）和《伦理学研究》（全国中文核心期刊、中国人文社会科学核心期刊）。中国伦理学会会长为清华大学哲学系主任、我国著名的伦理学家万俊人教授。

除了不少学会、协会之外，政府也有各种伦理顾问委员会。如 2009 年 11 月 24 日，美国总统奥巴马宣布设立新的生物伦理顾问委员会，以取代前任总统小布什在任期间的类似委员会班子（美国国家生物伦理学顾问委员会 CSDL-ChIN）。新委员会由 13 人组成，主席为宾夕法尼亚大学校长、政治学者 Amy Gutmann，副主席为埃默里大学校长、材料科学家 James Wagner。

我国 2019 年宣布成立"国家科技伦理委员会"。在国家层面组建科技伦理委员会，为科技创新构建一套全覆盖的价值导向体系，探索科技活动中的伦理边界，让科技进步更好造福人类，也防止随意打开"潘多拉魔盒"，为科技快速、良性发展提供了制度保障。

12.1　氢安全伦理概念

氢安全伦理，顾名思义就是有关氢安全的伦理。它与氢伦理和安全伦理密切相关。

12.1.1　氢伦理介绍

有关伦理的定义有多种表述，基本大同小异。初始的伦理从人的角度出发，一般是指一系列指导人们行为的观念，是从概念角度上对道德现象的哲学思考。它不仅包含对人与人，还包含人与社会之间关系处理中的行为规范。

现代伦理已经跨出人类范畴，对物质世界、行为动作等都有伦理的束缚。伦理无所不在，无处不在，包罗万象。伦理学的分支很多，例如"元伦理学""分析伦理学""美德伦理学""规范伦理学"等。在"规范伦理学"之下又设计许多门类，例如"社会伦理""环境伦理""经济伦理""政治伦理""能源伦理""生态伦理"，有的具体到"商业伦理""工程伦理""建筑节能伦理""核伦理""核能伦理""电力伦理"等。应该说明的是哲学家、伦理学家们对各分支也都没有统一的认知，算是百家争鸣。本章无意参加伦理概念大战，只是选用主流说法。本章提出氢伦理的目的：一是为氢经济的可持续发展提供必要的道德辩护，即从道德的角度论证人类发展氢经济的合理性；二是为氢经济的发展创造必要的道德秩序或道德氛围。

就"能源伦理"而言，新西兰学者克劳斯·鲍斯曼[2]指出能源伦理学和可持续发展能源伦理学的区别，强调可持续能源的三个伦理原则就是：①生态可持续性原则（或称种际正义原则）。人类必须以一种不危及地球生态系统完整性的方式开发利用能源。②社会及经济平等原则（或称代内正义原则）。个人可以在平等基础上按适当的标准获取能源，并应允许其满足能源需要。③对后代负责的原则（或称代际正义原则）。人们必须以一种不危及后代人满足其能源需求能力的方式开发利用能源。氢能是可持续能源，氢能伦理包括在可持续发展能源伦理之中，又有自己的特点。

氢的发现和利用是人类精英多年探索的成果，氢存在于人们的生产、生活之中，也必然受到伦理的支配。笔者从事氢能研究开发多年，就一直思考氢伦理（hydrogen ethics）问题。实际上氢的范畴比"氢能"更加广泛，氢除了可作为能源外，还可用作化工原料、冷却剂、保护气体，氢气还用于医疗、保健等，故氢能伦理是氢伦理的一部分。2019年，笔者在国内首次明确提出了氢能伦理的概念，认为氢能伦理方面的核心观点是以自然为本，可持续发展。笔者多次在国内外会议上论述"氢能伦理"。例如，笔者认为在氢能制备上，可再生能源制氢，即"太阳氢"符合氢能伦理，为此在2010年出版了《无碳能源：太阳氢》[3]专著阐述。2019年5月6日，在北京召开的"第四届中国国际氢能与燃料电池技术应用展览暨产业发展大会"上，笔者首次明确提出"氢能伦理"的概念："我们的目标就是生产、利用无碳氢、太阳氢。氢能是二次能源，用其他一次能源或二次能源，通过水都能得到氢，不管怎么使用氢，最后氢又变成水，这是一个循环。所以氢从可再生资源制造就是绿色的，符合可持续发展，就是符合氢能伦理。"

2019年7月15日，首届"中国北方氢谷"产业发展高端交流会上，笔者再一次阐述氢能伦理："制氢是氢能产业链的龙头，可再生能源制氢是符合氢能伦理的氢能可持续发展之路。"[4]

"氢能伦理"一经提出就得到专家的响应。由中国石化《车友报》《能源》杂志、第一元素网（H2MEDIA.CN）联合主办的"中国氢能产业与能源转型发展论坛"于2019年6月21日在北京召开。中国工程院院士、中国工程院原副院长杜祥琬教授发言表示发展氢能应关注"氢能伦理"，很多氢能学家提出了这个"氢能伦理"概念，这是氢能发展的准则，即可持续发展。

氢能伦理可以理解为人、环境和社会与氢能之间的相处原则。具体而言，氢能的制备、运输和利用都涉及化工过程，而化工伦理更多关注的是安全生产以及环境保护，其中安全生产是重中之重。因此，氢能伦理可以包括三个方面的内容：一是在安全方面，保证氢的生产、运输和利用过程中安全风险可控；二是在环境保护方面，保证氢在生产、运输和利用过程中与环境友好，不产生污染，也就是笔者一直提倡的，利用可再生能源发展无碳氢即"太阳氢"；三是可持续发展，使氢能服务社会，可持续发展是基本要求，最后社会达到的理想状态就是人与自然和谐相处。

由于氢作为能源具有物质特性，氢可以像石油、天然气那样成为商品，具有商品特性，氢气可以用来交易，推动银行、证券交易，具有金融特点，还由于氢作为能源，将影响国家战略安全，进而具有政治特点，故氢能伦理是商品伦理、金融伦理、政治伦理等伦理的交叉。氢作为能源与传统的能源有许多显著的不同，导致氢能伦理与能源伦理有联系，也有差别。

本书聚焦"氢安全"，故这里仅讨论"氢安全伦理"。

12.1.2　氢安全伦理基本内容

讨论安全伦理的文献很多，刘星[5]指出安全伦理的对象是安全道德，安全道德是安全伦理的核心概念。龚天平[6]指出当代社会人们的安全需要实际上是个人对社会的伦理期盼，其实现机制主要在于三方面：一是政府机制，二是市场机制，三是公民社会机制。徐本磊[7]指出，随着市场经济的迅猛发展，企业安全伦理显得越来越重要。他从企业安全伦理的概念、企业安全伦理的基本原则、企业安全伦理的基本关系等几个方面做了简单综述。陈爱华[8]研究能源-环境伦理，指出能源-环境问题是走向低碳社会的核心问题，而其关键又是能源问题。由于化石能源危机，我们必须探索如何走出过去先污染（环境）后治理的环境伦理困境，发展新型的洁净能源。同时，高碳能源的使用与消耗导致高碳排放，进而导致了严重的环境问题——地球的温室效应，危及人类生存，因而倡导低碳经济与低碳生活、构建低碳社会是当代社会人类的必然选择。

氢安全伦理是安全伦理的组成部分，也是氢能伦理、氢伦理的重要组成部分。

氢安全伦理是研究、实践和不断修正的保证氢在其生产、储运和使用全产业链的安全所应遵循的道理和准则。氢安全伦理是指一系列指导氢行为的观念，是从安全概念角度上对氢道德现象的哲学思考。氢安全伦理是安全伦理的一部分，也是氢能伦理和氢伦理的一部分。

氢安全伦理研究"三种关系"即人与人的关系、人与社会的关系和人与自然的关系。

氢安全伦理有"三大实践主体"，即人、政府职能部门和企业。未来保障氢能安全，这三大主体应主动地承担氢安全伦理责任，履行自己的氢安全伦理责任。

氢安全伦理的目的是保障氢能安全地服务于人类社会，同时与大自然和谐共处。

12.1.3　氢安全伦理主要基础

氢安全伦理的主要基础为"安全第一"的哲学观念、"预防为主"的安全意识和"人命关天"的伦理观念。

12.1.3.1　"安全第一"的哲学观念

"安全第一",从伦理道德意义层面上看有如下各层次意义。

（1）体现了对人生命安全的最基本的道德情感关怀

在百度上键入"安全",可以查到:通常指人没有受到威胁、危险、危害、损失。这些都是客观存在的。雷国琼[9]指出:所谓安全,就是客观上不受威胁、主观上没有恐惧,就有主客观两个方面。在本书,为了便于讨论,采用百度的说法。

安全是在人类生产过程中,将系统的运行状态对人类的生命、财产、环境可能产生的损害控制在人类能接受水平以下的状态,人类的整体与生存环境资源和谐相处,互相不伤害,不存在危险的隐患。人作为生命个体,追求个体自身生命的生存并使之不受威胁的安全需要是人的第一需要。安全是人的最基本需要,追求安全是人类根本的伦理命题。

"安全第一",体现的是伦理主体对安全伦理对象的生存安全所给予的伦理道德情感关怀的至高无上的位置[10]。

（2）体现人生命安全是最具根本性的伦理道德

孟子说"君子不立危墙之下",这句话的字面意思是君子要远离危险的地方。这里包括"安全第一"的哲理。

对个人而言,安全第一也就是生命第一。每个人的生命只有一次,没有生命,从个人角度看,你所有的努力都会白费。

对政府而言,没有安全,社会不会稳定。韩国政府积极推动氢能,部署氢能,将氢安全置于特别重要的地位。2020年2月,韩国率先发布全球首个《促进氢经济和氢安全管理法》,给氢安全立法,以促进基于安全的氢经济建设。大家知道,2019年5月23日,韩国首尔以东的江原道江陵科学园发生氢气罐爆炸事件。该爆炸事故共导致2人死亡,6人受伤,3栋厂房被损坏。2019年9月底,韩国一家化工厂又发生氢气泄漏,随后的火灾导致3名工人烧伤。接二连三的氢安全事故引发了韩国居民的大规模抗议,他们反对在自己居住地附近修建氢气设施,造成韩国社会不安。

对企业而言,没有安全就没有生产。生产的目的是为社会创造价值,没有安全就无法进行正常的生产。安全事故不但会造成生命和财产损失,而且会产生巨大的心理障碍,直接影响生产。所以企业执行"安全第一"一是要从开始生产设计就考虑安全因素、措施,二是在执行生产的过程中,如果遇到安全问题,则应立即解决安全问题,不能让生产带病进行。这就是"安全一票否定制"。

（3）体现了安全伦理的"三不伤害原则"

安全伦理"三不伤害原则"是指安全伦理主体在安全实践中所遵循的"不伤害自己""不伤害他人"以及"不被他人伤害"道德原则。安全伦理"三不伤害原则"同样适合氢安全伦理。"不伤害自己"要求主体从珍惜自己生命出发,自觉遵循安全规范,保护好自己。"不伤害他人",则要求任何安全伦理主体都不应当伤害他人的身体健康和生命安全。"不被他人伤害"要求主体不仅自己遵守规范,而且要有相当技术技能和自我防护意识,不被他人、他物伤害[10]。应该指出，这一原则是涉及人身安全的基本要求。事实上，安全问题时常引发设备、厂房被破坏，造成财产损失、生产停止，带来财富损失。为了避免这些损失，就应该保证生命和财产的安全。那么，仅仅保证人身安全的"三不伤害原则"就不够用了。

（4）氢能产业链"安全第一"格外重要

以前的氢主要用于化工领域，都由专业人士运作，这些受过安全训练的专业人士可以安全运行他们所管辖的设备和场所。现在，氢作为一种新的能源直接接触万千公众。当公众驾驶氢燃料电池汽车时，公众与车上的燃料电池装置、高压储氢瓶近距离接触；公众在加氢站，要为350～700bar的高压氢气瓶加注氢气……因为公众与氢广泛、近距离接触，而且公众人数多、氢知识水平参差不齐、生活习惯差异极大，所以氢安全成为重中之重，格外要求氢能"安全第一"必须落实。

12.1.3.2　"预防为主"的安全意识

安全领域的"海恩法则"指出：每一起严重事故的背后，必然有29次轻微事故和300起未遂先兆以及1000起事故隐患。"海恩法则"说明：任何一个事故都是有原因的，有先兆的。任何一个事故都是次级事故隐患不断积累的结果，因此"预防为主"，将安全隐患消灭在萌芽之中，则安全是可以保证的。氢安全也不例外，只要制定科学的规章制度，安全伦理执行主体人严格遵循，就能够保证氢安全。

"预防为主"要求对安全伦理执行主体人进行安全伦理教育，高度重视安全生产，掌握本岗位的工艺流程，设备操作，精通本岗位的安全操作规程。

"预防为主"要求安全伦理执行主体人有高度责任心，能够公正、平和、冷静、细致地完成各项操作，确保安全。

"预防为主"要求安全伦理执行主体人深入现场查隐患，找漏洞，制止违章指挥、操作，消灭安全隐患，细化安全措施，提高自我保护意识和安全自救能力。

12.1.3.3　"人命关天"的伦理观念

"人命关天"指有关人命的事情关系极其重大。其典故出自元·无名氏《杀狗劝夫》第四折："人命关天，分甚么首从。"[11]

天地之间人为贵。"人命关天"伦理观念要求伦理主体在处理人与物、人与经济利益的利益关系上，要遵循人的身体健康、生命安全、安全利益至上的伦理道德。这是因为人的生命价值不仅对于每一个个体来说是最无比珍贵的，而且人的生命对于每一个人来说只有一次。人的生命是实现其他一切价值的物质基础和前提，没有生命，一切都失去基础。

"人命关天"强调生命的宝贵，但是并没有否定侠客义士、英雄人物舍生取义。多少仁人志士为了民族解放，为了广大人民的利益而牺牲自己的生命，为历史所铭记，为人民所敬仰。

12.1.4　氢安全伦理基本关系

氢安全伦理基本关系指人与人的关系、人与自然的关系和人与社会的关系。

12.1.4.1　人与人的关系

在传统的安全伦理中，首先处理的就是人与人的关系。文献［12］指出作为理性层面的安全伦理，其基本要义是既要考虑自身安全，也要考虑他人（自然或社会）的安全。

　　人与人的关系在安全实践中就会出现"不被他者伤害（威胁）"和"不伤害（威胁）他者"的安全行动伦理，当然还包括不伤害自己在内的自我安全伦理[13]，即"三不伤害原则"应该是安全论理的"基准线"[14]。

　　从人与人关系的角度上看，氢能对人的伤害一般指对肉体上造成的伤残，以及由此给受害人及家属造成精神上的伤害。如果发生死亡，则受害人家属造成精神上的伤害更大。"三不伤害原则"除了坚持不能使人残废等道德规则之外，还进一步引申到不能剥夺人类追求快乐的机会、不能剥夺人类追求幸福的权利等精神层面的价值准则。

12.1.4.2　人与自然的关系

　　人与自然的关系应该是人类与自然之间互相依存、和平共生与和谐发展的关系。人类与地球、海洋、大气等构成一个生态共同体。随着人类探索空间步伐加快，这个共同体的边界将会扩展到太阳系甚至更远。人类作为生态共同体的一个元素，则人与自然的关系也要坚持"三不伤害原则"。在这个生态共同体里，每一个元素的任何动作都对另一个元素有所影响。我国很早就有"天人合一"的说法。最先阐述这一思想的是庄子，《庄子·齐物论》中提出"天地与我并生，而万物与我为一"，后被汉代思想家、阴阳家董仲舒发展为"天人合一"，得到广泛的赞同和继承。

　　"天人合一"中的"天"原指的就是自然界，现在已延伸到太空。苏联在 1957 年 10 月 4 号发射人类首颗人造地球卫星。美国于 1958 年 1 月 31 日发射了"探险者"人造卫星。法国于 1965 年 11 月 26 日发射了人造卫星。日本于 1970 年 2 月 11 日发射了人造卫星"大隅"号。我国于 1970 年 4 月 24 日发射了人造卫星"东方红"号。英国于 1971 年 10 月 28 日发射了人造卫星"普罗斯帕罗"号。目前，全球共发射人造卫星大约 6600 颗，只有大约 1000 颗在有效运转，其他均已成为太空垃圾。人类探索太空的步伐在加大。美国在 1997 年 10 月发送"卡西尼"号对土星系进行空间探测。2006 年 1 月美国发射"新地平线"冥王星探测器，已经飞越冥王星，是人类发射的第五只飞出太阳系的人造物体。"勇气"号火星探测器和"机遇"号火星探测器是美国宇航局系列火星探测器，分别于 2004 年 1 月 3 日和 2004 年 1 月 25 日成功在火星表面登陆，并发现有水的证据。美国"旅行者 1 号"探测器，于 1977 年 9 月 5 日发射，2012 年 8 月 25 日"旅行者 1 号"成为第一个穿越太阳圈并进入星际介质的宇宙飞船。截至 2019 年 10 月 23 日，"旅行者 1 号"正处于离太阳 211 亿公里的距离，正在向太阳系边界逼近。可见，人类探索的范围已经超越地球，所以，老祖宗的"天人合一"的"天"已经不能仅仅指地球，而应该扩展到太空。

　　"天人合一"理念体现在氢安全伦理中，应该包括以下两个方面。

　　（1）保护、善待自然，尊重自然生命

　　地球是由生物多样性所组成的生物圈，人类是地球村的居民之一，如果人类想要存活，便要尊重、热爱地球生态共同体的生物多样性表现。地球生态共同体中，各种生命有机体都是经过了亿万年的自然淘汰和遗传进化被精选出来的，以最有利于这个系统的稳定、平衡的方式存在。现在，人类过度地开发地球资源，无节制地排放温室气体，都对生态环境产生有意或无意的伤害。联合国环境署成立的政府间生物多样性和生态系统服务平台（IPBES）发布的一份报告中指出，在地球上估计有 800 万种动植物物种中，大约有 100 万种动植物物种正面临灭绝的威胁，其中许多物种将在几十年内灭绝，比人类历史上任何时候都要多。人类对这一可怕的趋势负有不可推卸的主要责任。

　　生物种类灭绝会影响生物链，最终会影响居地球生物链最高端的人类。就以蜜蜂为例，人类食物中约 1/3 是直接和间接来源于昆虫授粉的植物。蜜蜂是主要授粉昆虫,占授粉总量的 60% 以上。蜜蜂对生态具有重要的平衡作用。没有蜜蜂,没有授粉,就没有植物。地球上的氧气是由植物所制造出来的,如果没有植物也就没有氧气,没有氧气,人类就不能存活。可是由于人类滥用杀虫剂,全球蜜蜂种群下降,多种蜜蜂已濒临灭绝。爱因斯坦曾经说过,没有蜜蜂人类最多只能活 4 年!从伦理出发,人类也必须善待生物圈。

根据世界卫生组织官网公布的《冠状病毒(COVID-19)第 147 号疫情报告(Coronavirus disease(COVID-19)Situation Report-147)》,截至 2020 年 6 月 15 日 10 时,欧洲中部夏令时间(Central European Summer Time,简称 CEST),在世界卫生组织成员国范围内累计确诊病例 7823289 例,累计死亡 431541 例。新型冠状病毒给全世界带来巨大的损失。新型冠状病毒源头直指野生动物非法交易,所以打击非法猎捕、非法交易野生动物、保护野生动物就是保护人类自己。

(2)遵循生态规律,进行能源活动

地球自然万物不断进化发展,逐渐形成一个动态的生态平衡系统,每一生物在这一平衡系统中都占有一席地位,具有一定功能。任意破坏、排挤它们,必然打破原有的生态平衡,给地球带来灾难。

化石能源利用过程中,产生大量的二氧化碳、二氧化硫、氮化物、悬浮颗粒物及多种芳香烃化合物,已对一些国家的城市造成了十分严重的污染。大气污染不仅导致生态的破坏,而且危害人体健康。欧盟由于大气污染造成的材料损坏、农作物和森林以及人体健康损失费用每年超过 100 亿美元。中国仅大气污染造成的损失每年高达 120 亿元人民币。如果计算一次能源开采、运输和加工过程中的其他问题,则损失更为严重[15]。

化石能源产生惊人的温室效应,工业革命前,大气中的二氧化碳按体积计算是每 100 万大气单位中约有 280ppm(1ppm 为百万分之一)。之后,由于大量化石能源的燃烧,1988 年大气二氧化碳浓度已达到 349ppm。2019 年 5 月,大气 CO_2 浓度均值达到 414.7ppm,在人类历史上前所未有,也高于数百万年来任何时期的水平。南极洲大陆也观测到有史以来的最高纪录。根据阿根廷国家气象局测定:位于南极半岛的埃斯佩兰萨科考站 2020 年 2 月 6 日中午温度为 18.3℃,这是南极大陆目前的最高气温读数。这比此前的最高气温——2015 年 3 月出现的 17.5℃ 高出了近 1℃。2020 年,南极的最高气温已经达到了 20.75℃,这是南极地区首次突破 20℃ 的大关。对于全是冰川的南极来说,这是个恐怖的温度,这必将导致更多的冰川融化,进而导致海平面上升,对全球许多国家的经济、社会产生严重影响。

燃烧化石能源产生的大量二氧化碳、二氧化硫和氮化物等污染物通过空气传播,可在一定条件下形成大面积酸雨。酸雨会改变覆盖区的土壤性质,危害农作物和森林生态系统;改变湖泊水库的酸度,破坏水生生态系统;腐蚀材料和建筑物等,造成重大经济损失。酸雨还可导致地区气候改变,造成难以估量的后果[15]。

为了解决这些能源弊端,人类只有使用无碳能源。利用太阳能、风能制氢、发电将是人类的必然选择。

12.1.4.3 人与社会的关系

人与社会的关系也是氢安全伦理的基本关系,传统的能源伦理只讲人与人的关系和人与自然的关系[16]。由于氢能和人类社会的密切关系,关注人与社会的关系符合伦理“代际关系”理论,也是氢安全伦理的特点。

社会,即是由人与环境形成的关系总和。人类的生产、消费娱乐、政治、教育等,都属于社会活动范畴。社会指在特定环境下共同生活的人群，能够长久维持的、彼此不能够离开的相依为命的一种不容易改变的结构[17]。

能源是人类社会赖以生存和进行生产的重要物质基础。人类社会发展的历史与人类认识和利用能源的历史密切相关。社会发展离不开能源，纵观全世界能源发展历史，1860年代是柴薪为主导的世界能源体系，由于社会对能源需求的增加，柴薪供给量有限，加之柴薪能量密度不满足内燃机要求，遂过渡到以煤炭为主要能源。由于石油、天然气作为能源比煤炭更优，发热量高，再过渡到以石油、天然气为主要能源。现在由于环境保护、气候变化要求减少二氧化碳的排放，无碳的可再生能源太阳能、风能、水能等呼之欲出。可再生能源可以直接发电，但是电力很难大规模储存。目前，最实用的大规模储电方案是抽水蓄能电站。抽水蓄能电站建设在有高低水位差的两座水库之间，抽水蓄能电站安装有抽水-发电两用机组。电网需要用电时，高位水库放水，高水位的水通过两用机组发电，将高水位的水的机械能转化为电能，向电网输送。当电网处于用电低谷，利用电网中多余的电能，将低位水库的水抽向高位水库中，这样，在用电低谷时把电网中多余的电能转化为水的机械能储存在水库中。可见抽水蓄能电站的站址要求很高，不是任何地方都可以建设的，这就大大限制了抽水蓄能电站的建设，也使得大规模储电成为难题。可再生能源如风电场、光伏电站不但可以发电，也可以通过电解水制成氢气，太阳光直接将水解离为氢气和氧气也在研究并取得进展。利用氢气可以储存的特点，二次能源氢能可以将不稳定的可再生能源太阳能、风能、水能等变为稳定供应的氢，因而格外受到重视。各种可再生能源（阳光、风、生物质、洋流、水流）本质上来自太阳，可再生能源氢或者说"太阳氢"将是永不枯竭的能源，除非太阳消亡。"太阳氢"会成为人类社会的永久能源，即终极能源。氢能的安全生产、供应和使用对人类社会至关重要，研究氢安全伦理自然要包含人与社会。

在人与社会的关系中也必须坚持"三不伤害原则"的基础。比如氢气的生产方式很多，目前96%以上的氢气由化石能源生产。我们获得氢气，同时也排放了大量的二氧化碳等温室气体，对社会造成污染。对于这样的制氢技术，我们不应该采用。即从伦理上避免故意伤害活动，建立起防患于未然的风险防范意识。在非用不可时，即在伤害无法避免的特殊情况下，尽量将伤害降低到最小，并且处理好灾害发生后续工作，尽量将风险降低到最小。

人与社会的关系还要求加强氢能利用在国际范围内的公平、正义、平等合作，不应该将合作项目的非安全性因素转嫁到其他地方。尤其发达国家不能将氢能实验带来的风险转移到发展中国家或地区。

12.1.5　氢安全伦理承担主体

安全伦理实践有三大主体，即伦理主体人、政府职能部门和企业。为了保障氢能安全，这三大主体也应该主动承担氢安全伦理责任，履行自己的氢伦理责任。

12.1.5.1　伦理主体人

氢安全伦理的伦理主体人包括决策人员、管理人员和运行人员。这是三个不同层面的伦理主体人，对于每个层面的伦理主体人要求都各不相同，但都要建立"安全第一"的安全伦理观。

氢能决策者是政府还有专家，包括技术专家和智库专家，他们参与氢能国家战略、地区战略或者氢能设施的设计与决策。氢能决策者在决定目标时就应该考虑到氢安全，而且将氢安全放在第一位。从国家规划来说，氢能决策者首先要考虑氢的来源是否足够，供应是否充足，这是氢源的安全问题。也要考虑氢全产业链对环境的影响，是否环境安全。氢能对社会的发展、就业的影响如何？也就是氢对社会是否安全等。

管理人员包括企业负责人、项目负责人等。氢安全管理人员应该具备完整的氢安全基本知识、一丝不苟的工作态度和规范化的工作程序，具有氢安全的道德观念、态度、品德、修养及其深层次的价值理念等精神因素和道德素质。平时有条不紊地管理好企业，保证安全运行。事故发生时，临危不乱，沉着应对，将事故控制在最小范围。

运行人员应该有本岗位扎实的业务知识，熟悉本岗位的生产工艺和流程，熟悉本岗位设备及泵、阀、控制器的具体位置及操作。定期复训，即再培训。运行人员应该知晓基本安全伦理，运行人员导致的安全事故可能是两种情况：一种是非故意的，由责任心不强和无意所致的氢事故；另一种是故意破坏和故意不作为或为了某种利益考虑而故意忽视所致的氢事故。无论哪种情况，都是由伦理道德观念引发的行为后果，所以应该对运行人员进行氢安全伦理的培训。

12.1.5.2 政府职能部门

政府职能部门是重要的氢安全伦理承担主体。我国五千年的历史中，可以说主要是伦理的管理。自有文字记载以来，王权、父权始终是国与家的主宰，同时，由于伦理的巨大作用，又使得中华数千年的社会管理形态呈现出"家国同构""家国一体"的基本特征，并一直绵延下来[18]。氢安全伦理是伦理的组成单元，那么政府也就自然成为重要的伦理承担主体。政府在这方面的主要任务是帮助建立、完善氢安全伦理，协助宣传，鼓励执行氢安全伦理，让氢安全伦理深入人心，落实到行动，保障氢能全产业链安全、可靠地为社会做贡献。

政府职能部门的另一重要职责是制定相应的规章制度，发布并监督执行。比如对于氢气管理，原"国家安全生产监督管理总局"发布的"危险化学品目录"就是重要文件。由于情况变化，政府部门应该及时更新有关管理办法。再如，随着氢作为能源应用越来越广，就不能仅仅将氢作为化工原料来管理，而应该归入能源类管制。这样既能保证氢的安全，也能保证氢作为能源的供应。

国家标准、有资质验证都是保证氢安全运行的重要方面。政府部门应该义不容辞地承担起来。

12.1.5.3 企业

企业是氢能产业链中的基本单元，无论在产业链的哪个环节，企业都起到执行的作用。对企业员工要起到安全组织生产，安全完成产品质量、数量。对政府，对社会要按照计划安全运行生产场所、工艺流程，完成产值和税收。企业必须将氢安全伦理渗透于企业生产经营活动的各个环节，外显于企业的产品或提供的社会服务上，对内则贯穿在企业精神、经营理念、规章制度等方面。企业加强氢安全伦理建设、宣传和执行是自愿也是"被迫"的。建议企业做到：首先要提高企业经营管理者的氢安全伦理水平，因为他们是企业经营管理者，他们的氢安全伦理水平基本上决定着企业的伦理水平，同时企业经营管理者对企业员工伦理选择也具有导向和示范作用。建议将氢安全伦理逐步作为企业文化，让氢安全伦理被企业员工认可。

12.1.6 氢安全伦理学在安全伦理学中的地位

氢安全伦理学，顾名思义既与氢有关系又与安全相联系，故不妨说氢安全伦理学是氢能伦理学与安全伦理学的交叉。本节讨论氢安全伦理学在安全伦理学中的地位。

氢安全伦理的伦理地位及关系如图 12-1。从图中可见，伦理学有诸多分支，例如"元伦理学""分析伦理学""美德伦理学""规范伦理学"等。氢安全伦理学所在的安全伦理学是伦理学低级层次，属于"规范伦理学"支系的"应用伦理学"范畴。

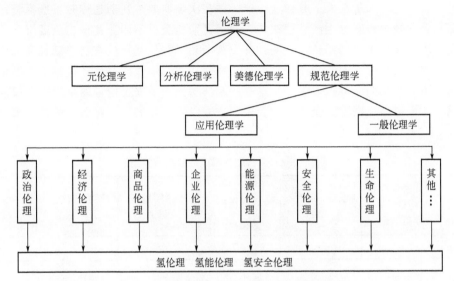

图 12-1　氢安全伦理的伦理地位及关系

与"安全伦理学"并列的伦理学有"政治伦理学""经济伦理学""商品伦理学""企业伦理学""能源伦理学""生命伦理学"等。氢安全伦理是"氢能伦理"的组成部分，自然也是"氢伦理"的一部分。氢安全伦理与上述众多伦理密切相关。

氢安全伦理的研究对象是安全道德现象，或安全活动及其制度的道德性质。氢安全伦理的任务是建构一套能指导和判断氢安全行为的标准。氢安全伦理的基本原则首先是保存生命原则或安全权利原则，其次是正义原则。氢安全伦理的研究方法包括理论联系实际、历史与现实结合、跨学科研究以及抽象与具体结合等多种方法。

氢能伦理虽然在整个伦理学框架中的位置较低，但是非常重要。这是因为氢能将是未来能源的主力，氢能，或者说"太阳氢"将是人类社会的能源支柱，其发展速度和在社会中的地位将随时间呈指数上升，所以氢能伦理的地位及重要性肯定会随之上升。

12.2　氢安全伦理的重要性

氢安全伦理是氢安全的灵魂。没有灵魂，氢安全就不踏实。

12.2.1　安全伦理的缺失导致生产事故频发

有专家指出[19]根据多年从事安全咨询和安全教育的经验，通过对大量的事故原因剖析和数十家企业的实际调研，结果表明，安全伦理的缺失导致了安全生产领域有法不依、执法不严现象屡屡发生，企业安全生产主体责任不能真正得到落实。氢安全认知不到位和氢安全理念的缺失，是导致我国安全生产事故频发的重要原因。

文献［19］还给出一个重大安全事故的案例：2009 年 9 月 5 日，河南省某矿 16 点班的工人在井下 201 掘进巷施工维修时发生冒顶将巷道堵实，同时该采面的瓦斯传感器等设备被砸并掩埋，201 掘进巷局部通风机停止运转，直到 9 月 7 日 16 点下班尚未清理完毕。9 月 8 日，企业负责人在明知井下仍存在重大安全隐患的情况下，"毅然"组织了 93 名工人陆续入井，零时 55 分该矿发生瓦斯爆炸，造成重大人员伤亡。事故调查过程中得知，自 2006 年 12 月份以来，该矿负责人无视技改煤矿不允许生产的规定，在明知井下瓦斯超标的情况下，为追求利润，仍组织大量工人下井作业生产，并多次强调要求瓦斯超标时不准报警；该矿的安全副矿长，无视煤矿安全生产管理法规，要求瓦斯检查员不能让瓦斯检测器报警，并指示伪造瓦斯报表；该矿生产副矿长，在明知井下瓦斯超标并且瓦斯检查员移动瓦斯探头的情况下，仍违规组织大量工人下井生产；生产矿长助理，在明知该矿在生产过程中存在重大安全隐患的情况下，仍组织大量工人生产。这是一起典型的丧失安全伦理的生产安全事故。

文献［20］指出，据不完全统计，新中国成立以来，与氢气直接关联的若干事故的原因分类见表 12-1。

表 12-1　氢气燃烧爆炸事故原因分类

事故原因	设计缺陷及安全附件保险装置缺乏	设备、材料缺陷	违反操作规程	规章制度不健全	不懂技术，工具缺陷	个人防护用具缺乏
百分比/%	4	28	40	8	6	2

由表 12-1 可见，安全事故的各种因素中，人为因素最为重要，占比高达 70％以上！

文献［21］指出，在工业生产过程中，事故发生的原因是多种多样且十分复杂的，但是在对人为事故发生的原因和比例进行分析后可得知，生产过程中的不安全因素有两种，一种是客观因素，另一种是环境和社会因素。由于企业安全管理制度不健全，导致人和物都处在不安全状态之下，机械不安全状态所占比例为 15％，而人的不安全状态则占了 85％，人的不安全行为是发生事故的导火线，机械设备的不安全状态属于事故的固有危险。

伦理主体人的行为受到思想支配，而伦理工作是教育伦理主体人、引导伦理主体人、培养伦理主体人的基础工作。因此，氢安全伦理在提高伦理主体人的安全素质方面有着先天的重要性。坚持氢安全生产和氢安全伦理建设并举，提高伦理主体人的氢安全伦理素养。伦理主体人除了物质需要外，还有精神方面的需求，往往后者在更大程度上决定了伦理主体人的主观能动性、生产效率和工作质量。把氢安全伦理扎根于伦理主体人的心中和行业的土壤中，伦理主体人在这样的文化环境下工作，其心情舒畅，心理平衡，会自觉认同企业的价值规律、行为准则和目标信念，有力保证氢安全各项工作的顺利进行。

12.2.2　氢安全伦理对安全的指导作用

氢能领域情况相似，近年发生多起氢安全事故，影响巨大。

2015 年 12 月 18 日，某高校二楼一实验室发生火灾事故，现场发现一博士后实验人员死亡。警方认为该校博士后系氢气瓶爆炸导致腿伤身亡。后公布该校化学系实验室爆炸事故调查结果，实验室内氢气瓶意外爆炸，导致该校博士后身亡。该校全校已停用同类、同厂家氢气瓶。有化学专家表示[22]，目前来看，实验室的安全设施可能并不完善。"氢气作为危险化学品，应该同可燃、有毒气体一样，配备监测探头，在达到爆炸点之前发出警报。此外，也应该配备防爆型的强排风装置，及时疏散室内的易燃易爆气体。"[23]关于钢瓶质量、安全防护设备不全，看起来是设备问题，实际上还是管理问题，还是人的问题。

2018 年 12 月 26 日，北京某高校一个实验室发生爆炸燃烧，3 名学生不幸遇难[24]。经查，该起事故直接原因为：在使用搅拌机对镁粉和磷酸搅拌、反应过程中，料斗内产生的氢气被搅拌机转轴处金属摩擦、碰撞产生的火花点燃爆炸，继而引发镁粉粉尘云爆炸，爆炸引起周边镁粉和其他可燃物燃烧，造成现场学生死亡。事故调查组同时认定：北京交通大学有关人员违规开展试验、冒险作业；违规购买、违法储存危险化学品；对实验室和科研项目安全管理不到位。2019 年 2 月 13 日，北京市政府"12·26"事故调查组公布了《事故调查报告》。依据事故调查的结论，公安机关对事发科研项目负责人、学校党委书记、校长等进行问责，并分别给予党纪政纪处分[25]。这是一场典型的安全管理不到位，也就是人为导致的惨剧。

2019 年 5 月 23 日，位于韩国江原道江陵市大田洞科技园区的工厂，工人正在对容量为 400 升的氢气罐进行测试，工厂的氢气罐在试验过程中突然发生爆炸，造成 2 人死亡 6 人受伤。事故导致了工厂 3 栋楼的破损，附近一处建筑物倒塌，钢筋严重弯曲。爆炸声传播至 8 公里之外，在此后的报道中，有专家指出氢气罐安全装置未启动、容器焊接不良、氢注入不好是此次事故发生的可能原因[26]。针对上述韩国事故，有被采访者表示，该企业并未对外运营，发生事故应为企业管理不善导致[27]。

2019 年 6 月 10 日下午，在挪威首都奥斯陆附近的桑维卡地区，由 Uno-X 公司运营的一家毗邻大型购物中心的加氢站发生了爆炸事件，爆炸造成两人受伤。挪威加氢站发生爆炸的根本原因已查明[28]，是高压储存装置中氢罐的一个特殊插头的装配错误所导致的。安全咨询公司 Gexcon 的初步调查显示，事故的起因是高压储存装置的一个储罐的插头发生了氢气泄漏。这次泄漏产生了氢气和空气的混合物，并被点燃爆炸。这是一起典型的人为导致事故。

国际氢安全数据库 H_2LL（H_2 Lessons Learn）是一个记录全球氢安全事件的数据库网站（https：//h2tools.org/lessons），这些氢安全事件的数据来自全球范围内的工业设施、政府部门以及学术研究机构。根据国际氢事故报告数据库资料显示：285 次事故记录中，30% 基本无损失，40% 为财产损失，人身伤害仅占比 5.26%；在 339 次氢事故中，设备故障、人为失误、设计缺陷、维护不足四大人为原因合计占比过半。

如前所述，事故的人为原因与氢安全伦理缺失有很大关系。反过来，氢安全伦理可以指导安全生产。

目前，新型冠状病毒对中国和世界都是非常严重的威胁。为了抗击新型冠状病毒，挽救患者生命，中国政府特批"氢氧气雾化机"用于临床治疗[29]。"氢氧气雾化机"实际上就是小型氢氧混合发生器，本书第 8 章已经做了详细介绍，从氢安全角度提出不少具体安全技术措施。从氢安全伦理角度看，这里应该提醒：一方面要保证"氢氧气雾化机"设备的质量、操作安全和人员培训；另一方面也要保证对患者的治疗效果。应在抗击疫情的过程中，注意收集可靠数据，证明"氢氧气雾化机"的疗效，这也是与氢伦理有关的生命伦理学的要求。

12.2.3 加强氢安全伦理宣传和教育，保障氢安全

文献 [30] 指出："学史可以看成败、鉴得失、知兴替；学诗可以情飞扬、志高昂、人灵秀；学伦理可以知廉耻、懂荣辱、辨是非。"伦理伴随着人类，一路走来，伦理在人类发展过程中发挥巨大作用。氢安全伦理是伦理的一个小小的新枝芽，将要在枝繁叶茂的伦理大树上开花结果。随着氢能逐步替代传统的化石能源，氢能的应用领域越来越宽，氢能伦理、氢安全伦理也会越来越广地被人们接纳。

12.2.3.1 为什么要加强氢安全伦理的教育

中国古代先贤提出很多伦理理念，如孝悌忠信、礼义廉耻、天人合一、道法自然、仁者爱人、与人为善、自强不息等，至今仍然深深影响着中国人的生活，需要我们去传承、发扬光大。

"太阳氢"作为人类的终极能源，其伴随的氢能伦理也会伴随人类社会前行。作为氢能伦理的重要组成部分，氢安全伦理是保障氢能安全服务于人类的重要思想基础，需要被人们深刻理解，认真执行，贯彻始终。

氢安全伦理教育是起点，是能源朝可持续发展、人类走向文明的开端。伦理对实践的指导意义，已经被历史证实，必将被未来进一步证明。随着氢能源的普及，氢安全伦理也必定越来越获得重视。

12.2.3.2 如何学习氢安全伦理

学习氢安全伦理首先应该知其义。氢伦理和氢能伦理是氢能安全可靠地发展的指导，氢安全伦理是其中一个组成部分。要系统知晓氢安全伦理的主要基础、三种关系和三大主体。氢安全伦理的主要基础为："安全第一"的哲学观念，"预防为主"的安全意识，"人命关天"的伦理观念。氢安全伦理的三种关系为人与人的关系、人与社会的关系和人与自然的关系。安全伦理的三大实践主体，即人、政府职能部门和企业。

氢安全伦理要在实践中结合案例学习。面对惨烈的事故现场，一时不遵守安全制度酿成终身悔恨的肇事人，会给同伴留下深刻的印象。

氢安全伦理要在交流中提高，集体学习，易于讨论，有言说：真理越辩越明，学习讨论有助于思辨、加深理解。

12.2.3.3 随时学习氢安全伦理的新知识、新观点

氢安全伦理是首次提出，它扎根于现有的氢能土壤中。随着氢和氢能应用的深度发展和广度开拓，氢安全伦理必定会在实践中趋于完善。中国能源经济研究院首席研究员陈柳钦教授指出：能源哲学需要深思维。文献[31]指出，目前世界和我国能源问题的压力有增无减，在能源发展实践上，我们需要探索新哲学，克服浅表思维，运用深思维。需要能源哲学创造以避免传统哲学的盲区，并创造现代哲学在能源生态观念上的新生。伦理学是哲学的一个分支学科，也称为道德哲学。如果哲学的研究范畴是真、善、美，那么伦理学研究的就是其中的善。哲学的深化必定推动伦理学的进步。氢安全伦理也是这样，随着氢能替代传统化石能源，氢安全伦理必定会在众多学者、热心人的支持、关注下成长进步、走向成熟。这也就要求我们与时俱进，随时学习，不断吸收氢安全伦理的新知识、新观点。

参 考 文 献

[1] 张庆熊. 西方技术文化时代的问题和出路——思考罗蒂在复旦大学讲演的深层含义 [J]. 云南大学学报（社会科学版），2005.
[2] 克劳斯·鲍斯曼. 能源可持续发展的伦理学蕴含 [J]. 比较法研究，2004 (4)：146-160.
[3] 毛宗强. 无碳能源：太阳氢 [M]. 北京：化学工业出版社，2010.
[4] 毛宗强. 首届"中国北方氢谷"产业发展高端交流会发言 [N]. 中国能源报，2019 年 07 月 15 日，第 10 版
[5] 刘星. 安全伦理若干问题的探讨 [J]. 华北科技学院学报，2007，4 (3)：59-64.
[6] 龚天平. 安全价值_伦理内蕴与实现机制 [J]. 河南社会科学，2014，22 (5)：79-87.

[7]　徐本磊. 关于企业安全伦理研究的综述 [N]. 科技创新导报，2010：174-175.

[8]　陈爱华. 走向低碳社会的能源 _ 环境伦理审思 [N]. 鄱阳湖学刊，2011 (1)：104-109.

[9]　雷国琼，第 1 讲国家安全理论 [ER/OL]. https：//wenku. baidu. com/view/e1dd7e7b852458fb770b563a. html. 2013-12-21.

[10]　殷有敢. 安全为天的伦理阐释 [J]. 理论界，2006，4：65-66.

[11]　"人命关天"典故出处 [ER/OL]. http：//cy. hwxnet. com/view/cllgpokkohccondd. html.

[12]　颜烨. 安全伦理的基本要义及其价值层次 [J]. 华北科技学院学报，2016，13 (5)：121-124.

[13]　颜烨. 安全社会学 [M]. 2 版. 北京：中国政法大学出版社，2013：238-239.

[14]　谢宏. 安全生产基础理论新发展 [M]. 广州：世界图书出版公司，2015：132.

[15]　翁一武. 绿色节能知识读本 [M]. 上海，上海交通大学出版社，2012.

[16]　张长元. 安全伦理初探 [J]. 工业安全与环保，2004，30 (12)：35-37.

[17]　"社会"定义 [ER/OL]. https：//baike. baidu. com/item/%E7%A4%BE%E4%BC%9A/73320? fr=aladdin.

[18]　"政府职能部门"定义 [ER/OL]. http：//theory. people. com. cn/n/2012/1107/c40531-19521410. html.

[19]　潘国军. 安全伦理对安全生产领域的深层次影响分析 [J]. 中国安全生产科学技术，2014，10：175-180.

[20]　吴姗迪. 离子膜烧碱装置安全性评价研究 [D]. 东北大学，2011：30.

[21]　邓玲. 以人为本的现代工业安全管理 [J]. 中国新技术新产品，2018，NO. 7 (下)：144-145.

[22]　清华大学一实验室爆炸化学专家：安全设施不到位 [ER/OL]. http：//news. mydrivers. com/1/462/462324. htm.

[23]　清华大学一实验室爆炸事件 [ER/OL]. https：//baike. baidu. com/item/12. 18%E6%B8%85%E5%8D%8E%E5%A4%A7%E5%AD%A6%E4%B8%80%E5%AE%9E%E9%AA%8C%E5%AE%A4%E7%88%86%E7%82%B8%E4%BA%8B%E4%BB%B6/19158066? fr=aladdin. 2015-12-18.

[24]　北交大实验室爆炸事故调查结果公布 [ER/OL]. https：//baijiahao. baidu. com/s?id=1625428483284295444&wfr=spider&for=pc. 2014-02-19.

[25]　北交大"12.26"实验室爆炸事故调查报告公布：氢气爆炸引发镁粉粉尘云爆炸 [ER/OL]. http：//www. yidianzixun. com/article/0LHuqOHx. 2018.

[26]　2 死 6 伤！氢气制储爆炸事故敲响警钟！[ER/OL]. https：//www. sohu. com/a/317748070_656055.

[27]　岂能因噎废食？不必谈氢色变！从近 3 起事故理性分析氢安全. 汽车总站网 [ER/OL]. http：//kuaibao. qq. com/s/20190614A0RCP700? refer=spider. 2019-06-14.

[28]　挪威加氢站爆炸警醒 [ER/OL]. https：//www. sohu. com/a/320887399_465907. 2019-06-15.

[29]　钟南山团队拟将氢氧气雾化机用于新冠肺炎早期低氧血症患者辅助治疗，中国财富网 [ER/OL]. https：//view. inews.qq. com/w2/20200220A0I0ET00? tbkt=J&strategy=&openid=o04IBABmwVhwVnVLSmUNE1PZvan8&uid=&refer=wx_hot. 2020-02-20.

[30]　艾斐. 学伦理可以知廉耻 [N]. 人民日报，2014.

[31]　陈柳钦. 能源哲学需要深思维 [N]. 中国石油报，2014.